信息通信专业教材系列

信 令 系 统

桂海源　张碧玲　编　著

北京邮电大学出版社

·北京·

内 容 提 要

本书主要介绍了与实时通信有关的信令技术。简单介绍了模拟用户信令、数字用户信令 Q.931 和接入网的 V5 接口信令。详细说明了得到广泛应用的 No.7 信令系统,包括消息传递部分、信令连接控制部分、事务处理能力部分;与电路控制相关的电话用户部分和综合业务数字网用户部分;移动应用部分、智能网应用部分、CAMEL 应用部分;移动通信系统无线接口和 A 接口的信令;下一代网络中使用的标准协议,包括与 No.7 信令系统配合的传输协议 SIGTRAN、下一代网络中得到广泛应用的会话初始化协议(SIP)和媒体网关控制协议 H.248。

本书通俗易懂,理论联系实际。可作为大专院校通信专业的教材,也可供通信技术人员参考。

图书在版编目(CIP)数据

信令系统/桂海源,张碧玲编著 . —北京:北京邮电大学出版社,2008(2019.6 重印)
ISBN 978-7-5635-1683-4

Ⅰ. 信… Ⅱ. ①桂…②张… Ⅲ. 通信网—信号系统 Ⅳ. TN915.02

中国版本图书馆 CIP 数据核字(2008)第 033914 号

书　　名:信令系统
作　　者:桂海源　张碧玲
责任编辑:孔　玥
出版发行:北京邮电大学出版社
社　　址:北京市海淀区西土城路 10 号(邮编:100876)
发 行 部:电话:010-62282185　传真:010-62283578
E-mail:publish@bupt.edu.cn
经　　销:各地新华书店
印　　刷:北京鑫丰华彩印有限公司
开　　本:787 mm×960 mm　1/16
印　　张:22
字　　数:478 千字
印　　数:11 501—12 500 册
版　　次:2008 年 5 月第 1 版　2019 年 6 月第 8 次印刷

ISBN 978-7-5635-1683-4　　　　　　　　　　　　　　　　　　　定　价:48.00 元

前　　言

　　信令系统是现代通信网的关键技术之一。它主要用来完成实时通信的节点之间传送控制信息,不仅可以用来传送电话网中电路接续所需的信令,而且能在移动通信网中的移动交换中心(MSC)、访问位置登记器(VLR)、归属位置登记器(HLR)之间传送与用户漫游有关的各种位置信息;在智能网中的业务交换点(SSP)、业务控制点(SCP)和智能外设(IP)之间传送各种信息,支持完成各种智能业务。在下一代网络中,将呼叫控制功能与媒体处理和承载功能、呼叫控制功能与业务控制功能分离,各功能之间的配合是通过标准的信令协议来完成的。因此,对于从事通信工作的技术人员来说,认真掌握信令系统的基本工作原理是十分重要的。

　　本教材是在《No.7 信令系统》一书的基础上,经过修改和充实后完成的,由于移动通信技术和下一代网络技术的迅速发展,在本书中,增加了移动通信系统中无线接口和 A 接口的信令,以及下一代网络中广泛应用的媒体网关控制协议 H.248、会话初始化协议(SIP)等相关内容,对其中部分陈旧的内容予以删除(如中国 No.1 信令与 No.7 信令的配合),并将书名由《No.7 信令系统》改为《信令系统》。

　　在第 1 章中介绍了信令的基本概念和分类,信令的发展过程。说明了分层通信体系的概念,开放系统相互通信的过程。并简单介绍了模拟用户信令、数字用户信令 Q.931 和接入网的 V5 接口信令。

　　第 2 章介绍了 No.7 信令系统的发展过程,No.7 信令系统的基本特点、功能及应用,说明了 No.7 信令系统的四级结构及与 OSI 模型对应的结构,No.7 信令系统中信令单元的格式及信令消息的处理和传送,我国信令网的结构、信令网的编号计划、路由选择方式、信令网的同步方法和信令网的可靠性措施。

　　第 3 章详细说明了 No.7 信令系统的消息传递部分(MTP)的 3 个功能级:信令数据链路功能级(MTP1)、信令链路功能级(MTP2)和信令网功能级(MTP3)的主要功能和过程。

　　第 4 章主要介绍了 No.7 信令系统与电路控制相关的应用部分:电话用

户部分(TUP)和综合业务数字网用户部分（ISUP）。介绍了电话用户部分和综合业务数字网用户部分(ISUP)的功能、消息的格式及消息实例、常用消息的功能、几种基本的信令传送程序及实例。并说明了 TUP 与 ISUP 信令的配合，双向同抢的概念、减少双向同抢的方法及发生双向同抢后的处理方式。

No.7 信令系统中与电路无关的应用消息的传送都是在信令连接控制部分(SCCP)和事务处理能力部分(TC)的支持下完成的。第 5 章说明了 SCCP 的来源及基本功能，SCCP 提供的 4 种业务，SCCP 消息的格式及层间接口、SCCP 程序的基本组成、SCCP 的地址翻译和路由选择功能，举例说明了无连接控制过程和面向连接控制过程。第 6 章介绍了远端操作和事务处理能力的基本概念，TC 的基本结构及各部分的功能和接口，TCAP 消息的格式及作为 TCAP 消息基本构件的信息单元的结构，TCAP 消息的实例，事务处理的控制过程。

第 7 章介绍数字移动通信系统的信令。介绍了数字移动通信系统的结构、信令接口以及编号计划，无线接口和 A 接口的信令，常用的 MAP 操作，同时重点说明了支持移动用户漫游原理的移动用户位置登记与更新、查询被叫位置的信令过程，移动切换和短消息业务的信令流程。

第 8 章主要介绍智能网应用部分 INAP(CAP)。说明了智能网的基本概念，智能网概念模型，我国固定智能网的结构、固定电话网的智能化改造，移动智能网的结构和智能业务触发机制，INAP 和 CAP 中定义的主要操作的功能及典型的智能业务的信令流程（如：卡号业务、移机不改号业务、彩铃业务、虚拟专用网 VPN 的信令流程），智能网对移动发端短消息业务和 GPRS 业务的基本控制流程。

第 9 章主要介绍下一代网络的信令。说明了下一代网络的概念以及以软交换为核心的下一代网络的分层结构，下一代网络中使用的标准协议，包括与 No.7 信令系统配合的传输协议 SIGTRAN，下一代网络中得到广泛应用的会话初始化协议(SIP)和媒体网关控制协议 H.248。详细说明了这些协议的功能和模型、协议消息的格式及常用命令、相应的呼叫信令流程。

本书的第 1、2、3、4、9 章由张碧玲编写，第 5、6、7、8 章由桂海源编写，全书由桂海源统稿。

本书在编写过程中参考了参考文献中所列的相关书籍和资料，在此向这些书籍和资料的编写者表示衷心的感谢。

作　者

2008 年 3 月 12 日

2

目　　　录

1

第 6 章　事务处理能力部分

第 7 章　数字移动通信系统的信令

第1章

信令的基本概念

学习指导

本章介绍了信令的基本概念和分类、信令的发展以及分层通信体系的概念，并简要介绍了用户信令和V5接口信令。

通过本章的学习，应掌握信令的基本概念、信令的分类、公共信道信令的概念，理解分层通信体系的概念，了解信令的发展，用户信令和V5接口信令的作用、结构及基本信令流程。

1.1 信令的基本概念和分类

1.1.1 信令的基本概念

通信网由交换设备、传输设备和终端设备构成。建立通信网的目的是为用户传递各种信息。为此，通信网中的各种设备之间必须相互交换有关的控制信息，以说明各自的运行情况，提出对相关设备的要求，从而使各设备协调运行。在通信设备之间相互交换的控制信息被称为信令。

信令的概念最早起源于电话网，下面以图1.1.1为例说明信令的作用。

图1.1.1所示的是市话网中两个分局用户进行电话呼叫时一个完整的信令交互过程。当主叫用户摘机时，用户线直流环路接通，向发端交换机送出"主叫摘机"的信号，发端交换机识别到主叫摘机后，对主叫用户的用户数据进行分析，分析后如果允许用户发起呼叫，则根据用户话机的类型将该用户线接到相应收号设备上，然后向主叫用户送拨号音，通知用户拨号。主叫用户听到拨号音后就可以拨被叫用户号码，告知发端交换机此次接续的终端。发端交换机对被叫电话号码进行数字分析，当确定这是一个出局呼叫时，选择一条到终端交换机的空闲中继电路，发出"占用"信令告知终端交换机为本次呼叫所预先占用的中继电路，并将被叫电话号码发送给终端交换机。终端交换机对被叫号码进行

数字分析,当发现被叫用户空闲时,向发端交换机回送"证实"信令,同时向被叫用户送"振铃"信号,在预先占用的中继电路上向主叫用户发送回铃音。当被叫用户应答后,被叫用户送出"摘机"信号,终端交换机向发端交换机送"应答"信令,交换机将主被叫接通并启动计费,至此话路接续完毕,用户开始通话。

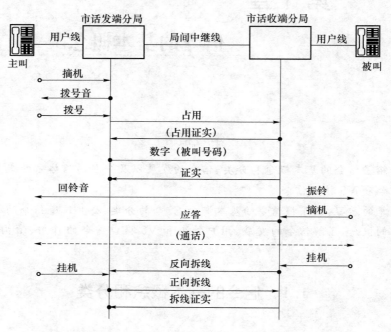

图 1.1.1 市话接续的信令传送过程

用户通话完毕,假设被叫用户先挂机,发"挂机"信令。终端交换机发现被叫挂机时就向发端交换机发送"反向拆线"信令,告知发端交换机被叫已经挂机。发端交换机向主叫送忙音,催促主叫挂机。当主叫用户挂机时,发端交换机向终端交换机发送"正向拆线"信令,终端交换机收到后将话路释放并向发端交换机发送"拆线证实"信令。发端交换机收到"拆线证实"信令后将相关设备释放,该条中继线重新变为空闲状态。

从上述过程可以看到,信令是设备间相互协作所采用的一种"通信语言"。为了使不同厂家生产的设备可以配合工作,这种"通信语言"应该是可以相互理解的。因此通信网中的设备在信令交互时需要遵循一定的规约和规定,这些规约和规定就是信令方式。信令方式包括信令的结构形式、信令的传送方式以及信令传送过程中使用的控制方式。而信令系统是指实现某种信令方式所必须具有的全部硬件和软件系统的总和。

1.1.2 信令的分类

信令的分类方法很多,常用的分类有以下几种。

2

1. 用户信令和局间信令

按照信令的传送区域划分,可将信令分为用户信令和局间信令。

(1)用户信令

用户信令是用户终端和交换机之间传送的信令。用户信令主要分为以下3类。

监视信令:即状态信令,主要反映用户线的忙闲状态,如用户线上的摘、挂机信令。

选择信令:这是用户终端向交换机送出的被叫号码,用于选择路由、接续被叫。选择信令有两种表示方式,一种是直流脉冲方式,另一种是双音多频(DTMF)方式。

铃流和信号音:这是交换机向用户终端发送的信号,如振铃信号、拨号音、忙音等,用来提示用户采取相应的动作或者通知用户接续结果。

(2)局间信令

局间信令是在交换机与交换机之间、交换机与网管中心、数据库之间传送的信令。局间信令要比用户信令复杂得多,因此后续章节将着重讨论局间信令。

2. 随路信令和公共信道信令

按照信令传送通道与话音传送通道之间的关系来划分,信令可分为随路信令(CAS,Channel Associated Signaling)和公共信道信令(CCS,Common Channel Signaling)。

(1)随路信令

随路信令是指用传送话音的通道来传送与该话路有关的各种信令,或某一信令通道惟一地对应于一条话音通道。图1.1.2是随路信令方式的示意图。目前我国在模拟网部分和一些专网中使用的中国No.1信令就是随路信令。

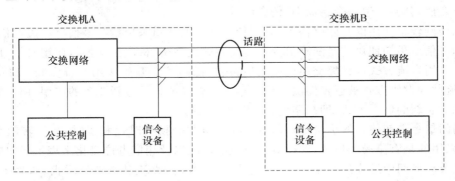

图1.1.2 随路信令方式示意图

随路信令有两个基本的特征:共路性,即信令与话音利用同一通道传送;相关性,即信令通道与话音通道在时间位置上有对应关系。

(2)公共信道信令

公共信道信令又叫共路信令,是指传送信令的通道与传送话音的通道分开,信令有专用的传送通道。图1.1.3为公共信道信令方式示意图。图中,用户的话音信息在交换机

A 和交换机 B 之间的话路上传送,信令信息在两个交换机之间的数据链路上传送,信令通道与话音通道分离。

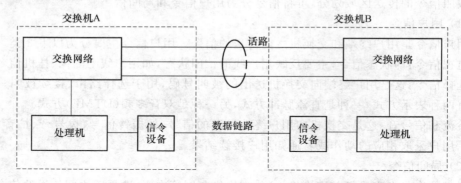

图 1.1.3　公共信道信令方式示意图

公共信道信令具有两个基本的特征:分离性,即信令和话音信息在各自的通道上传送;独立性,即信令通道与话音通道之间不具有时间位置的关联性。

No. 7 信令是典型的公共信道信令,将在后续章节详细讨论。

1.2　信令的发展

信令在电话通信中起控制接续的作用,它总是随着交换技术的发展而发展。在信令技术的发展史上,无论是用户信令还是局间信令,都经历了从随路信令到公共信道信令的过程。今后,公共信道信令将向 IP 信令演进。

电信网较早使用的是随路信令,利用传送话音的通道来传送与该话路有关的信令。

用户信令最初使用的是随路信令。在磁石式交换机、机电制交换机应用时期,用户随路信令采用直流方式。程控交换机应用后,用户随路信令开始改用双音多频(DTMF)方式,直流脉冲发码方式被逐步淘汰。近几年来随着来电显示等新业务的应用,用户随路信令还采用了新的信令方式,即频移键控(FSK)方式。

局间信令最初使用的也是随路信令。在共电式交换机时代和步进制、旋转制交换机时代,采用的是直流局间信令,即用直流电流的有无以及相应电位变化来表示局间中继线的状态及对局间中继线的操作。当中继线距离延长时,直流脉冲畸变增大,错号增多,所以这种直流局间随路信令方式制约了交换机间的距离,限制了电话网的扩大。20 世纪 60 年代之后,随着纵横制和程控交换机的大量采用,我国的局间随路信令改为使用中国 No.1 信令,采用的是多频互控(MFC)方式。

但是,随路信令速度慢、信息容量小,在通话期间不能传递信令,不能满足现代通信网对信令系统的要求。1965 年,美国率先在电话交换机中引入了存储程序控制技术,通过计算机软件方便地实现对交换机的控制,从技术层面促进了公共信道信令技术的产生和实现。公共信道信令与随路信令的区别在于话音通道和信令通道的分离。公共信道信系统按分层的思想设计,采用分组交换技术和 TDM 承载方式,在专用的数据链路上以信令单元的形式集中传送话路的控制信息。

第一个公共信道信令系统是 CCITT 于 1968 年提出的 No.6 信令系统,主要用于模拟电话网。1980 年 CCITT 通过了另一个适用于数字通信网的公共信道信令系统,即 No.7 信令系统。我国在 20 世纪 80 年代后期开始在交换局间使用 No.7 信令,很快得到推广。No.7 信令比其他信令的优越性主要表现在:(1)No.7 信令传送速度快,主叫用户从按完最后一位号码到向被叫振铃,最多只要 1 s;(2)采用 No.7 信令可节省大量多频收发码器,因而成本较低;(3)No.7 信令采用了严格的差错检测和校正机制,可靠性更高;(4)No.7 信令有利于各种智能业务和补充业务的发展。No.7 信令系统经过几次修订逐步趋于完善,成为目前最通用的国际国内长途全自动交换使用的公共信道信令,应用非常广泛,能够很好地支持电路交换网上的语音等窄带业务。

20 世纪 80 年代中期,国际上开始窄带综合业务数字网(N-ISDN)的商用。N-ISDN 的用户网络接口上有多条 B 信道和 1 条 D 信道,其中 B 信道用于传递用户信息,而控制 B 信道接续所需的信令信息则在 D 信道中传送。这种用户公共信道信令称为 DSS1,即一号数字用户信令。用户公共信道信令不仅能传送各 B 信道接续所需的信令信息,还能传送与接续无关的信息,从而可实现许多补充业务,例如,在用户端至用户端之间传送各种数据、视频、图像等多媒体信息。

20 世纪 90 年代中期,IP 电话兴起。在普通电话机之间以及普通电话机与计算机终端之间可以通过 IP 网传递话音信息。IP 电话不需分配连接电路,所需带宽比目前电路方式的普通电话小得多,因而可大大节约中继资源,从而降低话费。IP 电话的发展使得以 IP 为主的业务成为电信市场新的增长点,并且将成为电信网的主导业务。为了能有效地支持 IP 业务,同时保持现有的语音业务的收益,需要构建一个可持续发展的网络,即下一代网络,来实现传统电路交换网与 IP 网逐步融合。在融合的过程中,电路交换网与 IP 网业务的互通要求支持电路交换网业务的信令与支持 IP 网业务的信令互通。互通时,信令在电路交换网中仍然采用 TDM 承载,但在 IP 网中则采用 IP 承载,而且也不再有专门的信令传送通道,信令信息和业务信息均以 IP 包的形式在 IP 网上传送。

将来,电路交换网与 IP 网的完全融合,最终演进为一个统一的、以 IP 为承载层的分组化网络。相应地,在这个分组化网络上所有的信令均采用 IP 作为承载,传统的信令也转变为 IP 信令。

1.3 分层通信体系的概念

1.3.1 分层通信的概念

公共信道信令系统实际上是专用的计算机系统,在公共信道信令系统的设计中普遍采用分层通信体系结构的思想。分层通信体系结构的基本概念是：

（1）将复杂的通信功能划分为若干层次，每一个层次完成一部分功能，各个层次相互配合共同完成通信的功能；

（2）每一层只和其直接相邻的两个层打交道，它利用下一层所提供的服务（并不需要知道它的下一层是如何实现的，仅需要该层通过层间接口所提供的服务），并且向上一层提供本层所能完成的功能；

（3）每一层是独立的，各层都可以采用最适合的技术来实现，每一个层次可以单独进行开发和测试，当某层由于技术的进步发生变化时，只要接口关系保持不变，则其他各层不受影响。

1.3.2　开放系统互联模型

为了使不同厂家生产的计算机系统能相互通信，国际标准化组织 ISO 提出了计算机通信的开放系统互联参考模型（OSI，Open System Interconnection）。所谓"开放"是指：只要遵循 OSI 标准，一个系统就可以和位于世界上任何地方的也遵循同一标准的其他任何系统进行通信。OSI 参考模型将计算机通信的功能划分为以下 7 个功能层：物理层、数据链路层、网络层、运输层、会话层、表示层、应用层。下面简单介绍各功能层的主要功能。

1．物理层

物理层是最低的一层，它和物理传输媒介有直接的关系，它定义了设备之间的物理接口，为它的上一层（数据链路层）提供一个物理连接，以便透明地传送比特流。在物理层上传送数据的单位是比特（bit）。

2．数据链路层

数据链路层负责在两个相邻节点的线路上以帧为单位可靠地传输数据。数据链路层将物理层上透明传送的比特流划分为数据帧，对每个数据帧进行差错检测及差错校正，并提供流量控制功能。

3．网络层

网络层负责将两个终端系统经过网络中的节点用数据链路连接起来，实现两个终端系统之间数据帧的透明传输。网络层的主要功能是寻址和路由选择。

4．运输层

运输层可以看做是用户和网络之间的接口，它利用低三层提供的网络服务来向高层提供端到端的透明数据传送，并完成端到端的差错控制和流量控制功能。

5．会话层

会话层的作用是协调两端用户（通信进程）之间的对话过程。例如，确定数据交换操作方式（全双工、半双工或单工），确定会话连接故障中断后对话从何处开始恢复等。

6. 表示层

表示层负责定义信息的表示方法。表示层将欲交换的数据从适合于某一用户的抽象语法变换为适合于 OSI 系统内部使用的传送语言。

7. 应用层

应用层确定进程之间通信的性质以满足用户的需要,负责用户信息的语义表示,并在两个通信进程之间进行语义匹配。

以上 7 层功能按其特点又可分为低层功能和高层功能。低层包括 1～3 层的全部功能,其目的是保证系统之间跨过网络的可靠信息传送。高层指 4～7 层的功能,是面向应用的信息处理和通信功能。

1.3.3 开放系统相互通信的过程

图 1.3.1 示出了在两个开放系统中的应用进程 AP_X 和 AP_Y 之间通信的过程。为了实现这个通信,两个系统的对等层(即具有相同序号的层)之间必须执行相同的功能并按照相同的协议(同层协议)来进行通信。

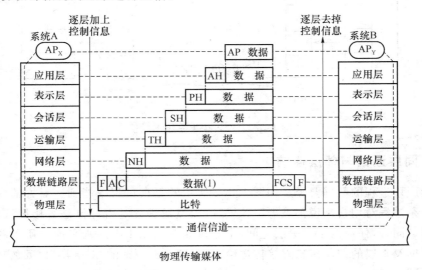

图 1.3.1 开放系统互联环境中的通信过程

当应用进程 AP_X 有一组数据(AP 数据)要送给 AP_Y 时,它将这组数据送给应用层实体。应用层在 AP 数据上加上一个控制头 AH,AH 中包括应用层的同层协议所需的控制信息,然后将 AH 和 AP 数据一起送往表示层。表示层将 AH 和 AP 数据一起看作是上一层的数据单元,加上本层的控制信息后,交给会话层。依此类推。不过数据到了数据链路层后,控制信息分成两部分分别加到上层数据单元的头部和尾部形成本层的数据单元送往物理层。由于物理层是比特流的传送,所以不再加上控制信息。

当这一串比特流经网络的物理媒体传送到目的节点时,就从物理层依次上升到应用层,每一层根据本层的控制信息进行必要的操作,然后将控制信息剥去,将剩下的数据部分上交给上一层。最后,把应用进程 AP_X 发送的数据交给目的节点的应用进程 AP_Y。

有时,两个终端系统之间的通信可能经过一个或多个中间节点转接。这些中间节点叫做中继系统,具有 1~3 层的功能。每当数据传送到中继节点时,就从该节点的物理层上升到网络层,完成路由选择后,再下到物理层传送到下一个节点,最后传到终端系统,从物理层上升到应用层后到达应用进程,以上过程可参考图 1.3.2。

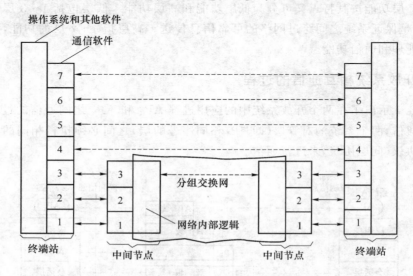

图 1.3.2　经过中继系统的通信

1.3.4　同层通信与邻层通信

虽然应用进程的数据要经过如图 1.3.2 所示的复杂过程才能到达对方的应用进程,但这些复杂过程对用户来说都被屏蔽掉了,以致发送进程觉得好像是直接把数据交给了接收进程。同理,任何两个对等层之间,也好像如图 1.3.1 中的水平虚线所示的那样,将上层的数据及本层的控制信息直接传送给对方,这就是所谓的"对等层"之间的通信,即同层通信。同层通信必须严格遵循该层的通信协议,将控制两个对等(N)实体进行通信的规则称为(N)层协议,这里的括号读为"第",(N)层表示"第 N 层"。

一个协议主要由以下 3 个要素组成:

(1) 语法,即数据与控制信息的结构或形式;

(2) 语义,即需要发出何种控制信息、完成何种动作以及做出何种应答;

(3) 同步,即事件实现顺序的详细说明。

两个(N)层实体间在(N)层协议控制下通信,使(N)层能够向上一层提供服务,这种服务称为(N)服务,接受(N)层服务的是上一层实体,即(N+1)实体。当(N+1)层实体向(N)层实体请求服务时,相邻层之间要进行交互,同一节点的相邻层之间的通信叫层间接口。相邻层的通信采用原语。OSI规定了4种类型的服务原语,分别是:请求、指示、响应、证实。

请求(Request)原语:(N+1)层用请求原语要求(N)层向远端发送数据。

指示(Indication)原语:(N)层用指示原语通知(N+1)层收到了远端发来的数据。

响应(Response)原语:(N+1)层用响应原语对从远端收到数据的响应信息交给(N)层发送。

证实(Confirm)原语:(N)层用证实原语将远端发来的信息交给(N+1)层,以作为对请求原语的证实。

在需要证实的服务中要用到以上4种服务原语,在不需要证实的服务中只需用到请求和指示两种类型的原语。

图1.3.3示出了4种类型原语的数据传送方向。

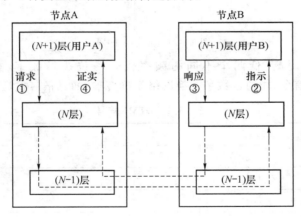

图1.3.3　服务原语的方向

1.4　用户信令和 V5 接口信令

1.4.1　模拟用户信令

电话网的用户信令在模拟用户线上传输,包括两类:由用户终端向交换机发出的信令和由交换机向用户终端发出的信令。

1．用户终端发出的信令

（1）监视信令

监视信令主要反映用户话机的摘、挂机状态。用户话机的摘、挂机状态通过用户线直流环路的通、断来表示。

（2）选择信令

选择信令是用户终端向交换机送出的被叫号码。选择信令又可分为直流拨号脉冲信号和双音多频（DTMF，Dual-Tone Multi Frequency）信号。

直流拨号脉冲是由用户直流环路的通断次数来代表一个拨号数字的信号。直流拨号脉冲信号有以下 3 个参数。

- 脉冲速度：表示每秒允许传送的脉冲的数目，我国规定的脉冲速度为每秒 8～14 个脉冲。
- 断续比：断开时间与闭合时间的比值，我国规定脉冲断续比为（1.3～2.5）∶1。
- 最小位间隔：位间隔是将两个脉冲串分隔开的一段闭合时间。我国规定最小位间隔时间为 350 ms，如图 1.4.1 所示。

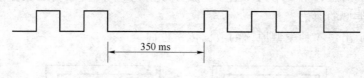

图 1.4.1　最小位间隔

DTMF 信号是用高、低两个不同的频率代表一位拨号数字，如表 1.4.1 所示。DTMF信号是带内信令，能通过数字交换网络正确传输，而且信号发送速度快、误码率低。

表 1.4.1　DTMF 信号

	1 209 Hz	1 336 Hz	1 477 Hz	1 633 Hz
697 Hz	1	2	3	A
770 Hz	4	5	6	B
852 Hz	7	8	9	C
941 Hz	*	0	#	D

2．交换机发出的信令

（1）铃流

铃流信号是交换机发送给被叫用户的信号，用来提醒用户有呼叫到达。铃流信号为（25±3）Hz 正弦波，输出电压有效值为（75±15）V，振铃采用 5 s 断续，即 1 s 送、4 s 断。

（2）信号音

信号音是交换机发送给主叫用户的信号，如忙音、拨号音、回铃音等，用来说明有关的接续状态。信号音的信号源为（450±25）Hz 和（950±50）Hz 的正弦波，通过控制信号音不同的断续时间可以得到不同的信号音。如表 1.4.2 所示。

近年来随着各种新业务的开展，用户终端上的回铃音和振铃音被相应的彩铃和炫铃所代替，其中主叫用户听到的彩铃由定制该业务的网络提供，被叫用户听到的炫铃由用户终端提供。

表 1.4.2　信号音的含义和种类

信号音频率	信号音名称	含　义	时间结构（"重复周期"或"连续"）	电　平		
				-10 ± 3 dBm0	-20 ± 3 dBm0	$0\sim+25$ dBm0
450 Hz	拨号音	通知主叫用户开始拨号	 →(连续)	√		
	特种拨号音	对用户起提示作用的拨号音（例如，提醒用户撤销原来登记的转移呼叫）	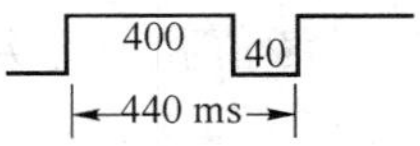 400　40 ←440 ms→	√		
	忙音	表示被叫用户忙	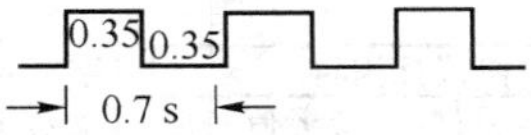 0.35　0.35 ←0.7 s	√		
	拥塞音	表示机线拥塞	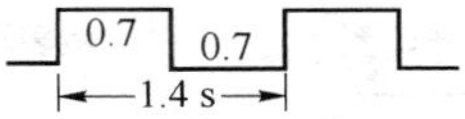 0.7　0.7 ←1.4 s	√		
	回铃音	表示被叫用户在振铃状态	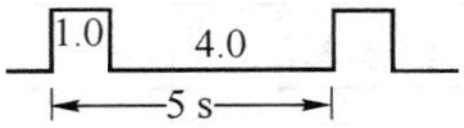 1.0　4.0 ←5 s	√		
	空号音	表示所拨叫号码为空号	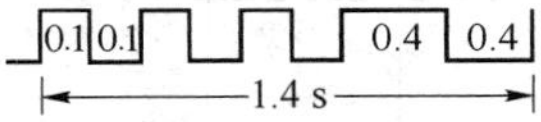 0.1 0.1　0.4 0.4 ←1.4 s	√		
	长途通知音	用于话务员长途叫市忙的被叫用户时的自动插入通知音	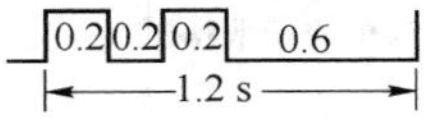 0.2 0.2 0.2　0.6 ←1.2 s		√	
	排除等待音	用于具有排队性能的接续，以通知主叫用户等待应答	可用回铃音代替或采用录音通知	√		

1.4.2　数字用户信令 Q.931

DSS1（Digital Subscriber Signaling No.1，1 号数字用户信令）是 N-ISDN 中用户与交换机之间使用的信令。DSS1 基本结构分 3 层，如图 1.4.2 所示。其中第一层是物理层，包括基本接口和基群接口；第二层是数据链路层，由 D 信道链路访问规程（LAPD，Link Access Procedures on the D-channel）提供差错检测与校正、流量控制和寻址的功能；第三层是网络层。第二层和第三层合称 DSS1。第三层使用的协议是 Q.931，它规定了在用户-网络接口上利用 B 信道建立电路交换连接的过程以及利用 D 信道提供用户-用户信令业务的过程，因此，Q.931 又叫呼叫控制协议。

网络层（Q.931）	DSS1
数据链路层（LAPD）	
物理层	

图 1.4.2　DSS1 的基本结构

下面介绍 Q.931 协议的消息格式、消息类型和呼叫控制过程。

1. Q.931 的消息格式

为了实现对呼叫的控制,用户侧和网络侧的第三层实体需要传送有关的呼叫控制消息,即 Q.931 消息,呼叫控制消息是放在第二层 I 帧中的信息段(I)中传送的。呼叫控制消息的格式如图 1.4.3(a)所示。呼叫控制消息包括一个公共部分和一些信息单元。公共部分由协议标识符、呼叫参考值和消息类型 3 个字段组成,它们的格式对于所有的消息都是相同的。

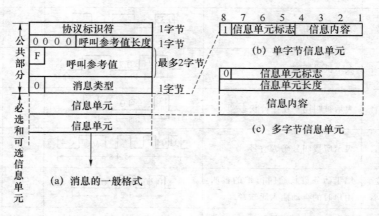

图 1.4.3 Q.931 消息的格式

(1)协议标识符

协议标识符用来将呼叫控制消息与用户-网络接口 D 信道上的其他第三层消息分开。呼叫控制消息的协议标识符是 00001000。

(2)呼叫参考值

呼叫参考值用来标识 B 信道上的一个呼叫。在 D 信道上的信令消息控制着两个 B 信道(2B+D)或 30 个 B 信道(30B+D)的多个呼叫,为了区分这些呼叫,给每个呼叫分配一个参考值。呼叫参考值在呼叫开始时由发起呼叫的一侧来分配,这个值在整个呼叫期间保持不变。当采用 2B+D 的基本接口时,呼叫参考值的长度为 1 个字节,当采用 30B+D 的基群接口时,呼叫参考值的长度为 2 个字节。呼叫参考值第 1 字节的第 8 个比特是标志位 F,用来指示是数据链的哪一侧发起的呼叫。在去话(呼出)时 F 位置 0,在来话(呼入)呼叫时该位置 1,这样,即使去话和来话呼叫使用相同的参考值,呼叫控制实体也能将它们区别开。

(3)消息类型

用来区分消息的类型,长度为 1 个字节。

(4)信息单元

信息单元包含了消息中所带的参数。对于某个类型的消息来说,有些信息单元是必

备的,而有些信息单元是可选的。信息单元有单字节和多字节两种格式,如图 1.4.3(b)
和(c)所示。

2.消息类型及功能

(1) 呼叫建立阶段的消息

呼叫建立阶段传送的消息共有 7 种,包括 SETUP、SETUP ACK 等。这些消息用于
建立呼叫,可以在主叫终端和交换机之间传送,也可以在交换机和被叫之间传送,常用消
息如下。

(a) 呼叫建立消息(SETUP)

该消息由主叫用户向网络、再由网络向被叫用户在发起呼叫时发送,要求对端按照本
消息参数中的要求建立呼叫。该消息必选的信息单元是承载能力信息单元,可选的信息
单元有被叫用户号码、被叫用户子地址、通路识别、低层兼容性、高层兼容性、主叫用户号
码、主叫用户子地址等。

(b) 呼叫进程消息(CALL PROCEEDING)

该消息由网络发送给主叫用户,或由被叫用户发送给网络,表示所要求的呼叫已经开
始建立。

(c) 提醒消息(ALERTING)

该消息由被叫用户发送给网络并由网络发送给主叫用户,表示已经开始提醒被叫
用户。

(d) 连接消息(CONNECT)

该消息由被叫用户发送给网络并由网络发送给主叫用户,表示被叫用户已接受呼叫。

(e) 连接证实消息(CONNECT ACKNOWLEGE)

该消息由网络发送给被叫用户,表示该用户已得到了呼叫,它也可以由主叫用户发送
给网络,以允许使用对称性呼叫控制程序。

(2) 呼叫释放阶段的消息

这类消息用于呼叫结束时,在用户和交换机之间传送请求清除呼叫、释放 B 信道及
呼叫参考值,以便结束呼叫,释放占用的 B 信道。

(a) 拆线消息(DISCONNECT)

该消息由用户向网络发送,表示要求拆除端到端的连接,或由网络向用户发送,表示
端到端的连接被拆除。

(b) 释放消息(RELEASE)

该消息由用户或网络发送,表示发送该消息的设备已经拆除了通路,并准备释放通路
和呼叫参考。

(c) 释放完成消息(RELEASE COMPLETE)

该消息由用户或网络发送,表示发送该消息的设备已经释放了通路和呼叫参考,该通
路可以重新使用,并且接收设备将释放呼叫参考。

（3）其他消息

这些消息大部分和补充业务有关，在用户和网络之间商讨业务特性。

3. 基本呼叫时的信令流程

信令流程也叫信令过程，是描述两个信令点之间针对某一次呼叫或者某一种操作而做的消息的收发过程。信令流程按时间顺序将两个信令点发出的消息依次排列，可以从中看出两个信令点的互控关系。

下面通过 N-ISDN 用户在进行本地呼叫时的信令流程来说明 Q.931 的使用，如图1.4.4所示。

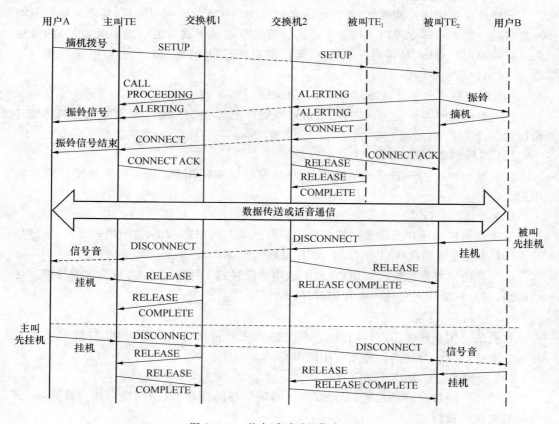

图 1.4.4 基本呼叫时的信令流程

主叫摘机拨号，主叫终端向交换机发送 SETUP 消息。交换机收到此消息后，需要进行相应的兼容性检查。检查完毕后即向主叫终端发送 CALL PROCEEDING 消息，表示号码已经收齐，并开始进行呼叫建立的处理。同时交换机用广播式的数据链路向被叫终端传递 SETUP 消息。相应的终端接收 SETUP 消息后经过兼容性检查，向交换机发出 ALERTING 消息。被叫应答后，最先应答的被叫终端向交换机发送 CONNECT 消息，完成端到端通路的建立。当主叫和被叫任意一方挂机，首先结束呼叫的设备发送 DISCONNECT 消息，要求拆除端到端的连接，对端设备发送 RELEASE 消息响应，随后首先结束呼叫的设备发送 RE-LEASE COMPLETE 消息结束呼叫，说明被释放的通路可以重新使用。

Q.931 主要被应用于 N-ISDN 的用户-网络接口和小灵通系统无线网络中基站与基站控制器的接口，完成建立和拆除呼叫。此外，Q.931 还被应用于 VoIP 系统，通过在该协议上增加信息，可以为 H.323 系统提供类似呼叫建立和拆除的功能。

1.4.3　V5 接口信令

电信网按功能可分为交换网、传送网、接入网 3 部分，接入网位于电信网络的末端，是电信网向用户提供业务服务的窗口，负责将各种业务透明地传送到用户。接入网在电信网中的位置如图 1.4.5 所示。

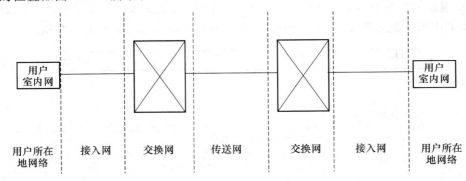

图 1.4.5　接入网在电信网中的位置

根据国际电信联盟标准部(ITU-T)的建议，接入网的定义如图 1.4.6 所示：接入网(AN，Access Network)由业务节点接口(SNI，Service Node Interface)和用户网络接口(UNI，User Network Interface)之间的一系列传送实体(如线路设备和传输设施)组成，是为电信业务提供所需传送承载能力的实施系统。

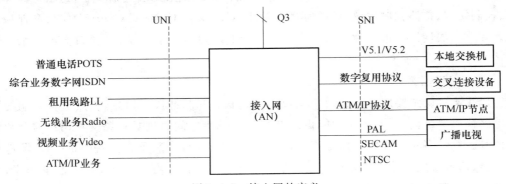

图 1.4.6　接入网的定义

V5 接口是专为用户接入网的发展而提出的本地交换机(LE,Local Exchange)和接入网之间的接口。V5 接口把交换机与接入设备之间的模拟连接改变为标准化的数字连接,解决了过去模拟连接传输性能差、设备费用高、业务发展难等问题。V5 接口支持模拟电话接入、ISDN 基本接入、ISDN 一次群速率接入和专线接入。

标准化的 V5 接口规范包括 V5.1 和 V5.2 接口。由于 V5.1 接口的局限性,目前接入网与交换机之间普遍采用 V5.2 接口。

1. V5.2 接口的物理结构

从物理结构上来讲,V5.2 接口由 1～16 个 2M 接口组成。每个 2M 接口包含 32 个时隙 TS(Time Slot),按顺序编号为 TS0,TS1,…,TS31,如图 1.4.7 所示。其中时隙 TS0 用作 2M 信号的同步及差错检测(F 通路);时隙 TS15、TS16 和 TS31 可以用作通信通路(C 通路),运载 ISDN 端口 D 信道、PSTN 信令以及其他 V5 接口第三层协议信息;其余时隙可用作承载通路(B 通路)传送 PSTN 话路信号或运载 ISDN 的 B 信道。

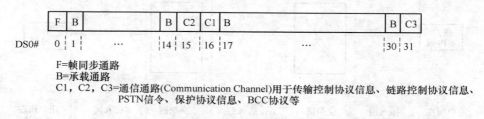

F=帧同步通路
B=承载通路
C1,C2,C3=通信通路(Communication Channel)用于传输控制协议信息、链路控制协议信息、PSTN信令、保护协议信息、BCC协议等

图 1.4.7   V5.2 协议的帧结构

2. V5.2 的协议结构

V5.2 接口采用 3 层协议结构,如图 1.4.8 所示。第一层即 PCM 链路规程;第二层类似于 ISDN 中的 D 信道链路接入规程(LAPD),称为 LAPV5,其中 LAPV5-EF 为 V5 封装功能子层,用于封装 AN 和 LE 间的信息,实现透明传输;LAPV5-DL 为 V5 数据链路子层,定义了 AN 和 LE 间对等实体的信息交换方式。第三层包括 5 个协议:PSTN 协议、控制协议、链路控制协议、承载通路控制(BCC,Bearer Channel Control)协议和保护协议。在第三层使用的地址称为第三层地址或者 L3 地址,用来在 V5.2 接口上识别第三层实体。

(1) PSTN 协议

PSTN 协议主要用于传递模拟用户的线路状态和脉冲拨号信息,相当于将局端的用户电路移入 AN 内,呼叫控制功能仍位于 LE 中,两者之间通过 C 通路交换用户信令和驱动信号。双音多频(DTMF)信号直接由 B 通路送往 LE,AN 不作处理。DTMF 发送和接收器、信号音发生器和录音通知设备也位于 LE 内。铃流由 AN 在 LE 控制下产生,时间性紧迫的断拨号音、截铃等功能亦由 AN 完成。PSTN 协议消息中的第三层地址用来识别 PSTN 用户端口。

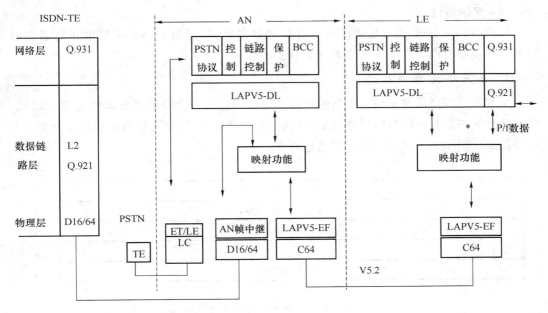

*不包含AN中终结在AN_FR的功能。

图 1.4.8　V5.2 的协议结构

（2）控制协议

控制（Control）协议主要用于对 PSTN 和 ISDN 用户的端口状态进行控制，包括端口闭塞、解除闭塞以及 ISDN 端口的激活和去活。控制协议消息中的第三层地址指示 PSTN 用户端口或 ISDN 端口。

（3）承载通路控制（BCC）协议

BCC 协议的主要功能是在指定的用户端口和 V5 接口 B 通路之间建立和释放连接。连接的建立和释放均由 LE 控制，在协议中称为分配和解除分配（B 通路）。协议支持 ISDN端口和多个 B 通路连接，提供 $n \times 64$ kbit/s 通道。此外，BCC 协议还支持审计功能和故障报告功能。审计功能为 LE 向 AN 核查某条 B 通路或某用户端口在 AN 中的连接情况；故障报告功能为 AN 主动向 LE 报告因 AN 内部故障导致某条 B 通路连接中断。

（4）链路控制协议

链路控制（Link Control）协议的主要作用是对 V5.2 接口的 2 048 kbit/s 链路进行闭塞控制。链路控制协议消息中的第三层地址指示相关的链路。若链路闭塞，则链路中正在工作的 C 通路必须切换到备用通路上去，B 通路相关的呼叫将予释放。

链路控制协议的另一功能是为 AN 和 LE 提供检查链路身份一致性的手段，其作用与 No.7 信令中的话路导通检验类似。

（5）保护协议

保护（Protection）协议提供保护活动 C 通路的机制，即当 C 通路故障时进行通路的切换。切换必须由 LE 启动，B 通路不属保护范围。

3. 第三层消息的格式

所有第三层协议都是面向消息的协议。每个消息由一个公共部分和信息单元组成。公共部分的格式对于所有的消息都是相同的，由协议鉴别语、第三层地址和消息类型 3 个字段组成。图 1.4.9 说明了第三层消息的格式。

8	7	6	5	4	3	2	1	字节
协议鉴别语								1
第三层地址（高阶比特）								2
第三层地址（低阶比特）								3
0	消息类型							4
其他信息单元								⋮

图 1.4.9 V5.2 第三层消息的格式

（1）协议鉴别语。1 字节，编码为 01001000，用来将 V5.2 第三层消息与使用同一 V5.2 数据链路的其他第三层消息区分开来。

（2）第三层地址。2 字节，用来在 V5.2 接口上识别第三层实体。第三层地址的结构由第三层协议规定。

（3）消息类型。1 字节，用来识别消息所属的协议和所发送消息的功能，除了最高比特位固定为 0 外，消息类型具体的编码见表 1.4.3。表 1.4.4 是 PSTN 协议中所使用的消息的具体编码。

表 1.4.3 V5.2 第三层消息类型的编码

比 特							协议消息类型
7	6	5	4	3	2	1	
0	0	0	—	—	—	—	PSTN 协议消息类型
0	0	1	0	—	—	—	控制协议消息类型
0	0	1	1	—	—	—	保护协议消息类型
0	1	0	—	—	—	—	BCC 协议消息类型
0	1	1	—	—	—	—	链路控制协议消息类型
其他值均保留							

18

表 1.4.4 PSTN 协议的消息类型编码

比特							协议消息类型
7	6	5	4	3	2	1	
0	0	0	0	-	-	-	路径建立消息
0	0	0	0	0	0	0	建立(ESTABLISH)
0	0	0	0	0	0	1	建立确认(ESTABLISH ACK)
0	0	0	0	0	1	0	信号(SIGNAL)
0	0	0	0	0	1	1	信号确认(SIGNAL ACK)
0	0	0	1	0	-	-	路径清除消息
0	0	0	1	0	0	0	拆线(DISCONNECT)
0	0	0	1	0	0	1	拆线完成(DISCONNECT COMPLETE)
0	0	0	1	1	-	-	其他消息
0	0	0	1	1	0	0	状态查询(STATUS ENQUIRY)
0	0	0	1	1	0	1	状态(STATUS)
0	0	0	1	1	1	0	协议参数(PROTOCOL PARAMETER)*

所有其他 PSTN 协议消息类型的值为保留值

* 暂不使用

（4）其他信息单元。这些信息单元可以在不同的消息中出现,根据消息的语义和/或消息在协议中的应用作为必选的或者任选的信息单元。这些信息单元对各个协议是特定的。

4. 对 PSTN 用户的呼叫处理流程

（1）消息类型及功能

接入网对 PSTN 用户的呼叫处理需要 BCC 协议和 PSTN 协议共同配合完成,常用的消息有:

① PSTN 协议消息

（a）建立消息(ESTABLISH)

该消息用来请求建立一个信令路径以确保在 AN 与 LE 之间线路信令的传送。在这个消息中,协议鉴别语、第三层地址、消息类型是必选信息单元。任选信息单元可以是断续振铃音(Cr)、脉冲信号(Ps)和稳态信号(Ss),但在建立消息中每次只允许包含一个任选信息单元。

（b）建立确认消息(ESTABLISH ACK)

该消息用来确认已经完成建立消息所请求的动作。

（c）信号消息(SIGNAL)

该消息用于将 PSTN 线路状态传送到 LE,或用于 LE 指示 AN 建立特定的线路状态。PSTN 线路状态由信号消息的任选信息单元指示,可以是断续振铃音、脉冲信号和稳态信号,但消息每次只允许包含一个任选信息单元。

（d）信号确认(SIGNAL ACK)

该消息用于确认信号消息。

（e）拆线（DISCONNECT）

LE用该消息来指示不存在呼叫活动，并且AN中的协议实体能够返回到零状态，或者AN用该消息来指示信令路径将被释放。

（f）拆线完成（DISCONNECT COMPLETE）

该消息用来确认实体已经完成DISCONNECT消息所请求的拆线动作。

② BCC协议消息

（a）分配消息（ALLOCATION）

LE使用ALLOCATION消息向AN申请一个或者多个承载通路，分配给一个特定的用户端口。在该消息中，协议鉴别语、BCC参考号码、消息类型和用户端口标识是必选的信息单元，其中用户端口标识用于说明要为哪个PSTN或ISDN端口分配承载通路。对于PSTN应用，用户端口标识的数值（15 bit）应与该端口PSTN协议消息中包含的第三层地址的值相同。

（b）分配完成消息（ALLOCATION COMPLETE）

AN使用ALLOCATION COMPLETE消息向LE指示：为一个特定的用户端口申请的承载通路的分配已经成功地完成。

（c）解除分配消息（DEALLOCATION）

LE使用DEALLOCATION消息向AN请求解除一个特定的用户端口上一个或者多个承载通路的分配。

（d）解除分配完成消息（DEALLOCATION COMPLETE）

AN使用DEALLOCATION COMPLETE消息向LE指示：已经成功完成解除一个特定的用户端口上所申请的承载通路的分配。

（2）AN侧PSTN用户为主叫时的正常呼叫流程

图1.4.10说明AN侧PSTN用户为主叫时的信令流程。

① 主叫用户摘机，AN检测到用户摘机之后，将此摘机状态通过ESTABLISH消息上报到LE。

② LE回复确认消息ESTABLISH ACK。

③ 为了保证该次呼叫的B通路的可用性，LE发送ALLOCATION消息，请求AN为主叫用户分配时隙。

④ 如果时隙分配成功，AN回复ALLOCATION COMPLETE消息，至此B通路建立。

⑤ LE在B通路上发送拨号音。

⑥ 用户听到拨号音之后开始拨号。如果用户使用双音多频话机，则用户拨号时产生的DTMF信号在B通路上传送并直接由LE侧的DTMF接收器接收。

⑦ LE收齐被叫号码后进行接续。如果被叫空闲，LE在B通路上向主叫用户发送回铃音。

⑧ 当被叫摘机，LE停回铃音并接通话路，正常通话开始。

⑨ 通话结束之后如果主叫用户先挂机，AN检测到用户挂机，将用户挂机状态通过

SIGNAL 消息上报给 LE。

　　⑩ LE 向 AN 分别发送 DISCONNECT 和 DEALLOCATION 进行拆线以及解除时隙分配,AN 回送 DISCONNECT COMPLETE 和 DEALLOCATION COMPLETE 作为响应。

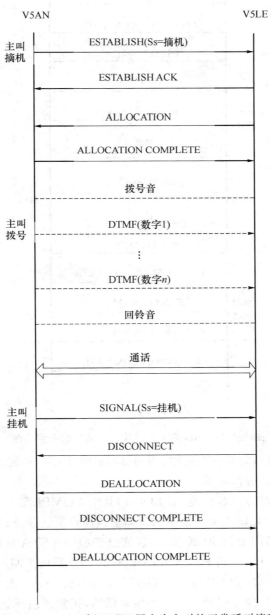

图 1.4.10　AN 侧 PSTN 用户为主叫的正常呼叫流程

（3）AN 侧 PSTN 用户为被叫的正常呼叫流程

AN 用户作为被叫时呼叫建立和释放的信令流程如图 1.4.11 所示。

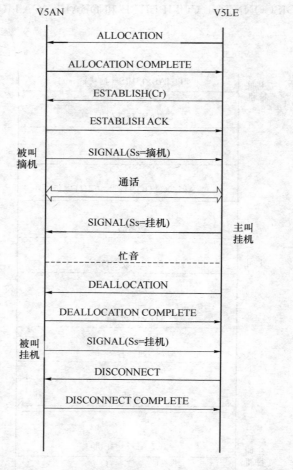

图 1.4.11　AN 侧 PSTN 用户做被叫的正常流程

①　LE 发现有来话后，为了保证该次呼叫的 B 通道的可用性，首先发送 ALLOCATION 消息，请求 AN 为被叫用户分配时隙。

②　如果时隙分配成功，AN 回复 ALLOCATION COMPLETE 消息。

③　LE 通过 ESTABLISH 消息指示 AN 向被叫用户发送断续振铃音。

④　AN 回复 ESTABLISH ACK 消息，证实已经收到 ESTABLISH 消息并且具有向用户提供振铃的能力。LE 收到 ESTABLISH ACK 消息后向主叫用户发送回铃音。

⑤　被叫用户摘机，AN 向 LE 发送 SIGNAL 消息，SIGNAL 消息中的稳态信号信息单元表示被叫摘机。LE 向主叫停回铃音并接通话路，正常通话开始。

⑥　通话结束之后如果主叫用户先挂机，LE 向 AN 发送表示挂机的稳态信号

SIGNAL,并向被叫用户发送忙音。

⑦ LE 向 AN 发送 DEALLOCATION 要求解除时隙分配,AN 回送 DEALLOCATION COMPLETE 作为响应。

⑧ 被叫用户听到忙音后挂机,AN 将被叫挂机状态通过 SIGNAL 消息上报给 LE。

⑨ LE 向 AN 发送 DISCONNECT 进行拆线,AN 回送 DISCONNECT COMPLETE 配合完成拆线。

小　结

在通信设备之间相互交换的控制信息被称为信令。通信网中的设备在信令交互时需要遵循的规约和规定就是信令方式。而信令系统是指实现某种信令方式所必须具有的全部硬件和软件系统的总和,它是通信网的重要组成部分。

按照信令传送的区域来划分,信令可分为用户信令和局间信令。用户信令是用户终端和交换机之间传送的信令,局间信令是在交换机与交换机之间、交换机与网管中心、数据库之间传送的信令。按照传送信令的通道和话路之间的关系可分为随路信令和公共信道信令。随路信令是指用传送话音的通道来传送与该话路有关的各种信令,或某一信令通道惟一地对应于一条话音通道。公共信道信令又叫共路信令,是指传送信令的通道与传送话音的通道分开,信令有专用传送通道。

信令的发展经历了 3 个阶段:随路信令、公共信道信令和 IP 信令。随路信令利用传送话音的通道来传送与该话路有关的信令。公共信道信令系统按分层的思想设计,采用分组交换技术和 TDM 承载方式,在专用的数据链路上以信令单元的形式集中传送话路的控制信息。IP 网中的信令采用 IP 承载,信令也不再有专门的传送通道,信令信息和业务信息均以 IP 包的形式在 IP 网上传送。

在信令系统的设计中采用了分层通信体系结构的思想,将通信的功能划分为很多层次,每个层次完成一部分功能,对等层之间采用协议通信,相邻层之间采用标准的层间接口。

用户信令分模拟用户信令和数字用户信令。模拟用户信令在模拟用户线上传输,包括监视信令、选择信令、铃流和各种信号音。监视信令主要反映用户线的忙闲状态;选择信令是用户终端向交换节点送出的被叫号码,用于选择路由、接续被叫;铃流和信号音是交换机向用户终端发送的信号,如振铃信号、拨号音、忙音等,用来提示用户采取相应的动作或者通知用户接续结果。

Q.931 又叫呼叫控制协议,是在 N-ISDN 中用户与交换机之间的数字用户线上使用的网络层协议,规定了在用户-网络接口上利用 B 信道建立电路交换连接的过程以及利用 D 信道提供用户-用户信令业务的过程。Q.931 消息包括一个公共部分和一些信息单元,其中公共部分由协议标识符、呼叫参考值和消息类型 3 个字段组成。本章还介绍了

Q.931常用消息的功能和基本呼叫时的信令流程。

电信网按功能可分为交换网、传送网、接入网 3 部分,接入网位于电信网络的末端,是电信网向用户提供业务服务的窗口,负责将各种业务透明地传送到用户。V5 接口是专为用户接入网的发展而提出的本地交换机和接入网之间的接口。标准化的 V5 接口规范主要是 V5.2 接口。

V5.2 接口采用 3 层协议结构,其中第三层包括 5 个协议:PSTN 协议、控制协议、链路控制协议、承载通路控制(BCC)协议和保护协议。在第三层使用的地址称为第三层地址或者 L3 地址,用来在 V5.2 接口上识别第三层实体。PSTN 协议主要用于传递模拟用户的线路状态和脉冲拨号信息,相当于将局端的用户电路移入 AN 内,呼叫控制功能仍位于 LE 中,两者之间通过 C 通路交换用户信令和驱动信号。PSTN 协议消息中的第三层地址用来识别 PSTN 用户端口。控制协议主要用于对 PSTN 和 ISDN 用户端口状态进行控制,包括端口闭塞和解除闭塞以及 ISDN 端口的激活和去活。控制协议消息中的第三层地址指示 PSTN 端口号或 ISDN 端口号。BCC 协议主要用于完成指定用户端口和 V5 接口 B 通路的连接建立和释放。链路控制协议的主要作用是对 V5.2 接口的 2 048 kbit/s 链路进行闭塞控制。链路控制协议消息中的第三层地址指示相关的链路。保护协议提供保护活动 C 通路的机制,当 C 通路故障时进行通路的切换。

V5.2 接口所有第三层协议都是面向消息的协议。每个消息由一个公共部分和信息单元组成,其中公共部分的格式对于所有的消息都是相同的,包括协议鉴别语、第三层地址和消息类型。本章还介绍了对 AN 侧 PSTN 用户的呼叫进行处理时常用消息的功能和基本的信令流程。

思考题和习题

1. 简要说明信令的作用。

2. 信令有哪几种分类方法?

3. 什么是随路信令?什么是公共信道信令?

4. 信令的发展大致经历了哪些阶段?

5. 简要说明分层通信体系结构的基本概念。

6. 简要说明同层通信与邻层通信的概念和开放系统相互通信的过程。

7. 开放系统互连模型 OSI 中将通信的功能划分为哪几个层次?每个层次的基本功能是什么?

8. 画出 Q.931 消息的格式,并说明各个部分的作用。

9. 简要说明 V5.2 接口第三层所包含协议的名称及功能,并说明第三层地址的作用。

第2章

No.7信令系统概述

学习指导

本章首先介绍了 No.7 信令系统的发展过程，No.7 信令系统的基本特点、功能及应用。介绍 No.7 信令系统的四级结构及与 OSI 模型对应的结构，简要介绍了各部分的基本功能及相互关系。介绍 No.7 信令系统中信令单元的格式和信令消息的处理和传送。介绍 No.7 信令网，包括 No.7 信令网的组成、信令的工作方式、我国信令网的结构、信令网的编号计划、路由选择、信令网的同步方法和信令网的可靠性措施，并举例说明了信令链路的设置。

通过本章的学习，掌握 No.7 信令系统的总体结构、各部分基本功能及相互关系，信令单元的格式、No.7 信令网的组成、信令的工作方式、我国信令网的结构和信令网的编号计划。能根据信令业务负荷计算所需的信令链路数。了解 No.7 信令系统的发展过程，信令网的同步方法和信令网的可靠性措施。在本章的学习中最重要的是注意建立总体概念。

No.7 信令系统是 CCITT 提出的一个适用于数字通信网的公共信道信令系统。经过几次修订，No.7 信令系统逐步趋于完善，成为目前最通用的国际国内长途全自动交换使用的公共信道信令。

CCITT 于 1980 年通过 No.7 信令系统的第一个技术规程《No.7 信令系统技术规程》(1980 年黄皮书建议)，提出了 No.7 信令系统的总体结构及消息传递部分(MTP)、电话用户部分(TUP)、数据用户部分(DUP)的相关建议。1984 年通过 No.7 信令系统的红皮书建议，对黄皮书建议进行了完善和补充，并提出了信令连接控制部分(SCCP)和综合业务数字网用户部分(ISUP)的相关建议。1988 年形成了 No.7 信令系统的蓝皮书建议，对红皮书建议进行了完善修改，并提出了事务处理能力应用部分(TCAP)和 No.7 信令系统测试规范。1992 年 ITU-T 通过白皮书建议对蓝皮书建议进行了完善修改。

我国从 20 世纪 80 年代开始研究和应用 No.7 信令系统。我国的第一个 No.7 信令系统技术规范是 1984 年制定的《国内市话网 No.7 信令方式技术规范(暂行规定)》，它是根据 CCITT 黄皮书相关建议并结合我国市话网的特点制定的。1986 年,我国制定了《国内市话网 No.7 信令方式技术规范(暂定稿)》,该规范仍以黄皮书为基础,但补充了一些红皮书的内容,仍以市话网为应用目标。1990 年,以 CCITT 蓝皮书建议为基础,我国发布了《中国国内电话网 No.7 信令方式技术规范(暂行规定)》,该规范仍只包括 MTP 和 TUP 两部分内容。1993 年,邮电部发布了《No.7 信令网技术体制》,为我国 No.7 信令网的建设提供了技术依据。1994 年,提出了《中国国内电话网 No.7 信令方式测试规范和验收方法》。1995 年,以 ITU-T 的白皮书建议为基础,又相继提出了国内 No.7 信令方式技术规范《信令连接控制部分 SCCP》、《事务处理能力 TC 部分》、《智能网应用规程(IN-AP)》、《综合业务数字网用户部分(ISUP)》和《运行、维护和管理部分(OMAP)(暂行规定)》。这些技术规范的提出,为我国 No.7 信令系统的开发和建设奠定了基础。

随着我国电话网的数字化和从五级网向三级网的演变,1998 年提出了《No.7 信令网技术体制(修订版)》,对已有的 No.7 信令网技术体制做相应的修改和补充。随着 No.7 信令在全国范围的普及,No.7 信令的业务量不断增加,之前使用的 64 kbit/s 的信令链路已经不能完全适应信令业务量的需求。为了使我国 No.7 信令网合理发展,2001 年提出《国内 No.7 信令方式技术规范——2 Mbit/s 高速信令链路》,作为 1997 年信令技术规范的补充。2005 年提出的《公用电信网关口局间 No.7 信令技术要求》保证了我国 No.7 信令设备的正常互连、运行和管理。

No.7 信令虽然最先被应用于固定电话网,却由于其良好的扩展性而很快被应用到综合业务数字网、移动网和智能网中。关于 No.7 信令在各个领域的应用和发展情况将在后续章节介绍。

2.1　No.7 信令系统的特点和功能

2.1.1　No.7 信令系统的特点

No.7 信令系统是一种国际性的标准化的通用公共信道信令系统,目前我国公网中已经全部采用 No.7 信令。其优越性体现在以下几个方面。

(1) 信令传送速度快。减少了呼叫建立时间,提高了服务质量,也提高了传输设备和交换设备的使用效率。

(2) 具有提供大量信令的潜力。有利于传送各种控制信令,如网管信令、集中计费信令等,并有可能发展更多的补充业务。

(3) 具有通用性。公共信道信令并不针对某一特定网络设计,而是一个通用的信令系统,有利于其在各种网络中应用。

(4) 信令通道与业务通道完全分开,可以方便地增加或修改信令,并可在业务信息传递期间传递和处理信令。

（5）信令设备经济合理。公共信道信令的一条高速数据链路可以传送成百上千条话路的信令，每条话路不需要配备专用的信令设备，减少了信令设备的总投资。

当然，针对上述优点也对共路信令提出了一些特殊的要求：

（1）由于信令链路利用率高，一条链路可传送多达几千条中继话路的信令信息，因此信令链路必须具有极高的可靠性。原CCITT规定，No.7信令数据链路传送出错但未检测出的概率为 $10^{-10} \sim 10^{-8}$，长时间误码率应不大于 10^{-6}。

（2）信令系统应具有完备的信令网管理功能和安全性措施，在链路发生异常的情况下，仍能保证正常的信令传送。

（3）由于信令网和通信网完全分离，信令畅通并不意味着话路畅通，因此共路信令系统应具有话路导通检验功能。

2.1.2　No.7信令系统的功能

No.7信令适合由数字程控交换机和数字传输设备所组成的综合数字网，能满足现在和将来传送呼叫控制、遥控、维护管理信令及处理机之间事务处理信息的要求，而且提供了可靠的方法，使信令按正确的顺序传送又不致丢失或重复，因而能够满足多种通信业务的要求，应用非常广泛。No.7信令系统当前的主要应用有：

- 传送电话网的局间信令；
- 传送电路交换数据网的局间信令；
- 传送综合业务数字网的局间信令；
- 在智能网的业务交换点和业务控制点之间传送信令，支持各种类型的智能业务；
- 在移动通信网中传送与用户移动有关的信令。

No.7信令系统能够得到如此广泛的应用，其主要原因是它采用了分层的思想和功能模块化的结构。

2.2　No.7信令系统的结构

2.2.1　No.7信令系统的分层体系

No.7信令系统实质上是在通信网的控制系统(计算机)之间传送有关通信网控制信息的数据通信系统，即一个专用的计算机通信系统。No.7信令系统从一开始就是按分层的思想设计的。No.7信令系统在开始发展时，主要考虑在数字电话网和采用电路交换方式的数据通信网中传送各种与电路有关的控制信息，所以CCITT在20世纪80年代提出的有关No.7信令系统技术规范的黄皮书建议中，对No.7信令系统的分层方法没有和OSI七层模型取得一致，对No.7信令系统只提出了4个功能级的要求。但随着综合业务数字网ISDN和智能网的发展，No.7信令系统不仅需要传送与电路接续有关的消息，而且需要传送与电

路无关的端到端的信息,于是在 1984 年的红皮书建议中,CCITT 作了大量的努力,使 No.7
信令系统的分层结构尽量向 OSI 的七层模型靠近。在 1988 年的蓝皮书中对 No.7 信令系统
提出了双重要求,一方面是对原来的 4 个功能级的要求,另一方面是对 OSI 七层的要求。
CCITT(ITU-T)在 1992 年的白皮书中又进一步完善了这些新的功能和程序。

2.2.2　No.7 信令系统的四级结构

No.7 信令系统由一个公共的消息传递部分 MTP(Message Transfer Part)和包含多
种应用的用户部分 UP(User Part)组成。No.7 信令系统的四级结构如图 2.2.1 所示。

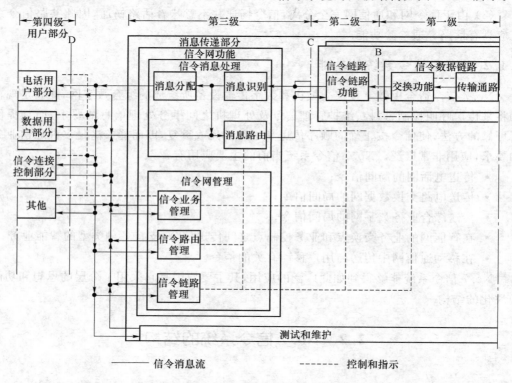

图 2.2.1　No.7 信令系统的四级结构

MTP 的功能是在用户部分之间提供可靠的信令信息传输。该部分又进一步划分为
3 级:信令数据链路功能级(Signaling data link level)、信令链路功能级(Signaling link
level)和信令网功能级(Signaling network level)。

第一级为信令数据链路功能级,它规定了信令链路的物理电气特性及接入方法,提供
全双工的双向传输通道,由一对传输速率相同、传输方向相反的数据通道组成,完成二进
制比特流的透明传递。

第二级为信令链路功能级,它的基本功能是将第一级中透明传输的比特流划分为不

同长度的信令单元(Signal Unit),并通过差错检测及重发校正保证信令单元的正确传输。

第三级是信令网功能级。第三级又分为信令消息处理和信令网管理两部分。信令消息处理的功能是根据消息信令单元中的地址信息,将信令单元送至用户指定的信令点的相应用户部分。信令网管理的功能是对每一个信令路由及信令链路的工作情况进行监视,当信令链路和信令路由出现故障时,信令网管理在已知的信令网状态数据和信息的基础上,控制消息路由和信令网的结构,完成信令网的重新组合,从而恢复正常消息传递能力。

用户部分 UP 构成 No.7 信令系统的第四级,它的功能是处理信令消息。用户部分不同的模块面向不同的应用。例如,电话用户部分(TUP,Telephone User Part)处理电话网中的呼叫控制信令消息;综合业务数字网用户部分(ISUP,ISDN User Part)处理 ISDN 中的呼叫控制信令消息。模块之间是并列关系,可按需要设置。

2.2.3 与 OSI 模型对应的 No.7 信令系统结构

MTP 并没有提供 OSI 模型中 1～3 层的全部功能,它的寻址能力有一定欠缺,当需要传送与电路无关的端到端信息时,MTP 已不能满足要求。而且,最初的 No.7 信令系统的分层方法也没有和 OSI 七层模型取得一致。为此,CCITT 在 1984 年和 1988 年对 No.7 信令系统进行补充,在不修改 MTP 的前提下,通过增加信令连接控制部分(SCCP, Signaling Connection Control Part)来增强 MTP 的功能,并增加了事务处理能力部分(TC,Transaction Capabilities)来完成传送节点至节点的消息的能力。No.7 信令系统较完整的功能结构如图 2.2.2 所示。下面简要说明各部分的功能。

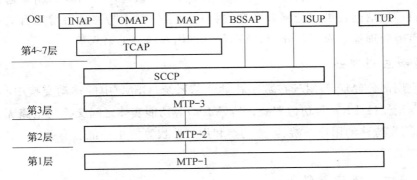

图 2.2.2 No.7 信令系统的结构

1. 消息传递部分

消息传递部分(MTP)的功能是在信令网中提供可靠的信令消息传递,将用户发送的消息传送到用户指定的目的地信令点的指定用户部分,在系统或信令网出现故障时,采取必要措施以恢复信令消息的正常传送。MTP 的第一级为信令数据链路功能级,对应于

OSI 模型的物理层;第二级为信令链路功能级,对应于 OSI 模型的数据链路层;第三级是信令网功能级,对应于 OSI 模型中网络层的部分功能。有关消息传递部分的详细介绍请参见第 3 章。

2. 电话用户部分

电话用户部分(TUP)是 No.7 信令系统的第四功能级中最先得到应用的用户部分。TUP 主要规定了有关电话呼叫建立和释放的信令程序及实现这些程序的消息和消息编码,并能支持部分用户补充业务。有关 TUP 的详细介绍见第 4 章。

3. 综合业务数字网用户部分

综合业务数字网用户部分(ISUP)提供综合业务数字网中的信令功能,以支持基本承载业务和附加承载业务。有关 ISUP 的详细介绍见第 4 章。

4. 信令连接控制部分

信令连接控制部分(SCCP)叠加在 MTP 上,与 MTP 中的第三级共同完成 OSI 的网络层的功能。SCCP 通过提供全局码翻译增强了 MTP 的寻址选路功能,从而使 No.7 信令系统能在全球范围内传送与电路无关的端到端消息。同时,SCCP 还使 No.7 信令系统增加了面向连接的消息传送方式。有关 SCCP 的详细说明请参见第 5 章。

5. 事务处理能力应用部分

事务处理能力(TC)是指通信网中分散的一系列应用在相互通信时采用的一组规约和功能,用于在一个节点调用另一个节点的程序,执行该程序并将执行结果返回调用节点。这是目前通信网提供智能网业务和支持移动通信网中与移动台游动有关业务的基础。有关事务处理能力应用部分(TCAP)的详细内容请参见第 6 章。

6. 移动应用部分

移动应用部分(MAP)用于在数字移动通信系统(GSM)中的移动交换中心(MSC)、归属位置登记器(HLR)、拜访位置登记器(VLR)等功能实体之间交换与电路无关的数据和指令,从而支持移动用户漫游、频道切换和用户鉴权等网络功能。有关 MAP 的详细内容请参见第 7 章。

7. 基站子系统应用部分

基站子系统应用部分(BSSAP)是基站控制器(BSC)与移动交换中心(MSC)之间使用的信令。有关 BSSAP 的详细内容请参见第 7 章。

8. 智能网应用部分

智能网应用部分(INAP)用来在智能网各功能实体间传送有关信息流,以便各功能实体协同完成智能业务。有关 INAP 的详细内容请参见第 8 章。

9. 维护管理应用部分

维护管理应用部分(OMAP)用来支持对 No.7 信令网中的各网络节点进行集中维护管理。

目前,No.7 信令系统是一个四级和七级并存的系统。采用在公共的消息传递部分上叠加各种各样的应用的模块化结构,使得 No.7 信令系统在一个系统框架内包含多种应用,具有灵活的扩展性。

2.2.4　No.7 信令系统中信令消息的处理和传送

在 No.7 信令系统中,所有的消息都是以可变长度的信令单元(Signal Unit)的形式发送的。信令单元类似于分组交换中的分组,实际上是节点之间各种控制信息的载体。控制信息一般由信令系统的用户部分定义,某些信令网管理和测试维护消息可由 MTP 的第 3 功能级定义。

1. 信令单元的格式

No.7 信令系统中有 3 种信令单元:消息信令单元(MSU,Message Signal Unit)、链路状态信令单元(LSSU,Link Status Signal Unit)和填充信令单元(FISU,Fill-In Signal Unit)。

- 消息信令单元用来传送第 3 级以上的各层发送的信息;
- 链路状态信令单元用来传送信令链路状态;
- 填充信令单元是在信令链路上没有消息要传送时,向对端发送的空信号,它用来维持信令链路的通信状态,同时可证实对端发来的信令单元。

基本的信令单元的格式如图 2.2.3 所示。

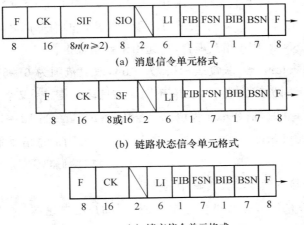

(a) 消息信令单元格式

(b) 链路状态信令单元格式

(c) 填充信令单元格式

F: 标志码;SF: 状态字段;BSN: 后向序号;FSN: 前向序号;FIB: 前向表示语比特;
BIB: 后向表示语比特;SIO: 业务信息八位位组;SIF: 信令信息字段;CK: 校验位;LI: 长度表示语。

图 2.2.3　消息信令单元格式

2. 各字段的意义

从以上 3 种信令单元的格式中可以看出,每种信令单元都有 7 个字节的相同字段。

(1) F(Flag)——标志码,为 8 bit。标志信令单元的开始和结束,也是两个信令单元的分界,由码组"01111110"组成。为防止伪标志码的出现,需要在发送端和接收端分别进行"插零"和"删零"的操作。

(2) FSN(Forward Sequence Number)——前向序号,为 7 bit。表示被发送的信令单元本身的序号,按 0~127 顺序连续循环编号。在发送端,每个被发送的信令单元都分配一个 FSN,在接收端,用 FSN 来检测接收到的信令单元的顺序,并作为证实功能的一部分。

(3) FIB(Forward Indicator Bit)——前向表示语比特,为 1 bit。FIB 在消息信令单元的重发程序中使用。在无差错工作期间,它与收到的信令单元的 BIB 取值一致。当收到的信令单元的 BIB 值发生翻转时(由"0"变为"1"或由"1"变为"0"),说明接收端请求重发。发送端在重发消息信令单元时,将改变 FIB 的值,使其与收到的 BIB 值保持一致。

(4) BSN(Backward Sequence Number)——后向序号,由 7 bit 构成,取值为 0~127,表示接收端向发送端回送的被证实的(已正确接收的)消息信令单元的序号。

(5) BIB(Backward Indicator Bit)——后向表示语比特,为 1 bit,用于对收到的错误信令单元提供重发请求。若收到的消息信令单元正确,则在发送被证实的信令单元时,保持其值不变;若收到的消息信令单元有错误,则在发送被证实的信令单元时,将该比特翻转(即由"0"变为"1"或由"1"变为"0"),要求对端重发有错误的消息信令单元。

以上 FSN、FIB、BSN 和 BIB 相互配合,一起用于差错校正。

(6) LI(Long Indicator)——长度表示语,为 6 bit,取值范围为 0~63,表示信息段的长度(字节数)。由于不同类型的信令单元有不同的信息段长度,LI 又可以看成是信令单元类型的指示。当 LI=0 时,信令单元为填充信令单元(FISU);当 LI=1 或 2 时,信令单元为链路状态信令单元(LSSU);当 LI=3~63 时,信令单元为消息信令单元(MSU)。

(7) CK(ChecK bit)——校验位,为 16 bit 循环冗余校验码(CRC),由发送端信令终端产生,由接收端用来检查信令单元传输中的错误。

以上 7 个固定长度的字段是每种信令单元所必备的,由发送端的 MTP2 生成,由接收端的 MTP2 处理。MTP2 利用这些字段来保证信令单元不丢失、不错序,并在检出差错以后利用重发实现差错校正。

(8) SIO(Service Information Octet)——业务信息八位位组,表示信息所属的用户类

别,只有消息信令单元具有。该字段为 8 bit,如图 2.2.4 所示。前 4 bit 为业务表示语(SI,Service Indicator),用来表示该 MSU 消息是为哪一个用户服务的,相当于消息种类;SIO 的后 4 bit 为子业务字段(SSF,Sub-Service Field),指示该消息和哪种网络(国际、国内)有关。

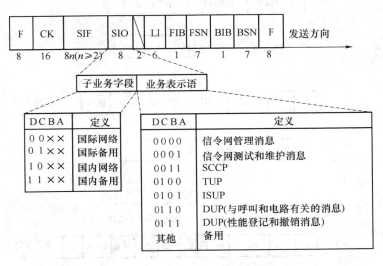

图 2.2.4 SIO 字段的格式及编码含义

(9) SIF(Signaling Information Field)——信令信息字段,只有消息信令单元具有。这是要传送的控制信号本身,由用户部分规定。对于不同用户部分 SIF 具体格式不同,如图 2.2.5 所示。

对于不同用户部分及同一用户部分的不同消息,其 SIF 长度不同,但它必须由 8 bit 的倍数组成。需要注意的是,ITU-T/CCITT 原来规定 SIF 的最大长度为 62 个八位位组,加上 SIO 字段一共 63 个八位位组,这正是 LI 的最大值。后来由于 ISDN 业务要求信令消息有更大的容量,1988 年的蓝皮书规定 SIF 的最大长度可为 272 个八位位组。为了不改变原有信令单元的格式,LI 字段保持不变,规定 SIF 的长度大于 62 个八位位组时,LI 的值均为 63。

每个 SIF 都带有一个路由标记,由目的地信令点编码(DPC,Destination Point Code)、源信令点(OPC,Origination Point Code)和链路选择码(SLS,Signaling Link Selection)组成。DPC 和 OPC 分别用来表示发送节点和接收节点的信令点编码,SLS 用于在信令链路选择时实现负荷分担。在 TUP 消息中,使用电路识别码(CIC)的低 4 位兼作 SLS;在 ISUP 消息中由于采用八位位组的堆栈结构,因而不使用 CIC 的低 4 位比特兼作 SLS,而是采用了专用的 4 bit 作 SLS;在 SCCP 消息中也是采用专用 4 bit 作 SLS;信令网管理消息不存在 SLS,其位置被信令链路码(SLC)代替。

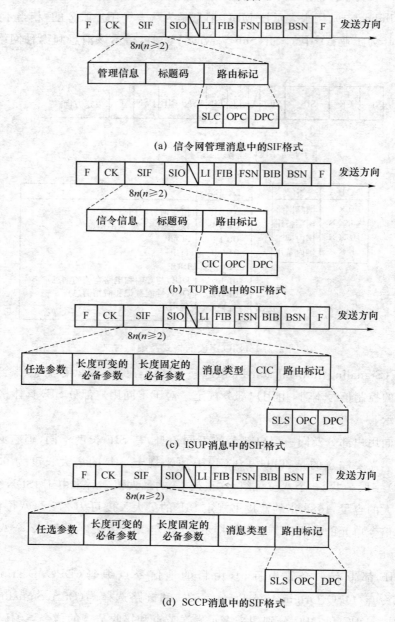

(a) 信令网管理消息中的SIF格式

(b) TUP消息中的SIF格式

(c) ISUP消息中的SIF格式

(d) SCCP消息中的SIF格式

图 2.2.5　不同用户部分 SIF 的格式

（10）SF(Status Field)——状态字段,表示链路的状态。SF 字段的长度可以是 8 bit 或 16 bit。SF 字段为 8 bit 时,其格式及编码含义如图 2.2.6 所示。该字段仅链路状态信号单元(LSSU)具有,由 MTP2 生成和处理。

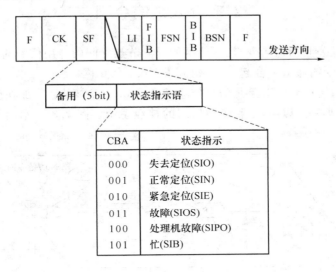

图 2.2.6　状态字段的格式及编码含义

在 64 kbit/s 的信令链路上传送的信令单元采用上述基本信令单元的格式。目前我国还定义了支持 2 Mbit/s 的高速数字信令链路,在高速数字信令链路上传送的信令单元格式如图 2.2.7 所示。它与基本信令单元的格式基本相同,区别在于 FSN 和 BSN 的长度增加为 12 bit,取值范围为 0～4 095,LI 的长度增加为 9 bit,取值范围为 0～273。

图 2.2.7　高速数字信令链路上传送的信令单元格式

图 2.2.8 说明的是一个消息信令单元的生成和传递过程,由于其过程与开放系统通信的过程一致,在此不再作解释。

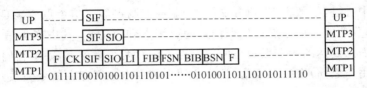

图 2.2.8　一个消息信令单元的生成和传递过程示意图

2.3 No.7 信令网

No.7 信令是公共信道信令,在通信网的业务节点之间的专用信令通道中传送。将这些节点和传送信令的通道组合起来,就构成了 No.7 信令网。

No.7 信令系统控制的对象是信息传输网络,No.7 信令网是叠加在受控的信息传输网络之上的一个业务支撑网,是整个通信网的神经系统。图 2.3.1 示出了信令网与信息传输网的关系。

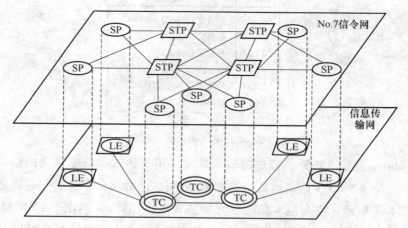

SP:信令点;STP:信令转接点;LE:本地交换机;TC:转接中心。

图 2.3.1 No.7 信令网与信息传输网的关系

2.3.1 信令网的组成

No.7 信令网由信令点(SP,Signalling Point)、信令转接点(STP,Signalling Transfer Point)和信令链路(Signalling Link)3 部分组成。

1. 信令点

信令点是通信网中具有信令信息处理能力的业务节点。例如,各类交换局、网管中心、操作维护中心、网络数据库、业务交换点、业务控制点等。信令点应满足 MTP 功能及相应的用户部分功能。信令点是信令消息的起源点和目的点,其中产生信令消息的节点为源信令点,消息到达的信令点为目的信令点。任意两个信令点,如果它们的对应用户之间(例如电话用户之间)有直接通信,就称这两个信令点之间存在信令关系。

2. 信令转接点

具有信令转发功能,将信令消息从一条信令链路转送到另一条信令链路的信令点称为信令转接点。信令转接点分独立型和综合型两种。

独立型 STP 只能完成对信令信息的转接,它必须具有 No.7 信令系统中 MTP 的功能,以完成电话网和 ISDN 的与电路接续有关的信令消息的传送。同时,如果在信息传输网中开放智能网业务、移动通信业务以及在业务节点间传送各种信令网管理信息,该信令转接点还应具有信令连接控制部分(SCCP)的功能,以传送各种与电路无关的数据信息。若该信令点要执行信令网运行、维护管理程序,那么还应具有事务处理能力应用部分(TCAP)和运行管理应用部分(OMAP)的功能。

综合型 STP 是既完成信令转接功能又具有信令点功能的信令转接点设备,它除了必须满足独立型信令转接点的功能外,还应具有 UP(如 TUP、ISUP、INAP 等)功能。

3. 信令链路

在两个信令点之间传送信令消息的链路称为信令链路。

(1) 信令链路组:直接连接两个信令点的一束信令链路构成一个信令链路组。

(2) 信令路由:承载指定业务到某特定目的地信令点的链路组。

(3) 信令路由组:承载业务到某特定目的地信令点的全部信令路由。

2.3.2 信令的工作方式

信令的工作方式,是指信令消息所取的通道与消息所属的信令关系之间的对应关系。公共信道信令系统可采用下面两种工作方式。

(1) 直联工作方式

两个信令点之间的信令消息,通过直接连接两个信令点的信令链路传递,称为直联工作方式。

(2) 准直联工作方式

属于某信令关系的消息,经过两个或多个串接的信令链路传送,中间要经过一个或几个信令转接点,而且消息所取的通道在一定时间内是预先确定和固定的,称为准直联工作方式。

图 2.3.2 表示了直联工作方式和准直联工作方式的概念。

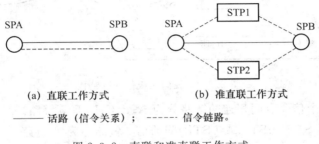

(a) 直联工作方式   (b) 准直联工作方式

—— 话路(信令关系); ------ 信令链路。

图 2.3.2 直联和准直联工作方式

在 No.7 信令网中,当局间的话路群足够大时,则在局间设置直达信令链路,即采用直联工作方式;当话路群较小时,在局间设置直达信令链路不经济,一般采用准直联的工作方式。也可以在局间同时采用直联工作方式和准直联工作方式。

2.3.3 信令网的结构

1. 中国 No.7 信令网结构

我国 No.7 信令网由高级信令转接点(HSTP)、低级信令转接点(LSTP)和信令点(SP)三级组成。第一级 HSTP 负责转接它所汇接的 LSTP 和 SP 的信令消息。HSTP 采用 A、B 两个平面,平面内各个 HSTP 网状相连,在 A 和 B 平面间成对的 HSTP 相连。HSTP 应采用独立型信令转接点设备。第二级 LSTP 负责转接它所汇接的 SP 的信令消息。LSTP 至少要分别连至 A、B 平面内成对的 HSTP。LSTP 可以采用独立型的信令转接点设备,也可以采用综合型的信令转接点设备。第三级 SP 是信令网传送各种信令消息的源点或目的地点。每个 SP 至少连至两个 STP(HSTP 或 LSTP)。图 2.3.3 示出了我国三级信令网的结构,其中大中城市本地信令网是二级网结构。

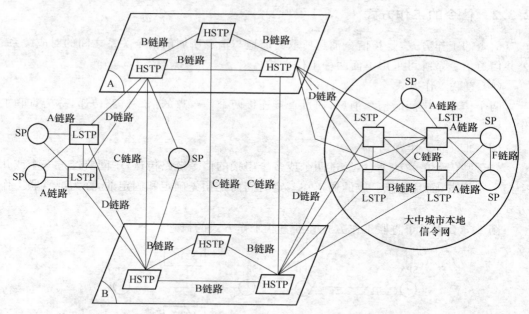

图 2.3.3　我国三级信令网结构

信令网中,各个信令点间相连的链路分为 A、B、C、D、E 等链路。

- SP 与所属 STP(HSTP 或 LSTP)间的信令链路称为 A 链路;
- 同平面内 HSTP 或 LSTP 间的链路称为 B 链路;

- 一对 HSTP 或一对 LSTP 间的链路称为 C 链路,在正常情况下,C 链路不承载信令业务,只有在信令链(A 或 B 链路)故障时,才承载信令业务;
- LSTP 和 HSTP 间的上下级之间的链路称为 D 链路;
- SP 连至非所属 STP 的链路称为 E 链路;
- SP 和 SP 间的直达信令链路称为 F 链路。

当陆上 B、C、D 链路和连接数据库的 A 链路业务量较高时,可以使用 2 Mbit/s 的高速信令链路,对于信令网中其他位置,目前尽量使用 64 kbit/s 链路。

2. 信令业务负荷和信令链路的设置

信令链路负荷是指每个方向在信令链路功能级上每条信令链路忙时负荷的信令业务量,它由每条信令链路每秒传送的信令单元的数量确定。信令单元不包括重发的消息信令单元、填充信令单元和链路状态信令单元。

有关规范规定,在 64 kbit/s 信令链路上传送 TUP 或 ISUP 消息时,一条信令链路的正常负荷为 0.2 Erl,最大负荷为 0.4 Erl;当传送 INAP、OMAP 和 MAP 消息时,一条信令链的正常负荷为 0.4 Erl,最大负荷为 0.8 Erl。每条 2 Mbit/s 高速信令链路的业务量最大不超过 0.4 Erl。

由于信令链的负荷能力直接关系到各 SP 点对信令链路的需求,下面根据 2005 年版《No.7 信令网工程设计规范》,介绍 No.7 各种业务的信令链路负荷以及信令链路数计算方法。

（1）No.7 信令业务正常负荷的计算

$$A_1 = \frac{e \cdot M_{c1} \cdot L_1 \cdot C}{B_w \cdot T_1} \tag{2-3-1}$$

式中:A_1——No.7 信令业务正常负荷,单位为 Erl;

e——话路的平均话务负荷,单位为 Erl/电路;

C——局间的电话话路数,单位为电路;

M_{c1}——一次呼叫平均消息单元数,单位为 MSU/呼叫;

　　　　TUP 消息暂定为:本地呼叫 5.5 MSU/双向,即 2.75 MSU/单向;长途呼叫 7.3 MSU/双向,即 3.65 MSU/单向。

　　　　ISUP 消息暂定为:8.2 MSU/双向,即 4.1 MSU/单向。

L_1——平均消息单元的长度,单位为 B/MSU;

　　　　TUP 消息暂定为:18 B/MSU;

　　　　ISUP 消息暂定为:30 B/MSU。

T_1——呼叫平均占用时长,单位为 s;

　　　　本地呼叫取 60 s,长途呼叫取 90 s。

B_w——信令链路的带宽,单位为 B/s。当采用 64 kbit/s 信令链路时,此数值为 8 000,即 64 000/8;若考虑插零操作,此数值为 7 757;当采用 2 Mbit/s 信令链路时,此数值为 240 467。

（2）INAP 部分业务负荷的计算

$$A_2 = \frac{CAPS \cdot L_2 \cdot M_{c2}}{B_w} \qquad (2\text{-}3\text{-}2)$$

式中：A_2——信令智能网业务的正常负荷，单位为 Erl；

CAPS——智能网业务的每秒试呼次数；

M_{c2}——一次智能网呼叫平均消息单元数，单位为 MSU/呼叫。电话卡业务呼叫暂定为 15 MSU/双向；被叫集中付费业务呼叫暂定为 10 MSU/双向；虚拟专用网业务暂定为 10 MSU/双向；

L_2——平均消息单元的长度，单位为 B/MSU，暂定 100 B/MSU。

（3）若采用 No.7 信令传送网管信息

$$A = (1 + X) \cdot \left(\sum A_1 + \sum A_2 \right) \qquad (2\text{-}3\text{-}3)$$

式中：A——No.7 信令业务正常负荷，单位为 Erl；

X——处理管理消息所应增加的负荷百分比，暂定为 5%。

（4）若考虑过负荷情况

$$B = (1 + Y) \cdot A \qquad (2\text{-}3\text{-}4)$$

式中：A——No.7 信令业务正常负荷，单位为 Erl；

B——No.7 信令业务过负荷，单位为 Erl；

Y——电话网过负荷百分比，由电话网参数确定。

（5）信令链路组中信令链路数

$$N = \frac{\sum B}{A_r} \quad （按 \ 2^n \ 取定） \qquad (2\text{-}3\text{-}5)$$

式中：N——信令链路组的信令链路数；

B——No.7 信令业务过负荷，单位为 Erl；

A_r——每条信令链路每方向取定的负荷，单位为 Erl。

（6）应用举例

假设某固话端局到其他各局的话路数为 5 550 条，该信令点到其他信令点的信令业务全部经过两个 LSTP 进行负荷分担传送，而且 ISUP 信令链路与 TUP 信令链路各占 50%，考虑需要传送网管信息和信令业务过负荷，计算这个信令点与单个 LSTP 之间实际要开的信令链路数。

解：话路的平均话务负荷 e 按经验值取 0.7 Erl/电路，其他参数按规定取值，代入式（2-3-1），得 TUP 业务负荷为

$$\begin{aligned}
A_1 &= \frac{e M_{c1} L_1 C}{B_w T_1} \\
&= \frac{0.7 \times 2.75 \times 18 \times (5\,550 \times 50\%)}{7\,757 \times 60} \\
&= 0.206\,6 \ \text{Erl}
\end{aligned}$$

ISUP 业务负荷为

$$A_2 = \frac{0.7 \times 4.1 \times 30 \times (5\,550 \times 50\%)}{7\,757 \times 60}$$

$$= 0.513\,4\ \text{Erl}$$

考虑同时传送网管信息,处理管理消息所应增加的负荷百分比取值为 5%,则将上述计算结果代入式(2-3-3)

$$A = (1+X) \cdot \left(\sum A_1 + \sum A_2\right)$$

$$= (1+0.05) \times (0.206\,6 + 0.513\,4) = 0.756\ \text{Erl}$$

再考虑信令业务过负荷,电话网过负荷百分 Y 比按经验取值 25%,将上述计算结果代入式(2-3-4)

$$B = (1+Y) \cdot A$$

$$= (1+0.25) \times 0.756 = 0.945\ \text{Erl}$$

每条信令链路每方向的负荷按经验值取定为 0.2 Erl,考虑负荷分担,由此代入式(2-3-5)可得信令链路数为

$$N = \frac{\sum B}{A_r} \quad (\text{按 } 2^n \text{ 取定})$$

$$= (0.945 \times 0.5)/0.2 = 2.362\,5$$

计算结果按 2 的 n 次方取值,可知这个信令点与单个 LSTP 之间实际要开的信令链路数为 4 条,计算完毕。

3. 我国信令网结构以及与电话网的对应关系

信令网与电话网是两个相互独立的网络,但它们之间又存在密切的关系,即信令网中传输的信令信息控制着电话网的接续。信令网和电话网之间存在着相互对应的关系,如图 2.3.4 所示。

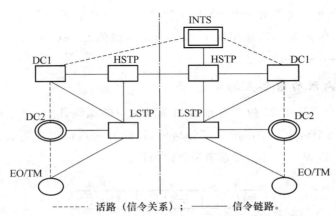

图 2.3.4 信令网和电话网的对应关系与示意图

41

我国目前的电话网分为三级,由省级长途交换中心 DC1、本地网长途交换中心 DC2 和本地网交换中心(含端局 EO 和汇接局 TM)组成。这些交换中心构成信令网的 SP。LSTP 负责汇接所在本地网的信令,HSTP 负责汇接所连 SP 及所辖 LSTP 的信令。

2.3.4 信令网的编号计划

为了便于信令网的管理,国际和各国的信令网是彼此独立的,并采用分开的信令点编码计划。

1. 国际信令网的编号计划

CCITT 在 Q.708 建议中规定了国际信令网信令点的编号计划。

国际信令网的信令点编码位长为 14 位二进制数,编码容量为 $2^{14}=16384$。采用三级的编码结构,具体格式见图 2.3.5。

N M L	K J I H G F E D	C B A
大区识别	区域网识别	信令点识别
信令区域网编码(SANC)		
国际信令点编码(ISPC)		

图 2.3.5 国际信令网信令点编码格式

在图 2.3.5 所示的格式中,NML 用于识别世界编号大区,K～D 八位码识别世界编号大区内的区域网,CBA 三位码识别区域网内的信令点。NML 和 K～D 两部分合起来称为信令区域网编码(SANC)。每个国家应至少占用一个 SANC。SANC 用 Z-UUU 的十进制表示,即十进制数 Z 相当于 NML 比特,UUU 相当于 K～D 比特。我国被分配在第 4 号大区,大区编码为 4,区域编码为 120,所以中国的 SNAC 编码为 4—120。美国的 SNAC 编码为 3—020,法国为 2—016。

2. 我国国内网的信令点编码

我国国内信令网采用 24 位二进制数的全国统一的编码计划,信令点编码的格式如图 2.3.6所示。每个信令点编码由 3 部分组成,每部分占八位二进制数。高八位为主信令区编码,原则上以省、自治区、直辖市为单位编排。

8	8	8
主信令区	分信令区	信令点

图 2.3.6 我国国内网信令点编码格式

中间八位为分信令区编码,原则上以省、自治区的地区、地级市及直辖市的汇接区和郊县为单位编排。应尽可能将 HSTP、国际局及 DC1 级长话局以及连到 HSTP 上的各种特种服务中心分别分配一分信令区编码。

最低八位用来区分信令点。国际局、国内长话局、市话汇接局、市话端局、市话支局、农话汇接局、农话端局、农话支局、移动通信的交换局、直拨 PABX、各种特种服务中心、信令转接点及信令网关等其他信令点应分配信令点编码。

由于主信令区、分信令区、信令点编码分别占八位二进制数,所以主信令区编码容量为 256 个,每个主信令区下最多可有 256 个分信令区,每个分信令区下又可有 256 个信令点。总的编码容量足以满足目前和未来的需要。

3．国际信令点

国际出入口交换局(INTS,简称国际局)既是国内信令网的信令点(NSP),又是国际信令网的信令点(ISP),同时被分配了国内信令点编码和国际信令点编码。在国际电话接续的过程中,国际局根据网络表示语(NI)识别两种信令点编码并完成信令点编码和No.7信令方式技术规范的转换。

2.3.5　路由选择

信令路由是从起源信令点到达消息目的地所经过各信令点的预先确定的信令消息路径。信令路由按其特征和使用方法分为正常路由和迂回路由两类。

1．正常路由

正常路由是未发生故障的正常情况下的信令业务的路由,主要有以下两类。

(1)采用直联方式时的正常路由

当一个信令点具有多个信令路由时,如果有直达的信令链路,则将该信令路由作为正常路由,如图 2.3.7 所示。

(2)采用准直联方式时的正常路由

当一个信令点的多个信令路由都是采用准直联方式、经过信令转接点转接的信令路由,则正常路由为信令路由中的最短路由。其中,当采用准直联方式的正常路由采用负荷分担方式时,这两个信令路由都为正常路由,如图 2.3.8 所示。

2．迂回路由

因信令链或路由故障造成正常路由不能传送信令业务而选择的路由称为迂回路由。迂回路由都是经过信令转接点转接的准直联方式的路由。迂回路由可以是一个路由,也可以是多个路由,如图 2.3.7 和图 2.3.8(a)所示。当有多个迂回路由时,应按经过信令转接点的次数,由小到大依次分为第一迂回路由、第二迂回路由等。

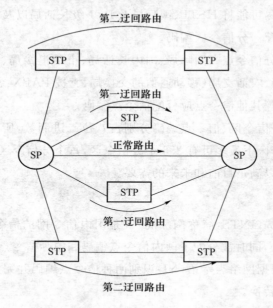

图 2.3.7　采用直联方式时的正常路由

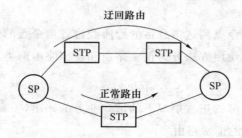

(a) 非负荷分担方式时准直联信令路由中的正常路由

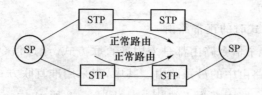

(b) 负荷分担方式时准直联信令路由中的正常路由

图 2.3.8　采用准直联方式时的正常路由

3. 路由选择的原则

在 No.7 信令网中,信令路由的选择遵循"最短路径"和"负荷分担"原则:

- 首先选择正常路由,当正常路由发生故障时,再选择迂回路由;
- 当有多个迂回路由可供选择时,应首先选择第一迂回路由,当第一迂回路由出现故障时,再选第二迂回路由,依此类推;
- 在迂回路由中,若有同一等级的多个信令路由时,多个信令路由之间应采用负荷分担的方式,均匀地分担信令业务。若其中一条信令路由的一个信令链路出现故障,则将它分担的信令业务倒换到采用负荷分担的其他信令链路上。若其中一条信令路由出现故障,则将它分担的信令业务倒换到采用负荷分担的其他信令路由上。

上述信令路由选择的原则如图 2.3.9 所示。

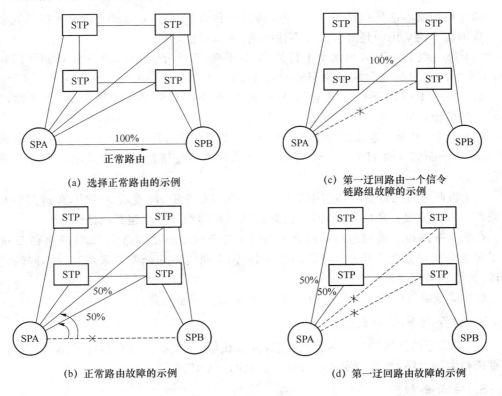

(a) 选择正常路由的示例

(c) 第一迂回路由一个信令链路组故障的示例

(b) 正常路由故障的示例

(d) 第一迂回路由故障的示例

图 2.3.9　路由选择示意图

2.3.6　信令网的同步

为保证信令消息的安全可靠传递,信令网中所有的信令节点都纳入数字同步网。

No.7 信令网的 ISTP、HSTP 和 LSTP 设备直接从同步网的综合定时供给设备 BITS 获取同步时钟信号。其中 HSTP 采用第二级 A 类时钟,LSTP 采用第二级 B 类时钟。

2.3.7 信令网的可靠性措施

No.7 信令网是通信网的神经中枢,在 No.7 信令网上传递的是通信网中成千上万条业务通道的控制信息,信令网的任何故障都会大面积地影响通信网的工作,造成通信中断,因此对信令网的可靠性要求很高。信令网的不可用性指标为具有信令关系的两个信令点间,一年内不可用时间不大于 10 分钟;信令转接点设备的不可用性应不大于 $1.4×10^{-4}$。保证信令网可靠性的措施主要有网络组织的可靠性措施、第三级信令网管理功能、负荷分担和信令网的监测与管理。

1. 基本安全措施

信令网的基本部件包括信令点、信令转接点和信令链路,对这些部件必须提供冗余配置。我国信令网采用的是双备份可靠性措施,具体规定如下:

(1)第一级 HSTP 采用两个平行的 A、B 平面,每个平面内部的各个 HSTP 网状相连,A 平面和 B 平面之间成对的 HSTP 相连。

(2)每个 LSTP 分别连接至 A、B 平面内成对的 HSTP,LSTP 至 A、B 平面两个 HSTP 的信令链路组之间采用负荷分担方式工作。

(3)每个 SP 至少连接至两个 STP(LSTP 或 HSTP),若连接至 HSTP 时,应分别连接至 A、B 平面成对的 HSTP。SP 至两个 HSTP 的信令链路组之间采用负荷分担方式工作。

(4)直联方式的信令链路组中至少应包括两条信令链;准直联方式中,A 链路组和 D 链路组可以只设置一条信令链,但 C 链路组和 B 链路组应至少包括两条信令链。

(5)A 链路和 C 链路应尽可能分配在完全分开的 2 条物理路由上,B 链路和 D 链路应尽可能分配在完全分开的 3 条物理路由上,如不同实体的光缆或采用其他不同的传输手段(光缆和数字微波)。

(6)信令链路应优先采用地面电路,必要时采用卫星电路。

2. 信令网管理功能

No.7 信令第三级的信令网管理功能,可以在信令网发生故障时,通过倒换、倒回、强制重选路由等程序,维持和恢复各种信令消息的正常传递。

3. 负荷分担

负荷分担在正常情况下使信令业务均衡,发生故障时可使信令业务集中传送。当信令网出现故障和拥塞时,继续正常传送信令,以保证信令网的可靠性。

4. 信令网的监测与管理

信令网的运行、维护和管理部分(OMAP)实现对信令网的监视、测量和管理,在信令点和信令转接点之间传递网络管理信息,为信令网的维护管理工作提供了先进的技术手段。

（1）信令网的监视和测量

由信令网管理中心对所管辖的 STP 和 SP 的 MTP 部分、SCCP 部分、TC 部分以及 ISUP 部分进行监视和测量，并对全网网络的状态进行监视，实时获取信令网的连接情况、信令节点间链路组和链路的故障状态以及业务量等信息。

对信令网的监视和测量主要有以下几个方面：

- 信令链路性能。包括信令链路处于工作状态的时长、各种原因的信令链路故障与恢复、本地自动倒换和倒回、信令链路的定位失败、差错信令单元数量等。
- 信令链路可用性。包括信令链路不可用时长、远端处理机故障的开始和停止、本地管理阻断及本地忙时的测量。
- 信令链路利用率。包括发送和收到 SIO 及 SIF 的八位位组数量、发送和收到的消息信令单元数量、重发的八位位组数量以及信令链路拥塞有关指标的测量。
- 信令链路组和路由组可用性。包括有关信令链路组不可用时长及链路组故障指标的测量。
- 信令点状态的可接入性。包括有关相邻信令点不可接入等指标的测量。
- 信令路由利用率。包括对给定的 DPC、OPC、SIO 处理的 SIF 及 SIO 八位位组数量等的测量。

对信令网的监视和测量可通过人机命令或者专门的测试设备，如监视器等完成。

（2）信令网的管理

从全网的角度对信令网状态进行集中监视和控制，对信令网性能进行分析，对信令网进行统一配置和调度。管理活动分以下 3 种类型：

- 故障管理：对信令网非正常工作时，故障的检出、定位、隔离和恢复；
- 配置管理：控制信令网资源和它的组成单元，主要包括初始信令网业务、允许继续提供和停止信令业务；
- 性能管理：评估信令网络资源的性能和通信活动的有效性。

小　结

No.7 信令系统是一种国际性的标准化的通用公共信道信令系统，它适合由数字程控交换机和数字传输设备所组成的综合数字网，能满足现在和将来传送呼叫控制、遥控、维护管理信令及处理机之间事务处理信息的要求，而且提供了可靠的方法，使信令按正确的顺序传送又不致丢失或重复，能够满足多种通信业务的要求。No.7 信令系统可用于传送电话网、综合业务数字网的局间信令，还可支持智能网业务和移动通信业务。

No.7 信令系统实质上是在通信网的控制系统之间传送有关通信网控制信息的数据通信系统，即一个专用的计算机通信系统。No.7 信令系统从一开始就按分层的思想设计。在 No.7 信令系统发展初期，将 No.7 信令系统分为 4 个功能级。第一级为信令数据链路功能级，它规定了信令链路的物理电气特性及接入方法，完成二进制比特流的透明传递。第二级为信令链路功能级，它的基本功能是将第一级中透明传输的比特流划分为不同长度的信令单元，并通过差错检测及重发校正保证信令单元的正确传输。第三级是信令网功能级。第三级又分为信令消息处理和信令网管理两部分。信令消息处理的功能是根据信令单元中的地址信息，将信令单元送至用户指定的信令点的相应用户部分。信令网管理的功能是对每一个信令路由及信令链路的工作情况进行监视，当信令链路和信令路由出现故障时，信令网管理在已知的信令网状态数据和信息的基础上，控制消息路由和信令网的结构，完成信令网的重新组合，从而恢复正常消息传递能力。第四级是用户部分，它的功能是处理信令消息。

经过对 No.7 信令系统不断的补充，增加信令连接控制部分（SCCP）、事务处理能力部分（TC）和具体业务有关的各种应用部分，如智能网应用部分（INAP）、移动应用部分（MAP）和维护管理应用部分（OMAP）等，目前，No.7 信令系统的功能结构已经较为完善，并且逐渐与 OSI 七层模型对应。

在 No.7 信令系统中，所有的消息都以可变长度的信令单元的形式发送。No.7 信令系统中共有 3 种信令单元，其中消息信令单元用来传送第三级以上的各层发送的信息；链路状态信令单元用来传送信令链路状态；填充信令单元是在信令链路上没有消息要传送时，向对端发送的空信号，用来维持信令链路的通信状态，同时可证实对端发来的信令单元。

No.7 信令是公共信道信令，在通信网的业务节点之间的专用信令通道中传送。将这些节点和传送信令的通道组合起来，就构成了 No.7 信令网。No.7 信令网由信令点（SP）、信令转接点（STP）和信令链路（SL）3 部分组成。公共信道信令系统可采用直联工作方式或者准直联工作方式。我国 No.7 信令网由高级信令转接点（HSTP）、低级信令转接点（LSTP）和信令点（SP）三级组成。为了便于信令网的管理，国际和各国的信令网彼此独立并采用分开的信令点编码计划：国际信令网的信令点编码为 14 位二进制数，我国国内信令网采用 24 位二进制数的编码计划。

信令路由是从起源信令点到达消息目的地所经过各信令点的预先确定的信令消息路径。信令路由按其特征和使用方法分为正常路由和迂回路由两类。在 No.7 信令网中，信令路由的选择遵循"最短路径"和"负荷分担"原则，即首先选择正常路由，再选择迂回路由；多个同一等级的信令路由之间应采用负荷分担的方式均匀地分担信令业务。

No.7 信令网的 ISTP、HSTP 和 LSTP 设备直接从同步网的综合定时供给设备 BITS 获取同步时钟信号。保证信令网可靠性的措施主要有网络组织的可靠性措施、第三级信令网管理功能、负荷分担和信令网的监测与管理。

本章还介绍了如何根据信令业务负荷来计算所需的信令链路数的方法，掌握该计算方法对于实际的工程设计非常有帮助。

思考题和习题

1. 简要说明 No.7 信令系统的主要特点。

2. 简要说明 No.7 信令系统的主要应用。

3. 画出 No.7 信令系统的四级结构并简要说明各级的基本功能。

4. 画出与 OSI 模型对应的 No.7 信令系统的结构并简要说明各部分功能。

5. 简要说明信令单元的类型、作用和各自的基本格式,并解释各字段含义。

6. 简要说明信令网的组成部分。

7. 简要说明我国信令网的结构。

8. 简要说明国际信令网和国内信令网采用的编码方案。

9. 什么是信令路由? No.7 信令网中信令路由的选择遵循哪些原则?

10. 简要说明 No.7 信令网采取的可靠性措施。

11. 假设某固话端局到其他各局的话路数为 6 000 条,该信令点到其他信令点的信令业务全部经过两个 LSTP 进行负荷分担传送,而且 ISUP 信令链路与 TUP 信令链路分别占 60% 和 40%,不考虑需要传送网管信息和信令业务过负荷,计算这个信令点与单个 LSTP 之间实际要开的信令链路数。

第3章

消息传递部分

学习指导

本章主要讲解 No.7 信令系统的消息传递部分（MTP，Message Transfer Part）的 3 个功能级：信令数据链路功能级（MTP1）、信令链路功能级（MTP2）和信令网功能级（MTP3），并系统介绍了各级的主要功能和过程。

通过本章的学习，应掌握 No.7 信令系统的功能级的划分，第二功能级的主要功能，第三功能级的信令消息处理模块的功能和信令网管理模块的主要功能，如信令业务管理和信令路由管理等，并能够综合运用。

No.7 信令系统的消息传递部分是各种用户部分消息的公共运载系统，它提供了一个可靠的消息传递系统，保证两个信令点对应用户部分之间的信令消息的可靠传递，即不应发生丢失、错序和重复。MTP 只负责消息的传递，不负责消息内容的检查和解释。

MTP 可分成 3 个功能级，由低向高依次是：信令数据链路功能级（第一功能级或 MTP1）、信令链路功能级（第二功能级或 MTP2）、信令网功能级（第三功能级或 MTP3）。

3.1 信令数据链路功能级

3.1.1 功能概述

信令数据链路功能级是 No.7 信令系统功能分级结构中最低功能级，该功能级定义了信令数据链路的物理、电气和功能特性，确定了信令数据链路与信令终端设备的连接方法。

信令数据链路由一对传送速率相同、工作方向相反的数据通道组成，完成二进制比特流的透明传输。

3.1.2 数字信令数据链路及其接入

信令数据链路有数字的和模拟的数据通道，后者已经基本被淘汰。数字信令数据链路的传输速率可以是 64 kbit/s 和 2 Mbit/s。

当采用 64 kbit/s 的数字通道时，通常对应于 PCM 传输系统中的一个时隙，如在 PCM30/32 系统中常选用 TS_{16}，在 PCM 二次群（8 Mbit/s）系统中常选用 $TS_{67} \sim TS_{70}$（按优先级下降次序选用）。

64 kbit/s 信令数据链路与第二级（即信令终端）的连接有两种方式。

（1）数字传输通道通过交换机的数字交换网络与信令终端设备构成半永久性连接，即通过人机命令将局间 PCM 传输系统的时隙确定为信令链路使用。如图 3.1.1(a) 所示，此时的信令数据链路实际上是由传输通道和通道两端的数字交换网络组成。为了便于管理，目前常采用这种方式。

（2）数字传输通道通过数据电路设备（DCE）或时隙插入设备与信令终端连接，如图 3.1.1(b) 所示。图中 A、B、C 为规定的接口点。

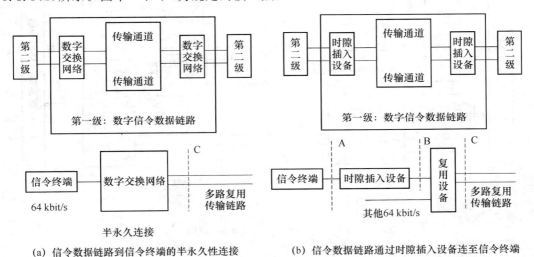

(a) 信令数据链路到信令终端的半永久性连接　　　(b) 信令数据链路通过时隙插入设备连至信令终端

图 3.1.1　64 kbit/s 信令数据链路的接入方式

与 64 kbit/s 信令链路不同，2 Mbit/s 高速信令链路可以不再经过交换机的数字选择级，而直接通过端口连接至信令终端，如图 3.1.2 所示。

图 3.1.2　2 Mbit/s 信令数据链路的接入方式

3.2　信令链路功能级

　　信令链路功能级是 No.7 系统功能分级结构中的第二级,与信令数据链路功能级配合,共同保证在直连的两个信令点之间,提供可靠的传送信令消息的信令链路。

　　信令链路功能级主要包含以下功能:信令单元定界,信令单元定位,差错检测,差错校正,初始定位,流量控制,处理机故障,信令链路差错率监视。

　　这些功能模块在 No.7 信令系统中的位置如图 3.2.1 示。

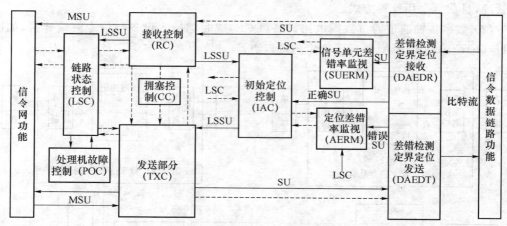

SU: 信令单元;　MSU: 消息信令单元;　LSSU: 链路状态信令单元;

————:消息流;　　------:控制和指示。

图 3.2.1　信令链路功能模块结构

3.2.1　信令单元的定界

　　所谓定界就是找出一个信令单元的开始和结束标志,从而将信令数据链路的比特流划分为信令单元。信令单元用标志码进行分界,通常一个标志码既是一个信令单元结尾的标志,又是下一个单元开始的标志。

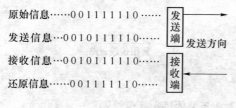

图 3.2.2　"0"比特插入和删除

标志码采用特殊的编码 01111110。为了避免在信令单元的其他字段中出现与标志码相同的编码即伪标志码,在发送端进行"插 0"操作,即对不包括标志码的信令单元内容进行检查,发现存在连续 5 个"1"比特时,在其后插入一个"0"比特;在接收端则进行"删 0"

操作,即对检出标志码后的信令单元内容进行检查,发现有连续 5 个"1"比特存在时,去除后面跟随的"0"比特。该过程的示意图参见图 3.2.2。

3.2.2 信令单元的定位

信令单元的定位功能主要是检测失步及失步后的处理。定位过程有两种,一种是初始定位,另一种是在已经开通业务的链路上进行定位。初始定位将在本节的第 5 部分进行讲述。

信令单元的定位功能对收到的信令单元进行实时检测,当检测到以下异常情况时就认为失去定位:收到了不允许出现的码型(6 个以上连续的 1);信令单元内容太短(少于 5 个八位位组);信令单元内容太长(大于 273+5 个八位位组);两个标志码(F)之间的比特数不是 8 的整数倍数。

在失去定位的情况下,一方面要丢弃异常的信令单元,另一方面要进入八位位组计数方式,即每收到 16 个八位位组就使差错计数器加一,直到收到一个正确的信令单元才结束八位位组计数方式。

3.2.3 差错检测

信令单元的差错检测采用循环冗余校验码(CRC)的方法。在发送端,对信令单元的内容按以下算法进行计算:

$$\frac{X^{16}M(x)+X^{k}(X^{15}+X^{14}+\cdots+X+1)}{G(x)}=Q(x)+\frac{R(x)}{G(x)}$$

式中:$M(x)$——被校验的信息序列,为 F 字段后到 CK 字段前的内容;

k——$M(x)$ 的比特长度;

$G(x)$——生成多项式 $G(x)=X^{16}+X^{12}+X^{5}+1$;

$Q(x)$——商式;

$R(x)$——余式。

计算后得到的余式 $R(x)$ 长度是 16 bit,该式取反即为校验码(CK)。

在接收端,完成类似的计算过程:

$$\frac{X^{16}C(x)+X^{16}X^{k}(X^{15}+X^{14}+\cdots+X+1)}{G(x)}$$

式中:$C(x)$——$M(x)$ 和 CK 字段的序列和。

如果计算得到的余式为 0001110100001111,说明没有传输错误,否则表示存在传输错误,应丢弃该信令单元,并在适当的时候请求对端重发。

循环冗余校验有很强的检错能力,它能检出任何位置上的 3 个比特以内的错误、所有的奇数个错误、16 个比特之内的连续错误,以及大部分的大量突发错误。

3.2.4 差错校正

No.7 信令系统提供两种差错校正方法:基本差错校正方法和预防循环重发校正方法。在陆上信令链路中,若时延小于 15 ms,采用基本差错校正方法,我国国内的信令链路即普遍采用此方法;当信令链路传输时延大于 15 ms 或使用卫星链路时,采用预防循环重发方法,但 2 Mbit/s 高速信令链路不采用此方法。

1. 基本差错校正方法

基本差错校正方法是一种非互控的、肯定/否定证实的重发纠错方法。非互控指信令单元可以连续发送,而不必等待收到上一个信令单元的肯定证实后才发下一个。肯定证实指示信令单元的正确接收,否定证实指示收到的信令单元有误而要求重发。

在每个信令终端内都配有重发缓冲器(RTB),暂存所有的已发出的,但尚未收到肯定证实的消息信令单元。当收到某个或某些消息信令单元的肯定证实后,释放 RTB 中的相应存储单元;如果收到否定证实,则重发所有未被肯定证实的消息信令单元。

差错校正程序在两个方向上独立工作,即一个方向的 FSN 和 FIB 与另一个方向的 BSN 和 BIB 一起负责控制这个方向上的消息信令单元的差错校正。FSN 表示当前正在发送的信令单元序号;BSN 表示已经正确接收的对端发来的信令单元的序号。当收到的信令单元的 BIB 与上一次发送的信令单元的 FIB 同相时,表明收到了肯定证实,本端应根据收到信令单元的 BSN 释放暂存在 RTB 中相应的信令单元。当收到的信令单元的 BIB 与上一次发送的信令单元的 FIB 反相时,表明收到了否定证实,本端应根据收到信令单元的 BSN 依次重发暂存在 RTB 中的所有未经证实的信令单元,并将 FIB 字段翻转为与收到的 BIB 同相。图 3.2.3 为双向信令链路上某个方向的基本差错校正过程示例。

在图 3.2.3 中,假设 A 发送的第一个 MSU 的 FSN 为 0,FIB 初始化为 0。B 正确收到了该信令单元,在发送给 A 的信令单元中将 BSN 值设置与正确收到的 MSU 的 FSN 值相同(0),BIB 设置与正确收到的 MSU 的 FIB 值相同(0),作为肯定证实。假设 A 发出的 FSN 为 1 的 MSU 在传输过程中发生差错,B 收到后,根据 CRC 校验出错误,将此 MSU 丢弃。当信令点 A 发出的 FSN 为 2 的 MSU 正确传输到信令点 B 后,B 发现收到的 FSN 数值(2)与期望收到的 FSN 数值(1)不符,因此将此 MSU 丢弃,并将发送给 A 的信令单元中的 BIB 反转(1),BSN 为 B 最后正确收到的 FSN 数值(0),作为否定证实。A 收到 B 发来信令单元后,识别出 BIB 与本端已发出信令单元的 FIB 反相,因此根据收到的 BSN 指示,取出暂存在重发缓冲器内的所有未被证实的信令单元(FSN 分别为 1,2,3 的 MSU),将 FIB 反转后,依次重发。

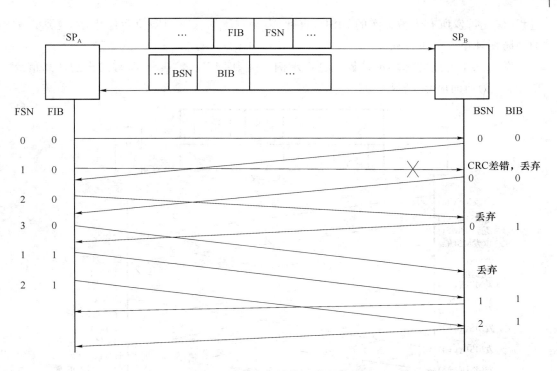

图 3.2.3　基本差错校正过程示意图

2. 预防循环重发校正方法

预防循环重发校正方法是一种非互控的前向纠错方法,它只采用肯定证实,不采用否定证实,前向指示语比特 FIB 和后向指示语比特 BIB 不再使用。

在每个信令终端内都配有重发缓冲器(RTB),所有已发出的、未得到肯定证实的消息信令单元 MSU 都暂存在 RTB 内,直到收到肯定证实后才释放相应的存储单元。

预防循环重发校正过程由发送端自动控制,当无新的 MSU 待发时,将自动地取出重发缓冲器 RTB 中的未得到证实的 MSU 依次重发;在重发过程中,若有新的 MSU 请求发送时,需中断重发过程,优先发送新的 MSU。当没有新的 MSU 发送,且 RTB 中也没有未得到证实的 MSU 发送时,发送 FISU。

在信令负荷太大时,常有新的 MSU 要发送,使得 RTB 中未证实的 MSU 发送机会减少。为了保证在高差错率和高信令负荷的情况下能够进行有效的差错校正,还采用强制重发过程。为此,设置了两个门限值以判定信令链路的负荷情况:

N_1:RTB 内未被证实的 MSU 数。

N_2:RTB 内未被证实的 MSU 的八位位组数。

如果两个参数中的一个或全部达到门限值,就停止发送新的 MSU,而开始强制重发过程,优先重发所有未被证实的 MSU,直到 N_1 和 N_2 均低于门限值后停止,恢复到正常的预防循环重发校正过程。

图 3.2.4 为预防循环重发校正过程示例。图中 MSU(x)表示 A 端发出的消息信令单元,x 为前向序号 FSN。

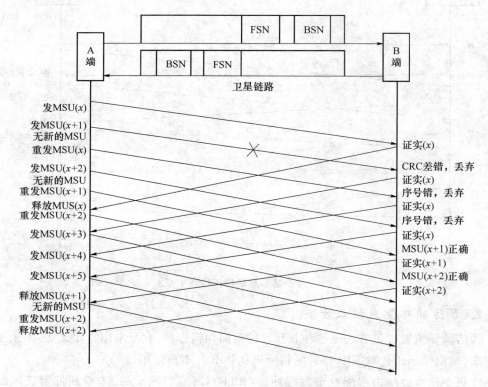

图 3.2.4 预防循环重发校正过程示意图

3.2.5 初始定位过程

初始定位过程是信令链路首次启用或发生故障后恢复时所使用的过程,实际上是与信令链路的对端节点交换握手信号,协调一致地将链路投入运行,同时检验链路的传输质量。只有当信令链路的两端都能按规定发送链路状态信令单元,且链路状态信令单元差错率低于规定值时,认为定位成功。当初始定位成功后,信令链路才能进入工作状态,传递消息信令单元。

根据验收周期不同,初始定位可分为正常定位和紧急定位过程。具体采用哪种定位过程由本端或对端的第三功能级决定。初始定位期间,定位程序要经历 4 个状态:空闲(IDLE)、未定位(NOT ALIGNED)、已定位(ALIGNED)和验收(PROVING)。

在初始定位过程中,信令链路两端的信令终端要交换信令链路状态信息(信息编码参考图 2.2.6),包括:

- SIO(失去定位):用于启动信令链路并通知对端,本端已准备好接收任何链路信号;
- SIN(正常定位):用于指示已接收到对端发来的 SIO 信号且已启动本端信令终端,并通知对端启动正常验收过程;
- SIE(紧急定位):用于指示已接收到对端发来的 SIO 信号,且已启动本端信令终端,并通知对端启动紧急验收过程;
- SIOS(故障):用于指示信令链路不能发送和接收任何链路信号。

图 3.2.5 描述了正常初始定位过程。

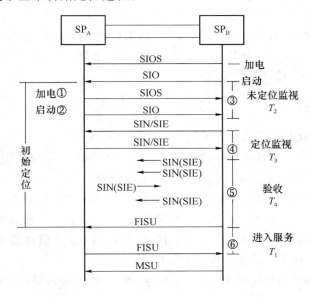

图 3.2.5 正常初始定位过程

① 设备加电,定位程序处于"空闲"状态。

② 由第三功能级向第二功能级发启动命令,初始定位过程开始。

③ 当信令终端发送出 SIO 后开始 T_2 定时,定位程序进入"未定位"状态。在 T_2 未超时以前收到对端发来的 SIO 后停止定时 T_2,并准备向对端发 SIN 或 SIE;如果在 T_2 之内未收到 SIO,则在 T_2 超时之后发 SIOS。在数字环境下,我国一般规定 T_2 取值为 5～150 s,建议值为 130 s。

④ 当发送出 SIN 或 SIE 后开始 T_3 定时,定位程序进入"已定位"状态。在 T_3 未超时以前收到对端发来的 SIN 或 SIE 后停止定时 T_3,定位程序准备进入"验收"状态。如果在 T_3 之内未收到 SIN 或 SIE,则在 T_3 超时之后发 SIOS。在数字环境下,我国规定 $T_3 = 1～2$ s,建议值为 1 s。

⑤ 如果在"已定位"状态中收到 SIN 则此时启动正常验收周期 T_{4n}，如果在"已定位"状态中收到 SIE 则此时启动紧急验收周期定时 T_{4e}，定位程序进入"验收"状态。在验收状态期间本地与对端信令点之间周期的传送 SIN 或 SIE 信号，并启动定位差错率监视过程。如果 T_{4n} 或 T_{4e} 超时则初始定位过程完成；如果在验收状态期间检测出信令单元异常，将重新启动一个新的验收周期，且只允许尝试 5 次。一旦 5 次尝试都未成功则认为此链路无法定位，向对端发送 SIOS 信号。对于 64 kbit/s 的数字链路，正常和紧急验收周期分别为 $T_{4n} = 8.2$ s 和 $T_{4e} = 0.5$ s。对 2 Mbit/s 高速信令链路，正常和紧急验收周期分别为 $T_{4n} = 30$ s 和 $T_{4e} = 0.5$ s。

⑥ 初始定位过程完成以后，链路进入服务状态，向对端发送填充信令单元(FISU)，并开始 T_1 定时。在 T_1 未超时以前收到对端发来的 FISU 后停止定时 T_1，并向对端发 FISU 或消息信令单元(MSU)。如果在 T_1 之内未收到 FISU，则在 T_1 超时之后发 SIOS。对 64 kbit/s 的数字链路，T_1 规定为 40～50 s，建议值为 45 s。对 2 Mbit/s 高速信令链路，T_1 规定为 25～350 s，建议值为 150 s。

3.2.6　处理机故障

当由于第二级以上功能级的原因使得信令链路不能使用时，就认为处理机发生了故障。处理机故障是指信令消息不能传送到第三级或第四级。故障原因很多，可能是由于中央处理机故障，也可能是由于人工阻断一条信令链路。

当第二级收到了第三级发来的指示或识别到第三级故障时，则判定为本地处理机故障，并开始向对端发状态指示 SIPO 的链路状态信令单元，并将其后所收到的消息信令单元舍弃。如果对端的第二级处于正常工作状态，则收到 SIPO 后将通知第三级停发消息信令单元，并连续发送填充信令单元(FISU)。

当处理机故障恢复后将停发 SIPO，改发 FISU 或 MSU，信令链路进入正常工作状态。

3.2.7　第二级流量控制

流量控制是为了处理信令链路出现的拥塞，使信令链路恢复到正常的工作状态。当信令链路上信令负荷过大时，可以表现为接收端的接收缓冲器的容量超过门限值，此时认为检测出第二级的链路拥塞，启动第二级的流量控制过程，每隔 T_5 向对端发送状态指示 SIB 的链路状态信令单元，并停止对接收到的消息信令单元做肯定证实和否定证实，即后续发送的信令单元中的 BSN 和 BIB，保持与拥塞出现前的值一致。我国规定 $T_5 = 80 \sim 120$ ms，建议值为 100 ms。

对端信令点收到 SIB 信号后将停止发送新的信令单元，并启动远端拥塞定时器 T_6。如果在 T_6 期间收到含肯定证实信息的信号单元，则认为远端拥塞消除，恢复正常的消息传递；否则 T_6 超时则判定此信令链路故障，并向第三功能级报告。我国规定 $T_6 = 3 \sim 6$ s，建议值为 5 s。

3.2.8 信令链路差错率监视

虽然第二功能级具有差错校正功能,但是过高的差错率会导致消息信令单元的频繁重发,所以为了保证信令链路的服务质量,需对信令链路的差错率进行监视。当信令链路差错率达到一定门限值时,应判定为此信令链路故障。

No.7 信令系统提供两种信令链路差错监视过程:一种是信令单元差错率监视,适用于信令链路处于工作状态时监视信令链路传送信号的故障情况,一旦差错率超过规定的门限值,则认为此链路故障;另一种是定位差错率监视,适用于信令链路初始定位时的验收周期。

信令单元差错率监视包括信令单元差错率监视程序和差错时间段监视程序。

(1) 信令单元差错率监视程序

在信令链路处于工作状态时,使用信令单元差错率监视程序(SUERM,Signal Unit Error Rate Monitor)提供对 64 kbit/s 信令链路的监视。SUERM 使用累计收到的错误信令单元数 T 来表征链路的差错率情况,ITU-T 规程规定,当累计收到的错误信令单元数达到 64 个(即 $T = 64$)时,判定为链路故障并通知第三级。

SUERM 的功能通过错误信令单元计数器 T 和信令单元计数器 N 实现,如图 3.2.6 所示。链路开通业务时两个计数器均从 0 开始计数。每收到一个错误的信令单元,T 加 1。每收到一个信令单元(包括正确的和错误的信令单元),N 加 1。当 N 计数到达了 256,N 清零,并将 T 减 1(相当于 256 个信令单元可以抵消一个错误的信令单元),从而降低 T 的计数值,使得 T 不会很快到达门限值。当 T 计数到达了 64,说明累计收到的错误信令单元数超出了门限,应判定为链路故障并通知第三级。

(2) 差错时间段监视程序

2 Mbit/s 高速信令链路不再使用 SUERM 提供对业务链路的监视,取而代之使用差错时间段监视程序(EIM)。这主要是由于 SUERM 是基于对单个差错的信令单元进行统计,当采用高速信令链路后,单位时间内的信令单元个数将大大增加,为了降低链路的处理开销,才引入对时间段进行检测的概念。

差错时间段监视功能是通过对发送方建立的队列模型在规定的时间段内的差错率进行监视,从而判断信令链路是否处于故障条件。差错时间段监视过程需要使用差错计数器 C_E 和以下 4 个参数:门限计数器(T_E)、增计数器常量(U_E)、减计数器常量(D_E)、监测差错时间段的定时器(T_8)。

EIM 的功能描述见图 3.2.7。如果一个时间段内没有信令单元差错,且计数器 C_E 的值≥ 0,则计数器的值降低 D_E。如果在一个时间段内有一个或者多个信令单元被检测到出错,或者是接收不到标志位,且计数器没有超过门限值 T_E,则计数器 C_E 的值增加 U_E。当计数器 C_E 达到或者超过门限值 T_E,则向第三级指示高差错率,并使链路退出服务。

根据 ITU-T 规程规定,参数的取值分别为:$T_E = 793.544$,$U_E = 198.384$,$D_E = $

11.328，T_8＝100 ms，参数值建议取整使用。

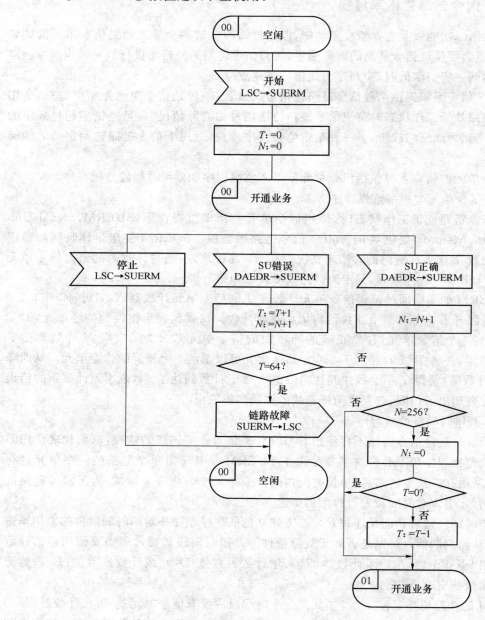

图 3.2.6　SUERM 的功能描述示意图

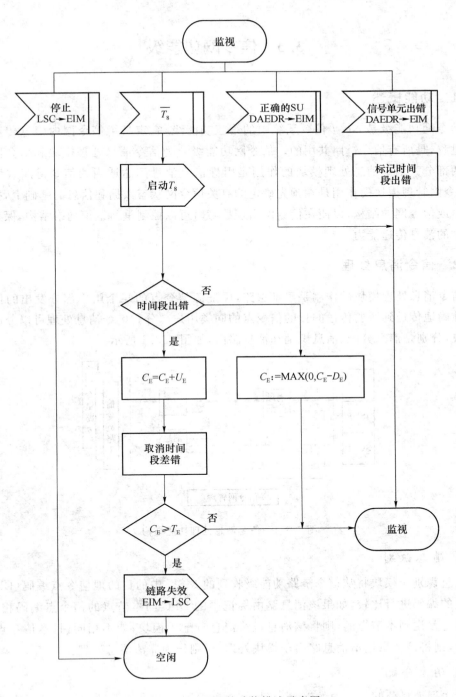

图 3.2.7 EIM 的功能描述示意图

3.3 信令网功能级

3.3.1 功能概述

信令网功能级是 No.7 信令系统中的第三功能级,它定义了信令网内信息传递的功能和过程,是所有信令链路共用的。信令网功能级分为信令消息处理模块和信令网管理模块两部分。信令消息处理模块的作用是引导信令消息到达适当的信令链路或用户部分;信令网管理模块的作用是在预先确定的有关信令网状态数据和信息的基础上,控制消息路由或信令网的结构,以便在信令网出现故障时可以控制重新组织网络结构,保存或恢复正常的消息传递能力。

3.3.2 信令消息处理

信令消息处理模块的作用是寻址选路,保证源信令点的某个用户部分发出的信令消息能准确地传送到所要传送的目的信令点的同类用户部分。信令消息处理可以分成 3 个子模块,分别是消息分配、消息识别和消息路由,如图 3.3.1 所示。

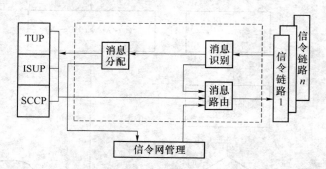

图 3.3.1　信令消息处理功能结构

1. 消息识别

消息识别子模块将从信令链路功能级收到的 MSU 中的目的地信令点编码(DPC)与本节点的编码进行比较,如果该消息路由标记中的 DPC 与本节点的信令点编码相同,说明该消息是送到本节点的,则将该消息送给消息分配子模块;如不相同,且本信令点有转接功能,则将该消息送给消息路由子模块处理,否则作为非法消息处理。

2. 消息分配

发送到消息分配子模块的消息,都是由消息识别子模块鉴别过其目的地是本节点的消息,消息分配子模块检查该消息的业务信息八位位组(SIO)中的业务表示语(SI),将消息分配给不同的用户部分(TUP、ISUP、SCCP)或者信令网管理模块。

3. 消息路由

消息路由子模块是为需要发送到其他节点的消息选择发送路由。这些消息可能是消息识别子模块送来的,也可能是本节点的第四级用户或第三级的信令网管理模块送来的。消息路由子模块根据 MSU 的路由标记中的目的地信令点编码(DPC)和链路选择码(SLS),以及业务信息八位位组(SIO)检索路由表,选择合适的信令链路传递信令消息。

(1) 路由选择的原则

在多条信令路由中选择一条合适的路由时,应遵循以下原则:

(a) 经过尽可能少的信令转接点(STP);

(b) 每个信令点的路由选择不受相连信令转接点已使用的路由影响;

(c) 当有多条信令路由可利用时,由这些信令路由负荷分担;

(d) 为保证消息的顺序正确,与某一用户相关的信息将选择同一条路由。

(2) 路由选择过程

(a) 根据业务信息八位位组(SIO)的内容来判定是哪类用户产生的消息,选择相应的路由表。例如,电话用户部分(TUP)产生的消息将根据 SIO 中的业务表示语(SI)的值,选择 TUP 所对应的路由表,更进一步,可根据 SIO 中的子业务字段(SSF)来选择不同呼叫所对应不同类型的路由表,如国内呼叫对应国内路由表,而国际呼叫对应国际路由表。

(b) 根据目的信令点编码(DPC)和信令链路选择码(SLS),依据负荷分担的原则,确定信令链路组(Link Set)。如图 3.3.2 所示例子中,假设 SP₁ 到 SP₂ 有两个信令链组,则 SP₁ 根据配置,利用 SLS 的第三位来选择信令链路组 1 或信令链路组 2。

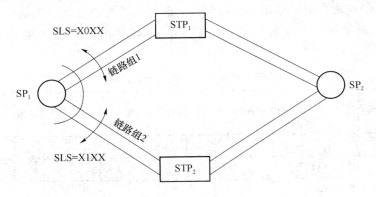

图 3.3.2　信令链路组间负荷分担示意图

(c) 根据信令链路选择码(SLS),依据负荷分担原则在某一确定的信令链路组中选择一信令链路。假设在上一步骤示例中,SP₁ 已经选择了信令链路组 1,而且信令链路组 1 包含了两条并行的信令链路,则 SP₁ 根据配置,利用 SLS 的第二位在信令链路组 1 内进行信令负荷的分担,如图 3.3.3 所示。

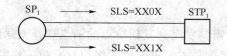

图 3.3.3　信令链路组内负荷分担示意图

3.3.3　信令网管理

信令网管理模块在已知的信令网状态数据和信息的基础上,控制消息路由和信令网的结构,从而在信令网出现故障时可以完成信令网的重新组合、恢复正常的信令业务传递能力,其中也包括启用和定位新的信令链路。

信令网管理模块利用信令网管理消息来实现管理功能,管理功能由信令业务管理、信令链路管理和信令路由管理 3 个过程组成。

1. 信令网管理消息

信令网管理消息属于 MSU 种类,其中业务信息八位位组(SIO)的业务指示语(SI)编码为 0000,具体的消息由信令信息字段(SIF)运载,基本格式见图 3.3.4。

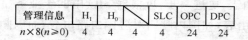

图 3.3.4　国内 No.7 信令网管理消息的基本格式

在信令网管理消息中,路由标记由目的信令点编码(DPC)、源信令点编码(OPC)和信令链路码(SLC)组成。SLC 表示连接目的地和起源点的与消息有关的信令链路的编码,如果消息与信令链路无关或未分配特定编码时,则 SLC 的编码为 0000。标题码分配如表 3.3.1 所示。

表 3.3.1　信令网管理消息的标题码分配(1990 年我国规范)

消息组	H_1 ＼ H_0	0000	0001	0010	0011	0100	0101	0110	0111	1000	1001	1010	1011	1100	1101	1110	1111
	0000																
CHM	0001		COO	COA			CBD	CBA									
ECM	0010		ECO	ECA													
FCM	0011		RCT	TFC													
TFM	0100		TFP		TFR		TFA										
RSM	0101		RST	RSR													

续 表

消息组 H₁ / H₀		0000	0001	0010	0011	0100	0101	0110	0111	1000	1001	1010	1011	1100	1101	1110	1111
MIM	0110		LIN	LUN	LIA	LUA	LID	LFU	LLT	LRT							
TRM	0111		TRA														
DLM	1000		DLC	CSS	CNS	CNP											
	1001																
UFC	1010		UPU														
	1011																
	1100																
	1101																
	1110																
	1111																

后面章节将对用到的一些信令网管理消息作出讲解。

2. 信令业务管理

信令业务管理功能是指将信令业务从一条信令链路或路由转到一条或多条不同的链路或路由；或在信令点拥塞的情况下暂时减少信令业务。信令业务管理功能由倒换（Change over）过程，倒回（Change back）过程，强制重选路由（Forced Rerouting）过程，受控重选路由（Controlled Rerouting）过程，管理阻断（Management Inhibiting）过程，信令点再启动（Signaling Point Restart）过程，信令业务流量控制（Signaling Traffic Control）过程组成。

其中，倒换和倒回是信令业务管理最基本的程序，无论两个信令点间采用直联工作方式还是准直联工作方式时都可以采用。而强制重选路由和受控重选路由程序则只在两个信令点间采用准直联工作方式，并且从 STP 收到信令路由管理消息时使用。

（1）倒换过程

当信令链路由于某种原因由可用变为不可用时，信令业务管理功能将启动倒换过程，其目的是尽快将不可用信令链路上的信令业务转移到一条或多条替换链路上，而且尽量保证消息不发生丢失、重复和错序。倒换过程可以在不可用链路所属链路组内进行，也可以在替换链路组内进行。根据信令网的状态，采用的倒换可能是正常的倒换过程，也可能是紧急倒换过程或时间控制的倒换过程。

信令链路不可用的含义：

(a) 信令链路失效(Signalling link failure)

- 信令单元差错率超过门限值；

- 重新定位周期过长；

- 证实时延过长；

- 信令终端设备故障；

- 3 个连续的信令单元中有两个 BSN 或 FIB 错误；

- 连续收到 LSSU 指示失去定位、故障、正常或紧急状态；

- 第二级拥塞时间过长；

- 来自管理或维护系统的请求(自动或人工)；

- 收到倒换命令。

(b) 信令链路退出服务，从信令链路管理或外部管理/维护系统获得请求而使信令链路退出服务，即停止信令业务。

(c) 信令链路闭塞，包括收到对端发来的处理机故障指示(SIPO)或从管理系统获得请求而引起的闭塞情况。

(d) 信令链路阻断，是一种管理功能，可暂时使信令链路不用来传送用户部分产生的信令业务，如因为需要进行维护测试而进行的阻断。

正常的倒换指信令链路的某一端或两端可以确定从不可用链路接收的最后一个 MSU 的前向序号(FSN)的值时进行的倒换过程。

正常的倒换用到了倒换消息组(CHM)中的倒换消息(COO)和倒换证实消息(COA)。国内信令网中倒换消息(CHM)的格式参见图 3.3.5。标记中的 SLC 为不可用信令链路的编码。应注意倒换消息中包含了本端最后接收到 MSU 中的 FSN。

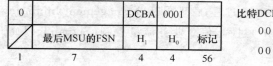

图 3.3.5　国内信令网中倒换消息

下面结合图 3.3.6 说明正常倒换的概念和过程。

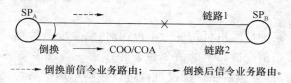

图 3.3.6　正常倒换示例

信令点 SP_A 与 SP_B 之间的信令链路组内,有两条平行的信令链路。当 SP_A 发现信令链路 1 不可用后,执行正常倒换过程:

(a) SP_A 停止在链路 1 上发送和接收消息信令单元(MSU),必要时在链路 1 上发送链路状态信令单元(LSSU)或填充信令单元(FISU)。

(b) SP_A 确定替换的信令链路 2,向 SP_B 发送倒换命令(COO)。

(c) SP_A 接收 SP_B 回送的倒换证实消息(COA),根据收到的 COA 中的 FSN 字段,确定 SP_B 当前正确接收的最后一个 MSU,并将该 MSU 之前的所有 MSU 从第二级重发缓冲器中释放。

(d) 将信令业务转移到信令链路 2,依次发送重发缓冲器和消息发送缓冲器中的 MSU。

(e) 修改路由表。

在正常倒换时,可保证消息不丢失、不错序、不重复。

紧急倒换过程是在某些情况下启动的过程。如信令终端故障,可能使信令链路的某一端或两端无法确定从不可用链路接收的最后一个 MSU 的 FSN 的值,在这种情况下,无法确定 FSN 的一端将以紧急倒换命令消息 ECO/ECA 来代替倒换命令消息 COO/COA,通知对端启动紧急倒换过程。ECO/ECA 和 COO/COA 的区别在于前者不包含从不可用链路上最后收到的 MSU 的 FSN。所以,当对端收到 ECO/ECA 后,在倒换过程中将不对重发缓冲器进行修正,而是直接在替换信令链路上发送尚未在不可用链路上发出的 MSU。因此,紧急倒换过程可保证消息不错序、不重复,但可能会发生 MSU 的丢失。

在倒换过程中,对于某一信令点而言,是采用正常的倒换过程还是紧急倒换过程,取决于本端信令点的状态,与对端信令点的状态无关。

时间控制的倒换过程是在某些情况下,信令点间无法传递倒换消息时采用的过程。如图 3.3.7 所示。当 SP_A 与 STP_B 之间的信令链路组 AB 失效后,SP_A 和 STP_B 之间无法交换 COO/COA 消息,因此 SP_A 经过一定时延后,直接在替换的信令链路组 A-C 内的某一条信令链路上发送信令业务。延时的作用是减少消息顺序发生差错的概率,ITU-T 建议采用 1 s 延时。

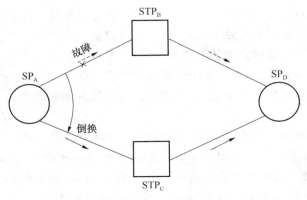

图 3.3.7　时间控制的倒换

（2）倒回过程

当信令链路由不可用状态变为可用状态时,如链路进行恢复、接通、解除阻断或停止闭塞后,信令点将启动倒回过程,将信令业务从替换信令链路转移回到已变为可用的信令链路上,倒回过程是倒换过程的逆过程。

如图 3.3.6 中的例子,当信令链路 1 重新变为可用后,SP_A 将执行倒回过程:

① SP_A 确定由信令链路 2 承担了被转移过来的信令业务。

② SP_A 停止在信令链路 2 上传送被转移过来的信令业务,将信令业务暂存在倒回缓冲器中。

③ SP_A 向 SP_B 发送倒回说明消息 CBD,以通知 SP_B 开始倒回过程。CBD 含有倒回码,以区别可能存在的多条替换路由,标记中 SLC 为已变为可用的信令链路编码。当 SP_B 收到 CBD 后,将回送倒回证实消息 CBA。CBD/CBA 消息的格式见图 3.3.8。

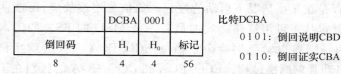

图 3.3.8　国内信令网中倒回消息

④ 收到 SP_B 发来的 CBA 后,SP_A 将重新开始在信令链路 1 上传送信令业务。

⑤ SP_A 通知消息路由子模块修正路由表。

倒回过程同样应尽量保证信令消息不发生丢失、重复或错序。

在某些网络环境中,恢复的信令链路两端无法交换倒回消息时,可启用时间控制的倒回过程。即经过一定延时后,直接在已变为可用的信令链路上传送信令业务。如图 3.3.7 中的例子,当信令链路组 A-B 重新变为可用时,因 STP_B 和 STP_C 之间无链路传送倒回消息,于是启动一个定时器 T_3,超时后再在已变为可用的信令链路上开通信令业务,以减少信令消息的顺序出错的可能性。ITU-T 建议时延值 $T_3 = 1\,s$。

（3）强制重选路由

当某信令转接点无法到达某一目的信令点时,它应通知其邻近信令点,相邻信令点收到这一通知后应启动强制重选路由过程,将去往该目的信令点的信令业务从不可用的信令路由上尽快转移到一条或多条替换路由,而且尽量保证消息不丢失、不重复或不错序。对于此邻近信令转接点而言,由于无法到达某目的信令点,它将舍去已存在待发缓冲器和重发缓冲器中的到这个目的信令点的信令消息,因此强制重选路由过程存在信令消息丢失的可能性。

如图 3.3.9 中,假设 STP_B 与 SP_D 之间的信令链路组 B-D 失效,STP_B 应当通知其邻近的信令点（即 SP_A 和 SP_E）,告知去往 SP_D 的信令业务将不能经过自己转接（此过程就是禁止传递过程,将在信令路由管理功能部分介绍）。于是 SP_A 和 SP_E 启动强制重选路由过程,将去往 SP_D 的信令业务分别转移到信令路由 A-C 和 E-C 上。对于 SP_A 执行强制重选路由具体过程如图 3.3.9 所示。

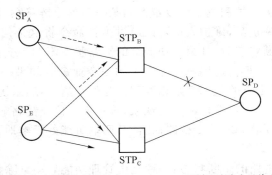

--------► 强制重选路由前信令业务路由;　　——► 强制重选路由后信令业务路由。

图 3.3.9　强制重选路由示意图

（a）SP_A 立即停止通过 STP_B 传送去往 SP_D 的信令业务，并将这些信令业务暂存在强制重选路由缓冲器中。

（b）确定替换路由 A-C。

（c）立即在属于替换路由 A-C 的链路上发送去往 SP_D 信令业务，并且首先发送强制重选路由缓冲器中暂存的消息。

（d）修改路由表。

需要注意的是，信令链路组 B-D 失效对于 SP_A 和 SP_E 通过 STP_B 传送去往其他信令点的信令业务没有影响，例如，SP_A 仍然可以通过 STP_B 传送去往 SP_E 的信令业务而不需要启动强制重选路由过程。

（4）受控重选路由

当去某目的信令点的信令路由由不可用状态恢复到可用状态时，将启动受控重选路由过程，以恢复信令传递的最佳路由。该过程的功能是将当前由替换路由传送的、本应由恢复了的信令路由承担的信令业务转回，并尽量减少信令消息的顺序错的可能性，因此，受控重选路由包括一个时间控制的信令业务转移过程。

如图 3.3.9，当 STP_B 与 SP_D 之间的信令链路组 B-D 重新变为可用后，STP_B 应当通知 SP_A 和 SP_E，去往 SP_D 的信令业务可以经过自己转接（此过程就是允许传递过程，将在信令路由管理功能部分介绍）。于是 SP_A 和 SP_E 启动受控重选路由过程，将去往 SP_D 的信令业务分别转移回信令路由 A-B 和 E-B 上。其中 SP_A 的受控重选路由过程如下：

（a）SP_A 立即停止在属于 A-C 的链路组中传送去往 SP_D 的信令业务，将这些信令消息暂存在受控重选路由缓冲器中。

（b）SP_A 开始 1 s 的延时控制，目的是使消息顺序出错的可能性减小。

（c）当定时器超时后，SP_A 开始在路由 A-B 上传送去往 SP_D 信令业务，先发送受控重选路由缓冲器中的消息。

（d）SP_A 修改路由表。

（5）管理阻断

管理阻断过程是为维护和测试而设定。当某一条信令链路在短时间内倒换倒回过于频繁或信令链路差错率过高,维护人员可以通过维护命令将这条信令链路设置为阻断状态。信令链路处于阻断状态时,其第二功能级的链路状态不发生变化,它仍能传送有关的维护和测试消息,只是不再传送用户部分产生的信令业务。如果一条信令链路处于阻断状态,其相关的两个信令点的状态必须相匹配。为保证这一点,系统需对处于阻断状态的信令链路进行定期测试,一旦发现不匹配现象,将对这一信令链路解除阻断或强制解除阻断。对于一条处于阻断状态的信令链路而言,其两端可能处于本地阻断、远端阻断和两端阻断 3 种状态之一。

有两种方式解除链路的阻断状态:一种是由管理功能启动解除阻断,即操作维护人员通过人机命令解除已阻断的信令链路;另一种是由信令路由功能启动解除过程,当去某信令点的信令路由变为不可用而使该信令点变为不可到达时,如果这一信令路由中存在有处于阻断状态的信令链路,且这条信令链路未处于故障状态,信令路由功能将启动解除阻断过程,将处于阻断状态的信令链路恢复正常工作。

（6）信令点再启动

当信令点由不可用变为可用时,将启动信令点再启动过程,恢复此信令点与信令网中与之相关的信令点间的信令业务。信令点再启动可以分为恢复再启动信令点所有信令链路和更新再启动信令点及其相邻信令点的路由状态信息两个步骤。

信令点再启动在实际应用中不能太频繁使用,否则会大大降低信令信息的传送效率。对短时间的信令点处理故障造成的与相邻信令点的隔绝情况,不再采用再启动程序。

（7）信令业务流量控制

当信令网由于网络的故障或拥塞而不能传送用户部分产生的全部信令业务时,使用该功能来限制信令业务源的信令业务。造成信令网不能正常传送信令业务的原因有 3 种:一是信令路由组由可用状态变为不可用状态,使目的信令点变为不可到达;二是信令链路出现拥塞,使到某目的信令点的信令业务传递受到影响;三是由于某用户部分变为不可使用,使得关于这些用户的信令业务无法传递。

3. 信令链路管理

信令链路管理功能用于控制本端连接的所有信令链路,包括信令链路的接通、恢复、断开等,提供了建立和维持信令链路组正常工作的方法,当信令链路发生故障时,该功能就采取行动恢复信令链路组的能力。

根据信令设备分配和重组的自动化程度,信令链路管理功能分 3 种不同的管理过程:

（1）基本的信令链路管理过程。一条信令链路由预定的信令终端和信令数据链路组成,更换信令终端和信令数据链路时需人工介入,而无自动分配的能力。

（2）信令终端自动分配的信令链路管理过程。一条信令链路由预定的信令数据链路和任一信令终端组成,当信令链路发生故障时,信令终端可自动更换。

（3）信令数据链路和信令终端自动分配的信令链路管理过程。一条信令链路可选用一个信令链路组内的任一信令终端和任一信令数据链路,当信令链路发生故障时,信令终端和信令数据链路均可自动更换和重组。

在实际信令网络规划中,可选取以上 3 种信令链路管理过程中的一种或几种,如在国际网上一般选取第一种,但应注意,同一信令网上如存在不同的信令网管理过程时,同一信令链路两端应选取相同的过程。目前,我国国内 No.7 系统规定采用第一种方式。

4. 信令路由管理

信令路由管理功能是用来在信令点之间可靠地交换关于信令路由是否可用的信息,并及时地闭塞信令路由或解除信令路由的闭塞。它通过禁止传递、受限传递和允许传递等过程在信令点间传递信令路由的不可利用、受限以及可利用情况。信令路由管理功能由信令转接点启动,只在信令网中采用准直联工作方式时使用。

(1) 禁止传递过程

当一个信令转接点(STP)需要通知其相邻点,不能通过它转接去往某目的信令点的信令业务时,将启动禁止传递过程,向邻近信令点发送禁止传递消息(TFP),消息的格式见图 3.3.10,其中目的地字段指明不可到达目的地信令点编码。TFP 消息的传送可以使用任何可利用的信令路由。收到 TFP 消息的信令点,将执行强制重选路由。

DCBA   0100

目的地	H_1	H_0	标记
24	4	4	56

DCBA: 0001: 禁止传递消息 (TFP)
               0101: 允许传递消息 (TFA)
               0011: 受限传递消息 (TFR)

图 3.3.10   国内信令网中信令路由管理功能用到的消息

图 3.3.11 中,假设 STP_B 与 SP_D 之间的信令链路组 B-D 失效,STP_B 将启动禁止传递过程,向其邻近的信令点(即 SP_A 和 SP_E)发送 TFP 消息,告知去往 SP_D 的信令业务将不能经过自己转接。收到 TFP 消息后,SP_A 和 SP_E 将执行强制重选路由。

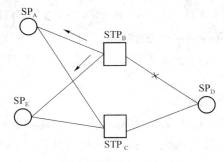

——→ 禁止传递消息 (TFP)

图 3.3.11   禁止传递过程示意图

（2）允许传递过程

当一个信令转接点（STP）恢复了转接到某目的信令点的信令业务的能力时，将启用允许传递过程，向相邻信令点发允许传递消息（TFA），以通知相邻信令点可以通过该点转接去某目的信令点的信令业务。TFA 消息的格式参见图 3.3.10，其中目的地字段指明变为可到达的目的信令点编码。该消息的发送可以使用任何可利用的信令路由。收到允许传递消息的信令点，将实行受控重选路由。

如 3.3.11 图，当 STP_B 与 SP_D 之间的信令链路组 B-D 重新变为可用后，STP_B 将启用允许传递过程，向 SP_A 和 SP_E 发 TFA 消息，告知去往 SP_D 的信令业务可以经过自己转接。于是，SP_A 和 SP_E 将启动受控重选路由过程。

（3）受限传递过程

作为去往某目的地的信令转接点（STP），如果希望通知一个或多个邻近信令点，尽可能停止通过此信令转接点向该目的信令点传递信令业务时，将使用此过程向邻近信令点发送受限传递消息 TFR。收到 TFR 消息的信令点，将实行受控重选路由。

（4）受控传递过程

受控传递过程在信令路由组发生拥塞时由信令转接点启动，信令转接点通过受控传递消息 TFC 告知邻近信令点信令路由组拥塞的信息。

（5）信令路由组测试过程

信令点使用此过程，向邻近信令转接点发送信令路由组测试消息，测试去某目的地的信令业务是否能够被转发。路由组测试消息的格式见图 3.3.12。

	DCBA	0101	
目的地	H_1	H_0	标记
24	4	4	56

DCBA： 0001： 禁传目的地的信令路由组测试消息 （RST）
　　　 0101： 受限目的地的信令路由组测试消息 （RSR）

图 3.3.12　国内信令网中信令路由组测试消息

例如图 3.3.11，SP_A 执行强制重选路由过程后，将启动信令路由组测试过程，每隔 30 s 以上向 STP_B 发送一次路由组测试消息，直到收到去往 SP_D 能够被转发的允许传递消息为止。

（6）信令路由组拥塞测试过程

在执行受控传递过程后，信令业务的源信令点利用此功能，修改去某目的地的路由组的拥塞状态，目的是通过测试了解是否能将某一拥塞优先级或更高优先级的信令消息发往该目的地。

5. 信令网管理综合运用举例

信令网管理模块的功能必须在信令业务管理、信令链路管理和信令路由管理程序的配合下完成。下面举例进行说明。

在图 3.3.13 所示的信令网结构中,正常工作状态下,信令点 SP_A、SP_D 和 SP_E 通过信令转接点 STP_B 和 STP_C,以负荷分担的方式工作,两个信令转接点各承担 50% 的信令业务,信令点与信令转接点之间的信令链路组分别记为 $L_1 \sim L_6$。

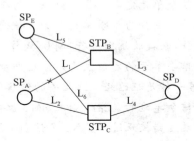

图 3.3.13 信令网管理综合运用举例示意图

假设信令链路组 L_1 中的最后一条信令链出现故障,则各信令点(信令转接点)应采取以下措施来恢复信令消息的正确传送:

- SP_A 将执行倒换程序,将 L_1 中承担的信令业务倒换到 L_2 上去;
- STP_B 将执行禁止传递程序,向信令点 SP_D 和 SP_E 发送禁止传递消息,通知这两个信令点不能经 STP_B 发送至 SP_A 的信令消息;
- SP_D 和 SP_E 收到禁止传递消息后将执行强制重选路由程序,将原来经 STB_B 转发至 SP_A 的信令业务转换到经 STP_C 转发,同时执行信令路由组测试程序,定期向 STP_B 发送信令路由测试消息,询问 STP_B 至 SP_A 的信令路由是否已恢复。

当信令链路组 L_1 中的最后一条信令链从故障中恢复,则各信令点(信令转接点)则采取以下措施:

- SP_A 将执行回程序,将转移到 L_2 中的信令业务转移回 L_1 传递;
- STP_B 将执行允许传递程序,向信令点 SP_D 和 SP_E 发送允许传递消息,通知这两个信令点可以经 STP_B 发送至 SP_A 的信令消息;
- SP_D 和 SP_E 收到允许传递消息后将执行受控重选路由程序,将转移到 STP_C 转发至 SP_A 的信令业务转移回经 STB_B 转发。

小 结

本章主要讲述 No.7 信令系统的消息传递部分 MTP 的基本结构和主要功能。

MTP 的第一功能级是信令数据链路功能级,该功能级定义了信令数据链路的物理、电气和功能特性,确定了数据链路与信令终端设备的连接方法。信令数据链路提供了传送信令消息的物理通道,它由一对传送速率相同、工作方向相反的数据通道组成,完成二进制比特流的透明传输。

MTP 的第二功能级是信令链路功能级,它与信令数据链路功能级配合,共同保证在直连的两个信令点之间,提供可靠的传送信令消息的信令链路,即保证信令消息的传送质量满足规定的指标。信令链路功能级主要包含以下功能:信令单元定界、信令单元定位、差错检测、差错校正、初始定位、信令链路差错率监视和第二级流量控制。

信令单元定界就是找出一个信令单元的开始和结束标志(F),从而将信令数据链路的比特流划分为信令单元。为了避免在信令单元内部出现伪标志码,在发送端进行"插0"操作,在接收端则进行"删0"操作。

信令单元的定位主要是检测失步及失步后的处理。定位过程有两种,一种是初始定位,另一种是在已经开通业务的链路上进行定位。

信令单元的差错检测采用16位循环冗余校验码(CRC)的方法。如果发现传输错误,则启动差错校正过程。No.7信令系统提供两种差错校正方法:基本差错校正方法和预防循环重发校正方法。在时延小于15 ms的陆上信令链路采用基本差错校正方法,我国国内的信令链路普遍采用此方法;当传输时延大于15 ms或使用卫星链路时采用预防循环重发方法,但2 Mbit/s高速信令链路不采用此方法。

初始定位是信令链路首次启用或发生故障后恢复时所使用的过程,实际上是与信令链路的对端节点交换握手信号,协调一致地将链路投入运行,同时检验链路的传输质量。只有定位成功,才认为链路符合传输要求,可以投入使用。规定了两种类型的初始定位过程:正常初始定位和紧急初始定位,二者的区别主要是验收周期不同,采用哪种初始定位方式,由第三功能级决定。

当由于第二级以上功能级的原因使得信令链路不能使用时,就认为处理机发生了故障。处理机故障是指信令消息不能传送到第三级或第四级。

当信令链路上信号负荷过大时,可以表现为接收端的接收缓冲器的容量超过门限值,此时认为检测出第二级的链路拥塞,启动第二级的流量控制过程,处理信令链路出现的拥塞,使信令链路恢复到正常的工作状态。

No.7信令系统提供两种信令链路差错监视过程:一种是信令单元差错率监视,适用于信令链路处于工作状态,监视信令链路传送信号的故障情况,一旦差错率超过规定的门限值,则认为此链路故障;另一种是定位差错率监视,适用于信令链路初始定位时的验收周期。

MTP的第三功能级是信令网功能级,可以分为信令消息处理模块和信令网管理模块两部分。

信令消息处理模块的作用是路由选址,引导消息到达适当的用户部分或选择一条合适的信令链路发送出去。由消息分配、消息识别和消息路由3个子模块组成。消息识别模块用于信令点从信令链路功能级接收到一个消息信令单元后决定对消息的处理方法。消息分配模块检查消息的业务信息八位位组中的业务表示语,将消息分配给不同的用户部分。消息路由模块为需要发送到其他节点的消息选择发送路由。

信令网管理模块在已知的信令网状态数据和信息的基础上,控制消息路由和信令网的结构,从而在信令网出现故障时,可以完成信令网的重新组合、恢复正常的信令业务传递能力。它由 3 个功能过程组成,即信令业务管理、信令链路管理和信令路由管理。

信令业务管理功能由倒换、倒回、强制重选路由、受控重选路由、管理阻断、信令点再启动、信令业务流量控制等过程组成。当信令链路由于某种原因由可用变为不可用时,信令业务管理功能将启动倒换过程,其目的是尽快将不可用信令链路上的信令业务转移到一条或多条替换链路上,而且尽量保证消息不发生丢失、重复和错序。当信令链路由不可用状态变为可用状态时,信令点将启动倒回过程,将信令业务从替换信令链路转移回到已变为可用的信令链路上。当某信令转接点无法到达某一目的信令点时,它应通知其邻近信令点,相邻信令点收到这一通知后应启动强制重选路由过程,将去往该目的信令点的信令业务从不可用的信令路由上尽快转移到一条或多条替换路由,而且尽量保证消息不丢失、不重复或不错序。当去某目的信令点的信令路由由不可用状态恢复到可用状态时,将启动受控重选路由过程,以恢复信令传递的最佳路由。管理阻断过程是为维护和测试而设定。当信令点由不可用变为可用时,将启动信令点再启动过程,恢复此信令点与信令网中与之相关的信令点间的信令业务。当信令网由于网络的故障或拥塞而不能传送用户部分产生的全部信令业务时,使用信令业务流量控制功能来限制信令业务源的信令业务。

信令链路管理功能用于控制本端连接的所有信令链路,包括信令链路的接通、恢复、断开等功能,提供了建立和维持信令链路组的正常工作的方法,当信令链路发生故障时,该功能就采取恢复信令链路组的能力的行动。

信令路由管理功能是用来在信令点之间可靠地交换关于信令路由是否可用的信息,并及时地闭塞信令路由或解除信令路由的闭塞。它通过禁止传递、受限传递和允许传递等过程在信令点间传递信令路由的不可利用、受限以及可利用情况。当一个信令转接点(STP)需要通知其相邻点,不能通过它转接去往某目的信令点的信令业务时,将启动禁止传递过程。当一个信令转接点恢复了转接到某目的信令点的信令业务的能力时,将启用允许传递过程,通知相邻信令点可以通过该点转接去某目的信令点的信令业务。受控传递过程在信令路由组发生拥塞时,由信令转接点启动,信令转接点告知邻近信令点信令路由组拥塞的信息。信令点使用信令路由组测试过程,向邻近信令转接点发送信令路由组测试消息,测试去某目的地的信令业务是否能够被转发。

本章举例详细说明了其中的倒换、倒回、强制重选路由、受控重选路由、禁止传递、运行传递和信令链路组测试等基本过程,并举例说明这些过程如何配合,从而实现信令网管理的功能。

思考题和习题

1. 简述消息传递部分 MTP 的主要功能。
2. 简述信令数据链路功能级的主要功能。

3. 简述信令链路功能级的作用及其包含的主要子功能。

4. 简述信令单元定界的原理。

5. No.7 信令系统中采用怎样的差错检测方法？简述其实现原理。

6. 简述 No.7 信令系统中规定的差错校正方法，并说明其适用环境。

7. 简述 No.7 信令系统的正常初始定位过程。

8. 信令网功能级中包括哪两个模块？

9. 信令网功能级中消息处理功能包含哪些子模块？简述各子模块的作用。

10. 简述信令业务管理的主要过程。

11. 简述信令路由管理的主要过程。

12. 在图 3.3.13 所示的信令网结构中，假设信令链路组 L_1 中的某一条信令链出现故障，并且在 L_1 中找到了替换链路，说明各信令点（信令转接点）应采取哪些措施来恢复信令消息的正确传送。

第4章

电话用户部分和综合业务数字网用户部分

学习指导

本章首先介绍了电话用户部分(TUP)的功能、消息的格式及消息实例、常用消息的功能、几种基本的信令传送程序及实例,然后介绍了综合业务数字网用户部分(ISUP)的功能、消息的格式及消息实例、常用消息的功能、几种基本的信令传送程序,接着介绍了TUP 与 ISUP 信令的配合,最后说明了双向同抢的概念、减少双向同抢的方法及发生双向同抢后的处理方式。

TUP 和 ISUP 分别是应用得最早、最广泛的用户部分,对以上内容应认真掌握。

4.1 电话用户部分

电话用户部分(TUP)是 No.7 信令系统的第四功能级,它定义了电话接续所需的各类局间信令,包括消息格式、编码及各种信令流程。电话用户部分不仅可以支持基本的电话业务,还可以支持部分用户补充业务。

4.1.1 电话信令消息的一般格式

电话用户消息的格式如图 4.1.1 所示。与其他用户部分消息一样,电话用户消息的内容在消息信令单元 MSU 中的信令信息字段 SIF 中传送,由标记、标题码及信令信息 3 部分组成。

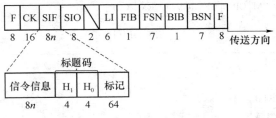

图 4.1.1 电话用户消息的格式

1. 标记

标记是一个信息术语,每一信令消息都含有标记部分。消息传递部分根据标记来选择信令路由,电话用户部分利用标记来识别该信令消息与哪条中继电路有关。

标记格式如图 4.1.2 所示,由 24 bit 的目的地信令点编码(DPC)、24 bit 的源信令点编码(OPC)及 12 bit 的电路编码(CIC)3 部分组成。其中 CIC 用于识别电话消息所控制的话路。对 2 048 kbit/s 的数字通道,CIC 的低 5 位是话路时隙编码,高 7 位表示 DPC 与 OPC 信令点之间 PCM 系统的编码;对 8 448 kbit/s 的数字通道,CIC 的低 7 位是话路时隙编码,高 5 位表示 DPC 和 OPC 信令点之间 PCM 系统的编码;对 34 368 kbit/s 的数字通道,CIC 的低 9 位是话路时隙编码,高 3 位表示 DPC 和 OPC 信令点之间 PCM 系统的编码。因此,标记说明了该电话消息传送的是 DPC 与 OPC 所说明的信令点之间由 CIC 所指定的电路的信令消息。

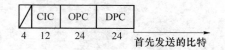

图 4.1.2　电话标记格式

2. 标题码

所有电话信令消息都含有标题码,用来指明消息的类型。标题码由消息组编码 H_0 和消息编码 H_1 组成。H_0 和 H_1 的编码如表 4.1.1 所示。

表 4.1.1　标题码分配

消息组	H_1 \ H_0	0000	0001	0010	0011	0100	0101	0110	0111	1000	1001	1010	1011	1100	1101	1110	1111
	0000	国内备用															
FAM	0001		IAM	IAI	SAM	SAO											
FSM	0010		GSM		COT	CCF											
BSM	0011		GRQ														
SBM	0100		ACM	CHG													
UBM	0101		SEC	CGC	NNC	ADI	CFL	SSB	UNN	LOS	SST	ACB	DPN				EUM
CSM	0110	ANU	ANC	ANN	CBK	CLF	RAN	FOT	CCL								
CCM	0111		RLG	BLO	BLA	UBL	UBA	CCR	RSC								
GRM	1000		MGB	MBA	MGU	MUA	HGB	HBA	HGU	HUA	GRS	GRA	SGB	SBA	SGU	SUA	
NNM	1001		CFM	CPM	CPA	CSV	CVM	CRM	CLI								
CNM	1010		ACC	国际和国内备用													
	1011	国际和国内备用															
NSB	1100			MPM	国内备用												
NCB	1101		OPR														
NUB	1110		SLB	STB													
NAM	1111		MAL	CRA													

3．信令信息

信令信息部分用来传送某条消息所需的参数。信令信息字段的格式由消息类型决定，有的消息的信令信息部分有复杂的格式，如初始地址消息 IAM，而有的消息用标题码已足以说明该消息的作用，因而没有信令信息部分，如前向拆线消息 CLF。

4.1.2　电话信令消息格式示例

1．初始地址消息 IAM 的格式

初始地址消息 IAM 是为建立呼叫，由去话局发出的第一个信令消息，它包括下一交换局为建立呼叫、确定路由所需要的全部信息。初始地址消息 IAM 的格式如图 4.1.3 所示。

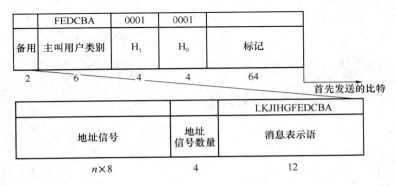

图 4.1.3　初始地址消息格式

(1) 主叫用户类别用于指示主叫用户的特性，由 6 个比特组成，其编码及含义如下：

FEDCBA

000000	来源未知
000001	话务员，法语
000010	话务员，英语
000011	话务员，德语
000100	语务员，俄语
000101	话务员，西班牙语
000110	双方协商采用的语言（汉语）
000111	双方协商采用的语言
001000	双方协商采用的语言（日语）
001001	国内话务员（具有插入功能）
001010	普通用户，在长（国际）—长，长（国际）—市话局间使用
001011	优先用户，在长（国际）—长，长（国际）—市，市—市话局间使用

（000001～001000 在国际半自动接续中使用）

001100　数据呼叫

001101　测试呼叫

001110 ⎫
 ⋮
 ⋮　⎬ 备用
 ⋮
001111 ⎭

010000　普通,免费

010001　普通,定期

010010　普通,用户表,立即

010011　普通,打印机,立即　⎫ 在市—长(国际)局间使用

010100　优先,免费

010101　优先,定期

010110　备用

010111　备用

011000　普通用户,在市—市局间使用

011001 ⎫
 ⋮
 ⋮　⎬ 备用
 ⋮
111111 ⎭

(2) 消息表示语共有 12 比特,含有各种有关的指示:

BA:地址性质指示码

00　市话用户号码

01　国内备用

10　国内(有效)号码

11　国际号码

DC:电路性质指示码

00　接续中无卫星电路

01　接续中有卫星电路

10　备用

11　备用

FE:导通检验指示码

00　不需要导通检验

01　该段电路需要导通检验

10　在前段电路进行了导通检验

11　备用

G:回声抑制器指示码

0　未包括去话半回声抑制器

1　包括去话半回声抑制器

H:国际来话呼叫指示码

0　不是国际来话呼叫

1　是国际来话呼叫

I:改发呼叫指示码

0　非改发呼叫

1　改发呼叫

J:需要全部数字通道指示码

0　普通呼叫

1　需要全数字通道指示码

K:信令通道指示码

0　任何通道

1　全部是 No.7 信令系统通道

L:备用

（3）地址信号数量

地址信号数量占 4 比特,用来说明在初始地址消息中所包含的地址信号（被叫号码）的位数。

（4）地址信号

地址信号字段是一个可变长度子字段,其长度由固定长度字段"地址信号数量"来说明,地址信号的长度由整数个八位位组组成,每位地址编码占 4 个比特,当地址信号数为奇数时,要在最后一个地址信号之后补 4 个 0。

2. 带有附加信息的初始地址消息 IAI

IAI 消息的格式如图 4.1.4 所示。IAI 消息带有丰富的信息,当需要发送如主叫用户线标识等额外信令信息时,则使用 IAI 消息。由于国内电话网中越来越多的开放了包含此类信息的业务,因此一般都使用 IAI 消息。在移动网内,MSC 之间也使用 IAI 消息来建立呼叫连接。

IAI 消息格式中,第一指示语八位位组以前就是 IAM 消息。第一指示语八位位组用来表示是否携带某种附加信息,当比特 E 为 1 时表示 IAI 消息携带了主叫用户线标识。

主叫用户线标识说明主叫用户的电话号码。主叫用户线标识字段的格式如图 4.1.5 所示。

备用	FEDCBA	0010	0001	
	主叫用户类别	H_1	H_0	电路标记
2	6	4	4	64

首先发送的比特

HGFEDCBA	地址信号	地址信号的数量	LKJIHGFEDCBA
第一指示语八位位组			消息指示语
8	$n×8$	4	12

计费信息	原被叫地址	主叫用户线标识	附加的选路信息	附加的主叫用户信息	闭合用户群信息	网络能力或用户性能信息（国内任选）
$n×8$	$n×8$	$n×8$	$n×8$	$n×8$	40	8

图 4.1.4　IAI 消息的格式

主叫用户线标识	DCBA	DCBA
	地址信号数量	地址表示语
$n×8$	4	4

首先发送的比特

图 4.1.5　主叫用户线标识字段的格式

主叫用户线标识字段的各部分含义如下：

地址表示语

BA：地址性质表示语

00　本地用户号码

01　国内备用

10　国内有效号码

11　国际号码

C：提供主叫用户线标识表示语

0　不限制显示主叫用户线标识

1　限制显示主叫用户线标识

D：主叫用户标识不全表示语

0　未表示不全

1　表示不全

地址信号数量：二进制表示的地址信号的数量（长度）。

主叫用户线标识：与地址信号编码相同。

从以上两个例子可看出,在 No.7 信令系统中,所有的信令消息都是用二进制编码来表示的,因而消息传送的效率很高,在消息中可携带丰富的信令信息。另外,由于信息都是用二进制编码表示的,一个比特都不能错,对信息传送的可靠性要求很高。在 No.7 信令系统的第二级对信令单元的传送采用了严格的差错控制,就是为了保证信令消息的可靠传送。

下面是在信令监测仪上得到某次简单电话呼叫时 IAI 消息的内容,为了便于理解,消息内容包括 SIO 字段:

84 3D FF 03 DA FF 03 12 00 21 18 00 84 28 50 36 90 10 80 28 50 36 44

对该消息的解码如图 4.1.6 所示。

400	18	21	0012	03FFDA	03FF3D	84
消息表示语（市话用户号码、全部使用No.7信令）	主叫用户类别（普通用户）	标题码（IAI）	CIC（0-18）	OPC（3-255-218）	DPC（3-255-61）	SIO

44365028	8	0	10	90365028	8
主叫电话号码（82056344）	主叫用户线地址信号数量（8）	主叫用户线地址表示语（本地用户号码）	第一指示语（携带主叫用户线标识）	被叫电话号码（82056309）	地址信号数量（8）

图 4.1.6　IAI 消息示例

4.1.3　常用的电话信令消息

1. 国际网、国内网通用的消息

（1）初始地址消息

初始地址消息(IAM 和 IAI)是为建立呼叫而发出的第一个消息,它含有下一个交换局为建立呼叫、确定路由所需的全部地址信息。由于初始地址消息是第一个发送的消息,它蕴涵了占用电路的功能。初始地址消息分为初始地址消息 IAM 和带有附加信息的初始地址消息 IAI。我国国内网在市—长、市—国际发端局局间包括经过汇接局必须使用 IAI。在移动网内也应使用带有附加信息的初始地址消息 IAI 来建立呼叫连接。

（2）后续地址消息

后续地址消息(SAM 和 SAO)是在 IAM 或 IAI 后发送的地址消息,用来传送剩余的电话号码。SAM 一次可传送多位号码,而 SAO 一次只能传送一位电话号码。

（3）成组发送方式和重叠发送方式

成组发送方式是指在 IAM(或 IAI)中一次将被叫用户号码全部传送。成组发送方式的效率较高。

重叠发送方式是指在 IAM(或 IAI)中发送部分被叫的电话号码,剩余的电话号码可由 SAM 或 SAO 消息传送。重叠发送方式主要是为了提高接续速度,减少用户拨号后的等待时间。在采用重叠发送方式时,在 IAM(IAI)中必须包括下一交换局选择路由所需的全部数字。在初始地址消息中包含几位数字一般可通过交换局的局数据确定。在市长接续中,一般包含区号及区号后三位数字。

在采用重叠发送方式时,IAM(IAI)、SAM 消息中所包含的号码位数应满足如下要求:

- IAM(IAI)中的号码位数=选定路由所需位数;
- SAM 中的号码位数=最小位数-IAM/IAI 中号码位数;
- 余下的被叫号码由 SAO 一位一位地发送。

我国有关技术规范中规定,固话网内在发端市话局至发端长话局之间、长话局至长话局之间的全自动接续中采用重叠发送方式,其他接续中采用成组发送方式;移动网内,当被叫用户号码长度≤15 个数字时,连接中的交换局采用成组发送方式。

(4)一般后向请求消息和一般前向建立消息

在呼叫建立期间,当来话局需要更多的信息时,可用一般后向请求消息(GRQ)向去话局发出请求,可请求的信息有:主叫用户地址、主叫用户类别、原被叫地址、请求回声抑制器(或回声消除器)等。去话局收到 GRQ 消息后,可用一般前向建立消息(GSM)消息将响应信息送给来话局。

(5)地址全消息

地址全消息(ACM)是后向发送的信号,用以表示呼叫至被叫用户所需的有关信息已收齐。在地址全消息中还可传送有关被叫空闲及计费等附加信息。

在收到地址全信号后,去话局应接通所连接的话路。

(6)后向建立不成功消息组(UBM)

UBM 消息是后向发送的消息,用来向去话局表示呼叫不能成功建立,并说明不能成功建立呼叫的原因。后向建立不成功消息组信号包括:交换设备拥塞信号(SEC),电路群拥塞信号(CGC),国内网拥塞信号(NNC),地址不全信号(ADI),呼叫故障信号(CFL),用户忙信号(SSB),空号(UNN),线路不工作信号(LOS),发送专用信号音信号(SST),接入拒绝信号(ACB),不提供数字通道信号(DPN)。

在长途自动接续和市话接续中,每个交换局收到上述任一信号后,必须进行前向拆线。

(7)应答消息

应答消息(ANN 和 ANC)是后向发送的信号,表示被叫摘机应答。应答消息包括应答计费消息(ANC)和应答免费消息(ANN),去话交换局在收到应答信号后应将前向话路接通。执行计费的交换局在收到 ANC 信号时,开始执行计费程序。

(8)后向拆线信号

后向拆线信号(CBK)是后向发送的信号,表示被叫用户已挂机。当采用主叫控制复原方式时,CBK 信号不得切断话路。当延长一定时限后,主叫用户仍不挂机时,由去话局发送拆线信号。

(9) 前向拆线信号

前向拆线信号(CLF)是前向发送的信号。CLF 是最优先执行的信号,所有交换局在呼叫进行的任一时刻,甚至在电路处于空闲状态时,都必须释放电路和发出释放监护信号 RLG,以对 CLF 信号做出响应。

(10) 主叫挂机信号

主叫挂机信号(CCL)是前向发送的信号,表示主叫用户已挂机。在采用被叫控制释放方式时,当主叫用户挂机时,去话局不能发送前向拆线信号,而是发送主叫挂机信号通知来话局主叫用户已挂机,只有收到来话局发出的后向拆线信号后,去话局才能发送 CLF 信号并释放电路。

(11) 释放监护信号

释放监护信号(RLG)是后向发送的信号。当来话局收到 CLF 信号时,应立即发送 RLG 信号做出响应并释放话路。

2. 国内网专用消息

以上消息都是国际网和国内网通用的消息,下面再介绍几条国内网专用的消息。

(1) 计次脉冲消息

计次脉冲消息(MPM)是发端长话局发往发端市话局的后向信号,当主叫用户类别编码是 010010(即普通、用户表、立即计费)时,发端长话局收到应答计费消息 ANC 后,应每分钟向发端市话局送一条 MPM 消息,将本次接续单位时间内的计费脉冲数通知发端市话局。

(2) 用户市忙信号和用户长忙信号

在国内网中一般用用户市忙信号(SLB)或用户长忙信号(STB)来代替用户忙信号(SSB),以便进一步说明用户是"长忙"还是"市忙",在长途半自动呼叫时,如收到市忙信号,交换局应接通话路,实现话务员插入性能。

以上介绍了一些常用的电话信号消息的作用,其他的消息请参阅有关技术规范。

4.1.4　典型的信令传送程序

1. 分局至分局呼叫遇被叫用户空闲的接续

信令程序如图 4.1.7 所示。这是市话分局至分局的呼叫,采用成组发送方式。主叫所在分局接收到主叫用户所拨电话号码,经字冠分析为本地网内不同局之间的呼叫,选择一条至被叫所在分局的中继电路,当收齐被叫号码后,用带有附加信息的初始地址消息(IAI)一次将主叫用户类别、说明地址性质等信息的消息指示语、主叫电话号码及被叫用户的全部号码送往被叫所在分局,被叫分局经分析发现是终接呼叫且被叫空闲,就发送地址全消息（ACM）通知主叫所在分局，同时在话路上发送回铃音，当被叫用户摘机应答后，被叫所在分局发送应答计费消息（ANC）至主叫所在分局，主叫所在分局接到 ANC 消息后接通话路，同时开始启动计费，呼叫进入通话阶段。

如果是主叫用户先挂机，主叫所在局发送前向拆线信号（CLF）通知被叫所在分局，被叫所在分局收到 CLF 信号后，释放电路，同时用释放监护消息（RLG）对 CLF 进行响应，该中继话路重新进入空闲状态。

如果是被叫用户先挂机，则来话局发送后向拆线信号（CBK）通知去话局，去话局收到 CBK 后发送 CLF，来话局回送 RLG 信号，中继电话重新进入空闲状态。

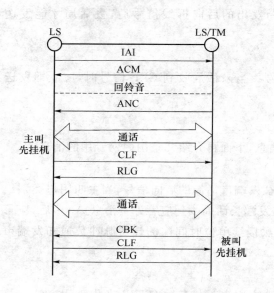

图 4.1.7　呼叫遇被叫用户空闲

图 4.1.8　呼叫遇被叫用户忙等情况

2. 分局至分局呼叫遇被叫用户忙等情况

信令程序如图 4.1.8 所示。去话局用带有附加信息的初始地址消息（IAI）将被叫全部号码及有关信息发往来话局，来话局收到 IAI 后进行分析，如果由于被叫忙等原因呼叫不能成功建立，来话局就发送后向建立不成功消息组 UBM 中的某一消息（如 SLB、STB、LOS、UNN、SST 等），将呼叫不能成功建立的原因通知去话局。去话局收到 UBM 消息后，发送前向拆线消息（CLF），来话局用 RLG 信号响应，中继话路重新变为空闲。

3. 发市—发长—终长—终市全自动接续

图 4.1.9 示出了发市—发长—终长—终市全程为 No.7 信令时，全自动接续的信令发送程序。

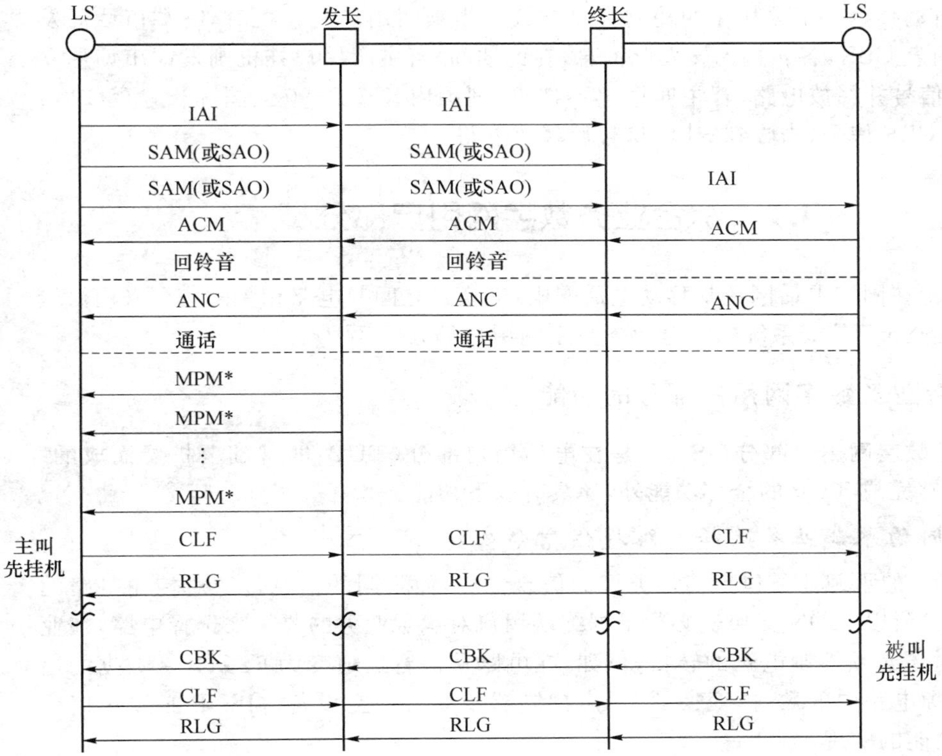

*该消息仅在主叫用户类别为"立即计费"时发送。

图 4.1.9 发市—发长—终长—终市全自动接续

市话局收到主叫用户拨的电话号码,经分析是长途呼叫,就选择一条至发端长话局的话路。为了提高接续速度,发市—发长—终长之间采用重叠发送方式。发端市话局在收到发端长话局选择路由所需号码后,用带有附加信息的初始地址消息(IAI)将主叫类别、主叫号码、被叫部分号码等信息送给发端长话局,剩余号码用后续地址消息(SAM 或SAO)陆续发往发端长话局。发端长话局收到 IAI 消息后,经分析至终端长话局有直达路由,就选择一条至终端长话局的中继话路,用 IAI 消息将部分被叫号码及有关信息发送至终端长话局,对随后接收到的剩余被叫号码用 SAM 或 SAO 发送给终端长话局。终长—终市采用成组发送方式,终端长话局在收齐全部被叫号码后,用 IAI 消息一次将被叫号码及有关信息送给终端市话局,终端市话局收到 IAI 消息后,经分析为终接呼叫,经检查被叫用户空闲,就发送地址全消息(ACM),同时在话路上送回铃音信号,各转发局收到ACM 消息后都向前端局转发 ACM 信号。当被叫用户摘机应答后,终端局发送应答计费消息 ANC,各转发局转发 ANC 信号,接续进入通话阶段。发端长话局收到 ANC 信号后,开始启动计费。如果主叫用户类别编码为 010010(普通、用户表、立即计费),则发端长话局在收到 ANC 消息后,每隔 1 min 要给发端市话局发送计次脉冲消息 MPM,将本次接续单位时间内的计费脉冲数通知发端市话局,以便发端市话局对主叫用户立即计费。

长途全自动接续一般采用主叫控制释放方式。当被叫用户先挂机时,终端市话局发送后向拆线消息 CBK,各转接局转发此消息,在此期间,若主叫用户挂机则发端市话局立即发送 CLF 信号并释放电路,若主叫用户不挂机,则国内长途经 90 s、国际长途经 120 s 后,前向发送 CLF 信号,当收到 RLG 信号后释放电路。

4.2 综合业务数字网用户部分

现在,无论在固定电话网还是移动电话网中,交换机之间与电路相关的信令采用得最广泛的部分是 No.7 信令系统的综合业务数字网用户部分(ISUP)。

4.2.1 综合业务数字网用户部分的功能

综合业务数字网用户部分(ISUP)是在电话用户部分(TUP)的基础上扩展而成的。ISUP 除了能够完成 TUP 的全部功能外,还具有以下功能:

1. 对不同的承载业务选择电路提供信令支持

由于 ISDN 的承载业务包括多种类型的信息传送,而不同的信息传送对传输电路的要求是不同的,所以 ISDN 交换机必须根据终端用户对承载业务的要求来选择电路,在业务类型转换时还必须控制电路的转换,例如,在电路从话音通道变为 64 kbit/s 数据的透明通道时,去掉电路中的数/模变换器、回声抑制器及话音插空设备。ISUP 必须用信令来支持这些功能的实现。

2. 与用户-网络接口的 D 信道信令配合工作

由于 ISDN 用户对承载业务的要求是通过用户-网络接口的 D 信道信令(Q.931)送到网络的,因此 ISUP 必须和 D 信道的信令配合工作。交换机根据收到的 Q.931 信令消息,组装和发送 ISUP 消息,控制网络中的电路连接。同时,将 Q.931 信令中的部分内容透明穿过网络,送到另一端的用户-网络接口,完成端到端信令的传送。

3. 支持端到端信令

ISUP 的一部分信令需要在网络中逐段链路传送,以便控制沿途各个交换机的接续动作。还有一部分信令可以跳过所有的转接交换机,直接在发端交换机和终端交换机之间传送,这部分信令叫做端到端信令。

端到端信令支持在信令终点间直接传送信令信息的能力,向用户提供基本业务和补充业务。端到端信令的传送可由以下两种方法支持。

(1) 信令连接控制部分方法

依靠信令连接控制部分(SCCP)来完成端到端的信令传送,这种传送可以采用面向连接的服务,也可采用无连接服务。

(2) 传递方法

当要传递的信息与现有呼叫有关时,可采用此种方法。在建立两个终端局之间与该呼叫有关的电路连接时,同时建立两个终端局之间的信令通道,端到端信令在这个信令通道上传送。

4. 为补充业务的实现提供信令支持

ISUP 的信令过程必须支持 ISDN 补充业务的实现。

4.2.2　综合业务数字网用户部分消息的结构

ISUP 是消息传送部分(MTP)的用户,ISUP 消息是在消息信令单元(MSU)中的 SIF 字段中传送的。ISUP 消息的格式以八位位组的堆栈形式出现,如图 4.2.1 所示。

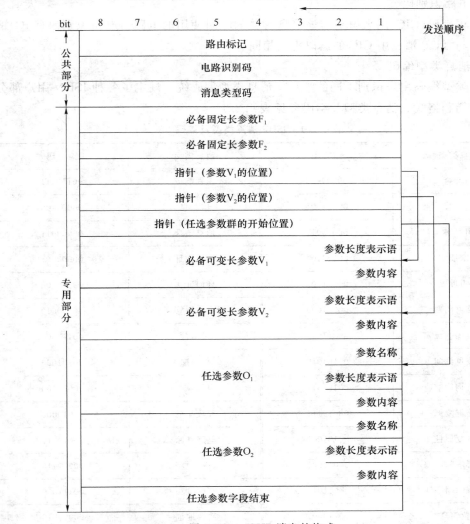

图 4.2.1　ISUP 消息的格式

1. 综合业务数字网用户部分消息的结构

综合业务数字网用户部分(ISUP)消息由路由标记、电路识别码、消息类型编码、必备固定部分,必备可变部分和任选部分组成。前 3 个部分是公共部分,其格式适用于所有的消息;后 3 个部分是消息的参数,它的内容和格式随消息改变。

(1) 路由标记

路由标记由目的地信令点编码(DPC)、源信令点编码(OPC)和链路选择码(SLS)组成。路由标记供 MTP 的第三级选择信令路由和信令链路。

(2) 电路识别码

电路识别码(CIC)用来识别与该消息有关的呼叫使用的电路。电路识别码(CIC)的编码规则与 TUP 消息中 CIC 的编码规则相同。

(3) 消息类型编码

消息类型编码用来识别不同的消息。消息类型编码统一规定了各种 ISDN 用户部分消息的功能和格式。消息类型及编码参见表 4.2.1。

表 4.2.1　ISUP 消息类型及编码

消息类型	编码	消息类型	编码
地址全	00000110	识别响应	00110111
应答	00001001	信息	00000100
闭塞	00010011	信息请求	00000011
闭塞证实	00010101	初始地址	00000001
呼叫进展	00101100	环回证实	00100100
电路群闭塞	00011000	网络资源管理	00110010
电路群闭塞证实	00011010	过负荷	00110000
电路群询问	00101010	传递	00101000
电路群询问响应	00101011	释放	00001100
电路群复原	00010111	释放完成	00010000
电路群复原证实	00101111	电路复原	00010010
电路群解除闭塞	00011001	恢复	00001110
电路群解除闭塞证实	00011011	分段	00111000
计费信息	00110001	后续地址	00000010

消息类型	编　码	消息类型	编　码
混　乱	00101111	暂　停	00001101
连　接	00000111	解除闭塞	00010100
导　通	00000101	解除闭塞证实	00010110
导通检验请求	00010001	未分配的 CIC	00101110
性　能	00110011	用户部分可用	00110101
性能接受	00100000	用户部分测试	00110100
性能拒绝	00100001	用户-用户信息	00101101
性能请求	00011111	话务员信号	11111111
前向转移	00001000	计次脉冲消息	11111110
识别请求	00110110		

（4）必备定长部分（F）

对于一个指定的消息类型,必备且有固定长度的参数包括在必备固定部分。这些参数的名称、长度和出现次序由消息类型统一规定,因此该部分不包括参数的名称及长度指示,只给出参数的内容。

（5）必备可变长部分（V）

必备可变长部分也包括消息必须具有的参数,但这些参数的长度是可以变化的。对于特定的消息,这部分参数的名称和次序是事先确定的,因而参数的名称不必出现,只需由一组指针来指明各参数的起始位置,然后用每个参数的第一个八位位组来说明该参数的长度（字节数）,在长度指示之后是参数内容。

（6）任选部分（O）

任选部分包含一些任选的参数。这些参数出现与否、出现的顺序都是可变的。因此任选部分的每个参数都由参数名称、参数长度指示和参数内容 3 部分组成。整个任选部分的开始位置由必备可变部分的最后一个指针来指明。任选部分的末尾是一个结束标志,编码是全 0。

2. 初始地址消息

初始地址消息（IAM）是呼叫建立时发送的第一个消息,也是 ISUP 中内容最丰富、包括参数最多的消息。IAM 消息原则上包括选路到目的地交换局,并把呼叫连接到被叫用户所需的全部信息。IAM 的必备参数及任选参数可参见表 4.2.2。

表 4.2.2　IAM 的参数

参　数	类　型	长度（八位位组）	参　数	类　型	长度（八位位组）
消息类型	F	1	用户-用户表示语	O	3
连接性质表示语	F	1	通用号码	O	5～13
前向呼叫表示语	F	2	传播时延计数器	O	4
主叫用户类别	F	1	用户业务信息	O	4～13
传输介质请求	F	1	网络专用性能	O	4～?
被叫用户号码	V	4～11	通用数字	O	?
转接网选择	O	4～?	始发 ISC 点编码	O	4
呼叫参考	O	8	用户终端业务信息	O	7
主叫用户号码	V	4～12	远端操作	O	?
任选前向呼叫表示语	O	3	参数兼容性信息	O	4～?
改发的号码	O	4～12	通用通知（注）	O	3
改发信息	O	3～4	业务激活	O	3～?
闭合用户群连锁编码	O	6	通用参考	O	5～?
连接请示	O	7～9	MLPP 优先	O	8
原被叫号码	O	4～12	传输介质要求	O	3
用户-用户消息	O	3～131	位置号码	O	5～12
接入转送	O	3～?	任选参数结束	O	1
用户业务信息	O	4～13			

注:表中问号"?"表示参数长度可变。

从表中可见,IAM 消息中共有 5 个必备参数和 28 个可选参数。下面简要介绍一些参数的意义。

（1）必备参数

IAM 消息中有消息类型、连接性质表示语、前向呼叫表示语、主叫用户类别、传输介质请求和被叫号码 5 个必备参数。

（a）连接性质表示语

连接性质表示语中包括卫星表示语、导通检验表示语和回声抑制表示语,用来说明该次接续中是否已接有卫星电路、是否需要导通检验以及是否已包括去话回声抑制器。

（b）前向呼叫表示语

前向呼叫表示语中包括以下信息:

• 呼叫性质:指示是国际呼叫还是国内呼叫;

• 端到端方式:指示是否传送端到端信令以及传送端到端信令的方式(传递方式、SCCP 方式);

• 信令互通:指示接续中是否全程需要 No.7 信令;

• ISUP 请求:指示是否需要全程都使用 ISUP 信令或优选 ISUP 信令;

- ISUP 接入：指示始发用户是否是 ISDN 接入。

（c）主叫用户类别

说明主叫用户的类别。

（d）传输介质要求

传输介质要求说明在该连接中所要求的传输介质的类型（例如，64 kbit/s 不受限、话音、64 kbit/s 不受限/话音交替等）。

（e）被叫用户号码

被叫号码包括地址性质表示语、内部网（INN）表示语、编号计划及被叫号码。

被叫号码参数的格式如图 4.2.2 所示。

	8	7	6	5	4	3	2	1
1	奇/偶	地址性质表示语						
2	INN 表示语	编号计划			备 用			
3	第 2 个地址信号				第 1 个地址信号			
⋮								
n	填充码（如果需要）				第 n 个地址信号			

图 4.2.2 被叫号码参数的格式

（2）任选参数

IAM 消息中的任选参数包含的内容非常丰富，下面简要介绍几个任选参数。

（a）主叫号码

主叫号码参数中包括地址性质表示语、编号计划表示语、提供表示语及主叫号码。提供表示语用来说明是否允许将主叫号码提供给被叫用户。

主叫号码参数的格式如图 4.2.3 所示。

	8	7	6	5	4	3	2	1
1	奇/偶	地址性质表示语						
2	号码不全	编号计划表示语		提供表示语		鉴别表示语		
3	第 2 个地址信号				第 1 个地址信号			
⋮								
n	填充码（如果需要）				第 n 个地址信号			

图 4.2.3 主叫号码参数的格式

（b）用户业务信息

该参数用来表示主叫用户请求的附加承载能力（包括编码标准、信息传递能力、传递方式、传递速率及 1~3 层使用的协议）。

（c）传播时延计数器

用来记录呼叫建立期间累计的传播时延。

图 4.2.4 给出了在简单电话呼叫时测试到的 IAM 消息。

85	业务信息八位位组
501605	目的地信令点编码
601605	源信令点编码
00	链路选择码
9001	电路选择码
01	消息类型编码（IAM）
00	连接性质表示语（长度固定必备）
2001	前向呼叫表示语（长度固定必备）
0A	主叫用户类别　普通用户（长度固定必备）
00	传输介质请求（长度固定必备）
02	被叫号码指针
06	任选参数指针
04	被叫号码长度
8190　6109	被叫号码
0A	主叫号码名
08	主叫号码长度
8313 74 23302403 0F	主叫号码 473-2034230
31	传播时延计数器参数名
02	长度
00 00	传播时延计数器值
03	接入转送参数名
04	长度
7D 02 91 81	接入转送参数值
1D	用户业务信息参数名
03	长度
80 90 A3	用户业务信息参数值
39	参数兼容性信息名
02	长度
31 C0	参数兼容性信息值
00	任选参数结束

图 4.2.4　IAM 消息示例

3. 释放消息示例

释放消息(REL)用于表明要求释放电路。该消息传送的信息覆盖了 TUP 消息中 CLF、CBK 和 UBM 消息组中所有消息传送的信息。该消息的必备参数是原因表示语,用来说明要求释放电路的原因。原因表示语的格式如图 4.2.5 所示。

图 4.2.5　原因表示语参数的格式

其中的原因值指明了电路释放原因。释放原因约五十多种,编码如表 4.2.3 所示。

表 4.2.3　原因表示语参数的编码

原因表示语取值	表示释放原因	原因表示语取值	表示释放原因
1	空号	27	目的地不可达
3	无路由到目的地	28	地址不全
4	发送专用信号音	31	正常释放
16	正常呼叫拆线	34	无电路/通道可用
17	用户忙	42	交换设备拥塞
18	用户未响应	65	承载能力未实现
19	用户未应答	88	目的地不兼容
21	呼叫拒绝	其他值	略

图 4.2.6 给出了一次简单呼叫中,REL 消息的具体内容。

13 25 30	目的信令点编码(19—37—48)
13 25 80	源信令点编码(19—37—128)
02	链路选择码
A2 00	电路识别码
0C	消息类型码(REL)
02	必备可变长参数部分的指针
00	任选参数部分的指针(不含任选参数部分)
02	原因表示语参数长度(2字节)
82 90	原因表示语参数的内容（原因值为16,表示正常的呼叫拆线）

图 4.2.6　REL 消息示例

4.2.3 常用综合业务数字网用户部分消息功能简介

1. 初始地址消息

初始地址消息(IAM)原则上包括选路到目的地交换局并把呼叫接续到被叫用户所需的全部信息。如果 IAM 消息的长度超过 272 个八位位组,则应使用分段消息 SGM 来传送该超长消息的附加分段。

主叫用户号码总是包括在 IAM 消息中。

2. 后续地址消息

后续地址消息(SAM)是在 IAM 消息后前向传送的消息,用来传送剩余的被叫用户号码信息。

3. 信息请求消息

信息请求消息(INR)是交换局为请求与呼叫有关的信息而发送的消息。该消息的必备参数是信息请求表示语、主叫用户地址请求表示语、保持表示语、主叫用户类别请求表示语、计费信息请求表示语及恶意呼叫识别请求表示语。

4. 信息消息

信息消息(INF)消息是对 INR 的应答,用来传送在 INR 消息中请求传送的有关信息。

5. 地址全消息

地址全消息(ACM)是后向发送的消息,表明已收到为呼叫选路到被叫用户所需的所有地址信息。该消息的必备字段是后向呼叫表示语,包括计费表示语、被叫用户状态表示语、被叫用户类别表示语、端到端方式表示语、互通表示语、ISDN 用户部分表示语、ISDN 接入表示语、回声控制装置表示语及 SCCP 方式表示语。

6. 呼叫进展消息

呼叫进展消息(CPG)是在呼叫建立阶段或激活阶段,任一方向发送的消息,表明某一具有意义的事件已出现,应将其转送给始发接入用户或终端用户。

CPG 消息的必备参数是事件信息参数,用不同的编码来表示是否出现了遇忙呼叫转移、无应答呼叫转移、无条件呼叫转移等事件。

7. 应答消息

应答消息(ANM)是后向发送的消息,表明呼叫已应答。

8. 连接消息

连接消息(CON)是后向发送的消息,表明已收到将呼叫选路到被叫用户所需的全部地址信息且被叫用户已应答。

9. 释放消息

释放消息(REL)是在任一方向发送的消息,表明由于某种原因要求释放电路。该消息的必备参数是原因表示语,用来说明要求释放电路的原因。

10. 释放完成消息

释放完成消息(RLC)是在任一方向发送的消息,该消息是对 REL 消息的响应。

11. 用户到用户信息消息

用户到用户信息消息(USR)是为了转送用户到用户信令而发送的消息。

4.2.4 基本的呼叫控制过程

1. 本地交换局间一次成功呼叫的流程

图 4.2.7 表示在交换局之间一次成功呼叫的信令传送过程。

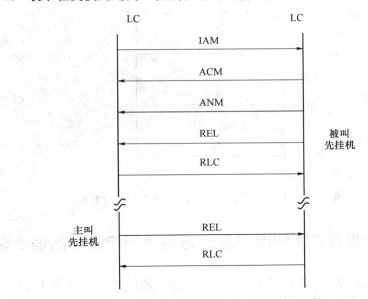

图 4.2.7 ISUP 本地交换局间一次成功呼叫的流程

当主叫局收到主叫用户的呼叫请求后,生成初始地址消息(IAM)发往被叫局。在 IAM 中包含选路到目的地交换局的有关信息(连接性质表示语、前向呼叫表示语、主叫用户类别、被叫用户号码、传输介质请求、主叫用户号码),也可包括其他的可选参数(例如:呼叫参考、SCCP 连接请求参数、表示主叫用户请求的附加承载能力的用户业务信息参数、接入转送参数等)。被叫局收到 IAM 后分析被叫用户号码,以便确定呼叫应连接到哪一个用户,同时还检查被叫用户线的情况以及核实是否允许连接。如果允许连接,被叫局向主叫局转发地址全消息(ACM)。当被叫用户应答时,被叫局连接传输通道,向主叫局发送应答消息（ANM）。当主叫局收到 ANM 消息时,则在前向完成传输通道的连接,如果主叫局控制计费,则启动计费。通话结束后如果被叫先挂机,则被叫局发送释放消息（REL）,主叫局收到 REL 消息后,释放通道并回送释放完成消息（RLC）;如果是主叫先挂机,则主叫局发送 REL,被叫局收到 REL 消息后,释放通道并回送 RLC 消息。

2. 本地交换局间一次失败呼叫的流程

本地交换局间一次失败呼叫的流程如图 4.2.8 所示。当主叫局收到主叫用户的呼叫请求后,生成初始地址消息（IAM）发往被叫局。被叫局收到 IAM 后分析被叫用户号码,以便确定呼叫应连接到哪一个用户,同时还检查被叫用户线的情况以及核实是否允许连接。如果由于用户号码不正确、电路拥塞或者兼容性等原因无法建立连接,被叫局向主叫局发送 REL,REL 中的必备可变长参数原因表示语说明了释放的原因。主叫局收到 REL 消息后,释放通道并回送 RLC 消息。

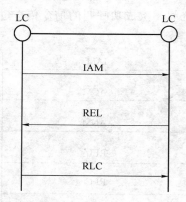

图 4.2.8　ISUP 本地交换局间一次失败呼叫的流程

4.3　综合业务数字网用户部分与电话用户部分的信令配合

我国在电话网上的信令曾广泛使用 No.7 信令方式的电话用户部分,随着 ISDN 的引入和发展,现在固定电话网和移动电话网中,交换机之间的信令普遍使用 ISDN 用户部分。因此,必须解决 ISUP 和 TUP 信令的配合问题。

No.7 信令方式的 ISUP 和 TUP 在进行电话的基本呼叫建立、释放时的信令程序基本类似,信令消息的名称也基本相同,只是两者的消息格式、参数的编码不同,因此,ISUP 和 TUP 之间的信令配合主要是消息参数之间的转换及部分信令消息之间的转换。原邮电部在《国内 No.7 信令方式技术规范综合业务数字网用户部分（ISUP）》中制定了 ISUP 与 TUP 之间信令配合的技术规程。下面简要介绍几个基本的信令配合流程。

4.3.1 信令配合

1. 电话用户部分至综合业务数字网用户部分的信令配合

图 4.3.1 表示正常的市话呼叫接续时的信令配合流程。TUP 至 ISUP 时初始地址消息部分参数的转换关系请参见原邮电部颁发的《国内 No.7 信令方式技术规范综合业务数字网用户部分(ISUP)》。

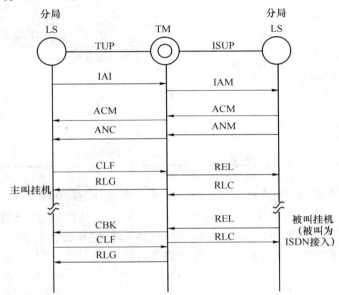

图 4.3.1 正常的市话呼叫接续时的信令配合流程

图 4.3.2 表示不成功市话接续时的信令配合流程。

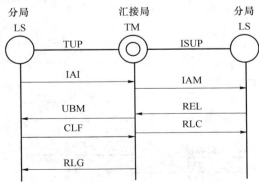

图 4.3.2 不成功市话接续时的信令配合流程

表 4.3.1 表示呼叫失败(释放)和呼叫故障时 TUP 中的 UBM 消息组中的消息与 ISUP 中释放消息中的原因参数的原因值或消息的转换。

表 4.3.1　呼叫失败(释放)和呼叫故障时有关参数或消息的转换

TUP	ISUP	ISUP 侧发 ACM(用户为非空闲)以后,ANM 以前	
	原因值或消息	CFL	REL
ISUP 侧发 ACM 以前		CFL	RSC
UNN	1	CFL	GRS
SST	4	CFL	CGB(H)
STB	17	ISUP 侧发 ANM 或 CON 以后	
LOS	27		
ADI	28	CBK＋音信号	16
CFL	31	CBK＋音信号	其他值
CGC	34	CBK＋音信号	RSC
SEC	42		
DPN	65	CBK＋音信号	GRS
ACB	88		
CFL	其他值	CBK＋音信号	CGB(H)

2. 综合业务数字网用户部分至电话用户部分的信令配合

图 4.3.3 表示成功市话接续时 ISUP 至 TUP 的信令转换流程。当被叫用户先挂机时,被叫所在局发送 TUP 中的后向拆线消息(CBK),汇接局将其转换 ISUP 中的暂停消息(SUS),SUS 消息中的暂停表示语设置为网络启动。

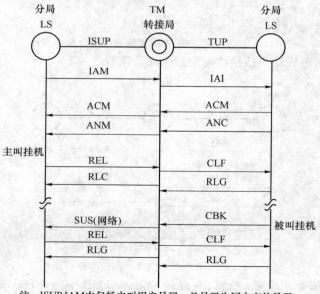

注:ISUP IAM中包括主叫用户号码,且号码为国内有效号码。

图 4.3.3　成功市话接续时 ISUP 至 TUP 的信令转换流程

4.3.2　双向电路的同抢处理

1. 双向同抢的概念

在采用随路信令时,交换局间的中继电路一般都是单向电路。图4.3.4给出了两个交换局间为单向电路时的示意图。由图4.3.4可见,A局与B局之间的中继电路分为两部分,一部分电路对A局来说是出中继电路,对B局来说是入中继电路,这部分电路用来完成由A局至B局方向的呼叫;另一部分电路对A局来说是入中继电路,对B局来说是出中继电路,用来完成从B局至A局方向的呼叫。采用单向电路有时会出现一些极不合理的情况,例如在某个时刻,A局往B局方向的呼叫很多,所有A局往B局的中继电路都已占用,而这时B局往A局方向的呼叫较少,在这群电路中仍有若干条空闲的中继,当又出现由A局至B局方向的呼叫时,A局无法占用这些电路来完成此呼叫,因为随路信令不支持双向电路。

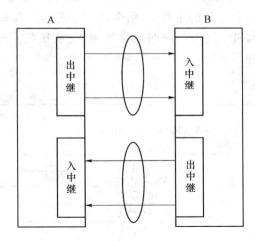

图4.3.4　单向电路示意图

在采用No.7信令时,可将两个交换局之间的电路定义为双向电路,即任一交换局都可占用这部分电路来完成至对端局的呼叫,这样大大提高了电路的利用率。但由于信令传输的延迟时间可能较长,有发生双向同抢的可能性,即两端都试图占用同一条电路来完成至对端的呼叫。所以采用No.7信令方式的交换局在采用双向电路时,应采取措施来减少双向同抢发生的可能,能检测出同抢的发生并对其进行适当的处理。

2. 减少双向同抢的防卫措施

有以下两种方法来减少双向同抢的发生。

方法1:每个终端交换局的双向电路群采用反顺序的选择方法。信令点编码大的交换局采用从大到小的顺序选择电路,信令点编码小的交换局按照从小到大的顺序选择电路。

方法 2：双向电路群的每个交换局可优先接入由它主控的电路群，并选择这一群中释放时间最长的电路（先进先出），另外，可无优先权地选择不是其主控的电路群，在这群电路中选择释放时间最短的电路（后进先出）。

我国技术规范中规定，在可能时，应优先选用方法 2。

3. 双向同抢的检测及其处理

根据以下情况来检测双向同抢的发生：在发出某一条电路的初始地址消息后，又收到了同一条电路的初始地址消息。

信令点编码大的交换局主控所有的偶数电路（即 CIC 编码的最低位为 0 的电路），信令点编码小的交换局主控所有的奇数电路（即 CIC 编码的最低位为 1 的电路）。在检出同抢占用时，对由主控交换局发起的呼叫将完成接续，对非主控交换局发出的初始地址消息不进行处理，非主控局放弃占用该电路，在同一路由或迂回路由上另选电路重复试呼。图 4.3.5 给出了市话分局的直达接续遇双向同抢占用时的自动重复试呼的信令程序。在该图中，设信令点 SP_A 是电路 X 的主控局，信令点 SP_B 是电路 X 的非主控局，在检测出对电路 X 发生同抢占用后，SP_A 发出的呼叫照常处理，完成接续。SP_B 放弃对电路 X 的占用，另选电路 Y 重复试呼。

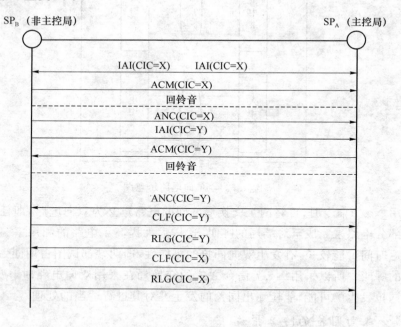

图 4.3.5　市话分局的直达接续对双向同抢的处理

小　结

电话用户部分是 No.7 信令系统的第四功能级,它定义了电话接续所需的各类局间信令,包括消息格式、编码及各种信令流程。电话用户部分不仅可以支持基本的电话业务,还可以支持部分用户补充业务。

电话用户消息的内容是在消息信令单元中的 SIF 字段中传送的。电话用户消息主要分为路由标记、标题码和信令信息 3 部分,其中路由标记由目的地信令点编码(DPC)、源信令点编码(OPC)及电路编码(CIC)3 部分组成。消息传递部分利用路由标记来选择信令路由,电话用户部分则利用路由标记来说明该信令消息与哪条中继电路有关。

标题码用来说明消息的类型,标题码由消息组编码 H_0 和消息编码 H_1 组成,信令信息用来传送相应信令消息的参数,对于某些信令消息来说,其信令信息字段还有很多内容,如初始地址消息 IAM、IAI,对这两个消息传送的内容,应认真掌握。对有些信令消息来说,其功能由标题码已能说明,这时其信令信息部分为空,如前向拆线信号 CLF。

前向地址消息组有初始地址消息 IAM、IAI,后续地址消息 SAM、SAO。IAM(IAI)是建立接续时发送的第一个消息,SAM(SAO)用来传送剩余电话号码,传送被叫地址有成组发送和重叠发送两种方式,成组发送方式是指在初始地址消息 IAM(或 IAI)中一次将被叫的电话号码全部发送,重叠发送方式是指在初始地址消息 IAM(IAI)中传送对端局选择路由所需的被叫号码,剩余号码由后续地址消息 SAM(SAO)传送。成组发送方式的传送效率较高,而重叠发送方式能减少用户拨号后的等待时间。

在呼叫建立期间,来话局可用一般请求消息(GRQ)请求发送有关的信息,去话局用一般建立消息(GSM)对 GRQ 进行响应。

若来话局判断建立呼叫所需信息已接收完毕,且呼叫可能成功建立,可用地址全消息(ACM)通知去话局,如接续不能成功建立,可发送后向建立不成功消息(UBM),并说明不能成功建立的原因。

呼叫监视消息组(CSM)和电路释放消息组(CCM)中的应答计费消息(ANC)、应答免费消息(ANN)、后向拆线消息(CBK)、前向拆线消息(CLF)、主叫挂机消息(CCL)、释放监护消息(RLG)等,用于表示中继电路的状态或者拆除电路的连接。

另外,在我国关于 No.7 信令方式电话用户的规范里还定义了计费脉冲消息 MPM、用户市忙消息(SLB)和用户长忙消息(STB)。

综合业务数字网用户部分(ISUP)是在电话用户部分(TUP)的基础上扩展而成的。ISUP 除了能够完成 TUP 的全部功能外,还具有以下功能:对不同的承载业务选择电路提供信令支持、与用户-网络接口的 D 信道信令配合工作、支持端到端信令、为补充业务的实现提供信令支持。

ISUP 消息是在消息信令单元 MSU 中的 SIF 字段中传送的。ISUP 消息由路由标记、电路识别码、消息类型编码、必备固定部分、必备可变部分和任选部分 6 个部分组成。前 3 个部分是公共部分,其格式适用于所有的消息;后 3 个部分是消息的参数,它的内容和格式随消息改变。

本章还介绍了 ISUP 常用消息的功能、几种基本的信令传送程序及实例、TUP 与 ISUP 信令的配合流程。

本章所介绍的消息的符号及功能一定要掌握,这对于阅读信令程序是十分重要的。对于典型的信令传送程序及实例也要认真分析并掌握。

双向电路是指连接中继电路的两个交换局中的任一个都可以占用这群电路中的任一条电路来完成至对端的接续。采用双向电路能提高电路的利用率,但也可能发生双向同抢。有两种方法来减少双向同抢的发生,在检测出双向同抢时,主控局发出的呼叫照常进行,非主控局放弃此次呼叫,另选电路重复试呼。

思考题和习题

1. 简要说明电话用户消息的格式。

2. 在电话用户消息中,怎样标识一个电话用户消息与中继电路的关系?

3. 在电话用户消息中,带有附加信息的初始地址消息(IAI)中主要包含哪些信息?

4. 何谓成组发送? 何谓重叠发送? 简要说明成组发送方式及重叠发送方式的适用范围?

5. 画出分局至分局直达接续时至被叫用户空闲时的 TUP 信令程序并作简单说明。

6. 画出分局至分局直达接续时呼叫失败的 TUP 信令程序并作简单说明。

7. 简述 ISUP 的功能。

8. 简述 ISUP 消息的结构。

9. 画出本地交换局间一次成功呼叫的 ISUP 信令程序。

10. 画出本地交换局间一次失败呼叫的 ISUP 信令程序,并说明哪个消息的哪个参数说明了释放的原因。

11. 什么是双向同抢? 简要说明防止双向同抢发生能够采用的方法。

12. 如何检测双向同抢的发生? 发生双向同抢后如何处理?

第 5 章

信令连接控制部分

学习指导

本章首先说明了信令连接控制部分(SCCP)的来源及基本功能,SCCP 提供的 4 种业务,然后介绍了 SCCP 消息的格式及层间接口,最后详细介绍了 SCCP 程序的基本组成,SCCP 路由选择功能,无连接控制过程,面向连接控制过程。

通过本章的学习,应掌握 SCCP 的基本功能,SCCP 消息的基本格式,SCCP 的路由选择功能及无连接控制过程。了解 SCCP 的来源,面向连接控制过程。

5.1 概 述

5.1.1 信令连接控制部分的来源

从前面两章的讨论中可知,以消息传递部分(MTP)和电话用户部分(TUP)组成的四级信令网络,能够有效地传递与电路相关的接续控制信息,是数字电话网理想的信令系统。

在第 3 章中已经说明,消息传递部分的寻址能力是根据目的地信令点编码(DPC)将消息传送到指定的目的地信令点,然后根据 4 bit 的业务表示语(SI)将消息分配至指定的用户部分。由于与一个交换局有电话信令关系的信令点只限于与该交换局有直达中继电路的交换局,MTP 的寻址选路功能已能满足电话用户部分的要求。

但是,随着电信网的发展,越来越多的网络业务需要在远端节点之间传送端到端的控制信息,这些控制信息与呼叫连接电路无关,甚至与呼叫无关,目前主要的应用有:

- 在智能网中的业务交换点(SSP)和业务控制点(SCP)之间传送各种控制信息;
- 在数字移动通信网中的移动交换中心(MSC)及来访位置登记器(VLR)、归属位置登记器(HLR)之间传送与移动台漫游有关的各种控制信息;
- 综合数字业务网(ISDN)中传送端到端信令。

当传送以上端到端信息时,MTP 的寻址选路功能已不能满足要求,主要存在以下局限性:

(1) 信令点编码不是国际统一编码,它由信令点所在网(某一国内网或国际网)定义(国际信令网及我国国内网的信令点编码方案可参见本书 2.3 节)。在某些情况下,如移动通信中,对来自国外的漫游用户进行位置更新时,需向该用户注册的归属位置登记器询问该用户的用户数据,漫游所在地的来访位置登记器不能利用信令点编码来标识接收信令消息的归属位置登记器;

(2) 业务表示语 SI 编码仅为 4 位,最多只能定义 16 个不同的用户,不能适应未来电信业务的需要;

(3) 随着电信网的发展,需要在网络节点之间传送大量的非实时消息,这些信息的数据量大,传送可靠性要求很高,需要在网络节点之间建立虚电路,采用面向连接方式来传送数据,而 MTP 只能实现数据报方式。

为了解决以上问题,在不修改 MTP 的前提下,增设了信令连接控制部分(SCCP)来弥补消息传递部分(MTP)的不足。SCCP 在 No.7 信令方式的四级结构中,是用户部分之一,属第四功能级,同时为 MTP 提供附加功能,以便通过 No.7 信令网,在电信网中的交换局和交换局、交换局和专用中心(例如:业务控制点)之间传递电路相关和非电路相关的信令信息和其他类型的信息,建立无连接和面向连接的网络业务。

5.1.2 信令连接控制部分的目标

信令连接控制部分(SCCP)的总目标是为下述情况提供传递数据信息的手段:

(1) 在 No.7 信令网中建立逻辑信令连接;

(2) 在建立或不建立逻辑信令连接的情况下,均能传递信令数据单元。

应用 SCCP 功能可在建立或不建立端到端信令连接的情况下,传递与电路无关的信令消息(如 MAP 消息)和综合业务数字网用户部分(ISUP)的电路相关和呼叫相关的信令信息。

5.1.3 信令连接控制部分的基本功能

1. 附加的本地寻址功能

SCCP 提供了附加的本地寻址信息:子系统号码(SSN,Sub System Number),以便在一个信令点内标识更多的用户(SCCP 的用户),在 SCCP 中,用八位二进制数来定义子系统,最多可定义 256 个不同的子系统。已定义的子系统有:SCCP 管理、ISDN 用户部分、操作维护应用部分(OMAP)、应用部分(CAP)、归属位置登记器(HLR)、来访位置登记器(VLR)、移动交换中心(MSC)、设备识别中心(EIR)、认证中心(AUC)、智能网应用部分（INAP）。

2. 地址翻译功能

SCCP 的地址是全局码 GT（Global Title）、信令点编码（SPC）和子系统号码（SSN）的组合。GT 可以是采用全世界统一编号的各种编号计划（如电话/ISDN 编号计划、数据网编号计划等）来表示的地址，用户使用 GT 可以标识电信网中任何用户，甚至越界访问。SCCP 能将 GT 翻译为 DPC＋SSN、新的 GT 的组合，以便 MTP 能利用这个地址来传递消息。这种地址翻译功能可在每个节点提供，或在全网中分布或在一些特别的翻译中心提供。

3. 提供无连接服务和面向连接的服务

4. 提供分段重装功能

当 SCCP 的用户发送的数据大于 255 B 时，发送端的 SCCP 能将数据分段，用多个 SCCP 消息来传送被分段的数据，接收段的 SCCP 能将多个 SCCP 消息中传送的数据重新装配为完整的数据送给 SCCP 的用户。

5.1.4 信令连接控制部分提供的业务

SCCP 能提供 4 类业务，两类无连接业务，两类面向连接业务。无连接服务类似于分组交换网中的数据报业务，面向连接服务类似于分组交换网中的虚电路业务。

1. 无连接业务

SCCP 能使业务用户在事先不建立信令连接的情况下通过信令网传送数据，在传送数据时除了利用消息传递部分（MTP）的能力之外，在 SCCP 中提供地址翻译功能，能将用户用全局码 GT 表示的被叫地址翻译为信令点编码及子系统编码的组合，以便通过消息传递部分在信令网中传送用户数据。

无连接业务又可分为基本无连接类和有序的无连接类。

（1）基本的无连接类（协议类别 0）

用户不需要消息按顺序传递，对用户发送的同一序列的多条消息，SCCP 采用负荷分担方式产生链路选择码 SLS，MTP 按照负荷分担的原则将这多条消息分配在不同的信令路由中传送，目的信令点收到的同一序列的多条 SCCP 消息的顺序与发送端发送的顺序可能不一致。

（2）有序的无连接类（协议类别 1）

当用户要求消息按顺序传递时，可通过发送到 SCCP 的原语中的分配顺序控制参数来要求这种业务，SCCP 对使用这种业务的消息序列分配相同的信令链路选择码 SLS，MTP 以很高的概率保证这些消息在相同的路由上传送到目的地信令点，从而使消息按顺序到达。

2. 面向连接业务

面向连接业务可分为暂时信令连接和永久信令连接。永久信令连接是由本地或远端的 O&M 功能,或者由节点的管理功能建立和控制的。

面向连接业务通信过程包含连接建立,传送数据,释放连接 3 个阶段。

暂时信令连接是向用户提供的业务,对于暂时信令连接来说,用户在传递数据之前,SCCP 必须向被叫端发送连接请求消息 CR,确定这个连接所经路由,传送业务的类别(协议类别 2 或协议类别 3)等,网络中经过的各 SCCP 节点要建立输入连接段和输出连接段之间的对应关系,并将 CR 消息转发到被叫节点。一旦被叫用户同意,主叫端接收到被叫端发来的连接确认消息 CC 后,就表明连接已经建立成功,用户在传递数据时不必再由 SCCP 的路由功能选取路由,而通过建立的信令连接传递数据,在数据传送完毕时释放信令连接。

(1) 基本的面向连接类(协议类别 2)

在协议类别 2 中,通过信令连接保证在起源节点 SCCP 的用户和目的地点 SCCP 的用户之间,双向传递数据,同一信令关系可复用很多信令连接,属于某信令连接的消息包含相同的 SLS 值,以保证消息按顺序传递。

(2) 流量控制面向连接类(协议类别 3)

在协议类别 3 中,除具有协议类别 2 的特性外,还可以进行流量控制和传送加速数据,此外,还具有检测消息丢失和序号错误能力。

在我国的通信网络中目前主要使用的是 SCCP 的无连接服务,仅在移动通信系统的基站控制器 BSC 和移动交换中心 MSC 的 A 接口中使用了 SCCP 的基本的面向连接服务。

5.2 信令连接控制部分至高层及至消息传递部分的层间接口

5.2.1 同层通信和层间接口的概念

SCCP 与 MTP 的第三级相结合,能提供 OSI 模型中网络层的功能。CCITT 在 SCCP 建议中采用了一系列在开放系统互连模型 OSI 标准的定义方法和术语。

在第 1 章中,曾经介绍过在开放系统中相互通信的过程。为了实现相互通信,两个系统中的对等层之间必须执行相同的功能并按照相同的协议(同层协议)来进行通信。两个 (N) 层实体间在 (N) 层协议控制下通信,使 (N) 层能够向上一层提供服务,接受 (N) 层服务的是 $(N+1)$ 层实体。当 $(N+1)$ 层实体向 (N) 层实体请求服务时,相邻层之间要进行交互,在进行交互时所需要交换的一些必要信息称为业务原语。图 5.2.1 是 No.7 信令系统中不同节点的不同层次之间相互通信的示意图。从图中可见,在开放系统中的通信包含同层通信和层间接口这两个方面。

图 5.2.1　No.7 信令系统中不同节点的不同层次之间相互通信的示意图

1. 同层通信

不同节点的对等层之间的通信,同层通信必须严格遵守该层的通信协议。例如,MAP 层之间的通信必须严格遵守 MAP 层的通信协议,事务处理层必须严格遵守 TC 协议,信令连接控制部分必须严格遵守 SCCP 协议。

2. 层间接口

层间接口指的是同一节点的相邻层之间的通信,在 OSI 参考模型中,采用服务原语来定义层间接口。No.7 信令系统中 TC 用户和事务处理层之间的接口定义为 TC-原语接口,事务处理层和 SCCP 层的接口定义为 N-原语接口,SCCP 层与消息传递部分 MTP 之间的接口定义为 MTP-原语接口。

5.2.2　N-原语接口

N-原语接口是 SCCP 与高层之间的业务接口,由原语和参数说明。

对于 SCCP 来说,其下层为 MTP,相应的原语记为 MTP-原语。其上层为 SCCP 用户,由于 SCCP 向用户提供的是 OSI 网络层功能,因此将 SCCP 和其用户之间的原语记为 N-原语。

一个完整的原语包括属名、专用名、原语参数 3 个部分。其中,属名说明原语应完成的功能,原语参数为完成该功能所必须的信息,专用名指出原语流的方向。通常,存在请求、指示、响应、确认 4 种专用名。请求原语由 $(N+1)$ 层用传送给 (N) 层,要求 (N) 层向远端发送数据。指示原语由 (N) 层发送给 $(N+1)$ 层,通知 $(N+1)$ 层收到了远端发来的数据。响应原语由 $(N+1)$ 层传送给 (N) 层,将从远端收到数据的响应信息交给 (N) 层发送,确认原语由 (N) 层发送给 $(N+1)$ 层,作为对请求原语的证实。

对于需要证实的服务来说,存在请求、指示、响应和确认 4 种类型的原语,而对于不需要证实的服务来说,只存在请求、指示两种类型的原语。

1. 无连接业务的原语和参数

对于无连接服务来说,有 N-UNITDATA 和 N-NOTICE 两个原语。

N-UNITDATA 原语有请求和指示两种类型。SCCP 用户用 N-UNITDATA 请求原语请求 SCCP 向另一个节点的 SCCP 传递无连接数据,N-UNITDATA 指示原语是 SCCP 通知用户数据到达。

N-UNITDATA 原语的参数有被叫地址、主叫地址、顺序控制、返回选择及用户数据。主叫地址、被叫地址分别说明数据的起源用户及目标用户的地址,顺序选择参数说明此数据是否需按顺序传送,返回选择参数说明在发现数据传送出错时是否需将数据返回发送节点。

N-NOTICE 原语只有指示类型,SCCP 用此原语通知起源用户所发送的消息不能到达目的地。其参数有被叫地址、主叫地址、返回原因及用户数据。

2. 面向连接业务的原语和参数

面向连接(暂时信令连接业务)的原语和参数可参见表 5.2.1。

SCCP 用户(主叫用户)向 SCCP 发出 N-CONNECT 请求原语,启动连接建立程序,以建立信令连接;

被叫所在节点的 SCCP 把 N-CONNECT 指示原语送到 SCCP 用户(被叫用户),请求与主叫用户之间建立信令连接;

被叫用户应答,发出 N-CONNECT 响应原语响应本端 SCCP,同意建立信令连接;

主叫用户所在节点的 SCCP 向主叫用户发出 N-CONNECT 确认原语,通知主叫用户信令连接已建立。

SCCP 用户向 SCCP 发出 N-DATA 请求原语请求在已建立的信令连接上传送数据;

SCCP 把 N-DATA 指示原语送到 SCCP 用户,通知用户在已建立的信令连接上收到了对端传来的数据。

SCCP 用户向 SCCP 发出 N-EXPEDITED DATA 请求原语,请求向对端发送加速数据;

SCCP 把 N-EXPEDITED DATA 指示原语送到 SCCP 用户,通知 SCCP 用户收到了对端发来的加速数据。

SCCP 用户向 SCCP 发出 N-DISCONNECT 请求原语,请求拒绝信令连接的建立或断开已建立的信令连接;

SCCP 把 N-DISCONNECT 指示原语送到 SCCP 用户,通知 SCCP 用户对端拒绝信令连接的建立或对端要求断开已建立的信令连接。

若连接的协议类别包括流量控制,则原语 N-RESET 可在数据传递阶段出现,N-RESET 将抑制一切其他活动使 SCCP 开始重新初始化程序以便调整序号。N-RESET 原语也有请求、指示、响应和确认 4 种类型。

表 5.2.1 暂时信令连接的原语和参数

原语		参数
属名	专用名	
N-CONNECT	请求 指示 响应 确认	被叫地址 主叫地址 响应地址 接收确认选择 加速数据选择 业务质量参数集 用户数据 连接识别
N-DATA	请求 指示	确认请求 用户数据 连接识别
N-EXPEDITED DATA	请求 指示	用户数据 连接识别
N-RESET	请求 指示 响应 确认	起源者 原因 连接识别
N-DISCONNECT	请求 指示	起源者 用户数据 响应地址 连接识别 原因
N-INFORM	请求 指示	原因 连接识别 业务质量参数集

5.2.3 SCCP 与 MTP 的功能接口

SCCP 通过 MTP-原语所传送的参数来传送来自 MTP 的信息或发送至 MTP 的信息。

SCCP 与 MTP 之间的原语有 MTP-TRANSFER、MTP-PAUSE、MTP-RESUME、MTP-STATUS 4 个。

MTP-TRASFER(传送)原语有请求和指示两种类型。其参数有 OPC、DPC、SLS、SIO 和用户数据。

SCCP 用 MTP-TRANSFER 请求原语将 SCCP 消息传送到 MTP,要求 MTP 将 SCCP 消息发送到指定的目的地信令点。

MTP 用 MTP-TRANSFER 指示原语将从远端接收到的 SCCP 消息传送给 SCCP。

MTP-PAUSE(暂停)原语只有指示类型,其参数为受影响的 DPC,MTP 用该原语通知 SCCP:MTP 不能把消息传送到指定的目的地信令点。

MTP-RESUME(恢复)指示,其参数为受影响的 DPC,由 MTP 发送,通知 SCCP:MTP 有能力提供到指定目的地信令点的业务。

MTP-STATUS（状态）指示，参数为受影响的 DPC 及原因，由 MTP 发送，通知 SCCP：MTP 只有部分能力提供到指定目的地信令点的 MTP 业务，并说明远端相应的用户不可用和不可用的原因。

5.3　信令连接控制部分消息结构及参数

SCCP 在收到用户发来的原语请求后，就根据原语参数将用户数据连同必要的控制和选路信息封装成 SCCP 消息，发往远端节点的对等 SCCP 实体。

5.3.1　信令连接控制部分消息的格式

信令连接控制部分的消息在消息信令单元 MSU 的 SIF 字段中传递，SCCP 作为 MTP 的一个用户，在 MSU 消息的业务表示语 SI 的编码为 0011。

SCCP 消息的格式如图 5.3.1 所示。SCCP 消息有路由标记、消息类型、长度固定的必备参数项（F）、长度可变的必备参数项（V）、任选参数（O）5 个部分组成。

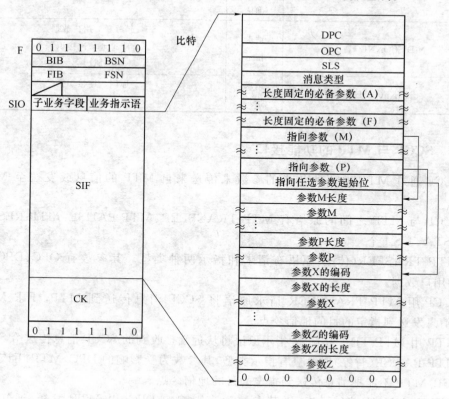

图 5.3.1　SCCP 消息格式

1. 路由标记

路由标记由目的地信令点编码 DPC、源信令点编码 OPC,链路选择码 SLS 3 部分组成,如图 5.3.2 所示。消息传递部分 MTP 的第三级用路由标记来选择信令路由和信令链路。对于基本的无连接服务,对发往同一目的信令点的一组消息中的 SLS,SCCP 是按照负荷分担的原则来选取的,不能保证消息按顺序传送。而对于有序的无连接服务,对发往同一目的地的一组消息,SCCP 将给这一组消息分配相同的链路选择码 SLS,对于面向连接服务中属于某一信令连接的多条消息,SCCP 也将给其分配相同的链路选择码,以保证这些消息在同一信令路由中传递,从而在很大的概率上保证接收端收到这些消息的顺序与发送端一致。

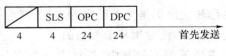

图 5.3.2　路由标记格式

2. 消息类型码

消息类型码由一个八位位组组成,用来表示不同的消息。消息的功能和格式都由消息类型码惟一地确定。SCCP 消息类型编码见表 5.3.1。

表 5.3.1　SCCP 消息类型编码

消息类型	协议类别				编　　码		基本功能
	0	1	2	3			
连接请求　CR			×	×	0000	0001	逻辑连接的建立请求
连接确认　CC			×	×	0000	0010	逻辑连接的建立确认
拒绝连接　CREF			×	×	0000	0011	逻辑连接的建立拒绝
释放连接　RLSD			×	×	0000	0100	逻辑连接的释放启动
释放完成　RLC			×	×	0000	0101	逻辑连接的释放完成
数据形式 1　DT1			×		0000	0110	数据传送用(第 2 类)
数据形式 2　DT2				×	0000	0111	数据传送用(第 3 类)
数据证实　AK				×	0000	1000	数据接收确认,流量控制
单位数据　UDT	×	×			0000	1001	数据传送用(非连接型)
单位数据业务　UDTS	×	×			0000	1010	不能传送数据的通知
加速数据　ED				×	0000	1011	优先数据的传送
加速数据证实　EA				×	0000	1100	优先数据的接收确认
复原请求　RSR				×	0000	1101	逻辑链路初始化启动
复原确认　RSC				×	0000	1110	逻辑链路初始化确认
协议数据单元错误　ERR			×	×	0000	1111	协议的错误通知
不活动性测试　IT					0001	0000	逻辑链路的监测
增强的单位数据　XUDT	×	×			0001	0001	传送分段的数据
增强的单位数据业务　XUDTS	×	×			0001	0010	不能传送数据的通知(非连接型)

113

3. 长度固定的必备参数部分

长度固定的必备参数部分(F)包含了消息所必须具有的参数。对于一个特定的消息,这些参数的名称、长度和出现的次序都是固定的,因此对于长度固定的必备参数部分不必包含参数的名称和长度指示,而只需按照预定的规则直接给出参数的内容。

4. 长度可变的必备参数部分

长度可变的必备参数部分(V)也包含消息必须有的参数,但是这些参数的长度是可以变化的。对于特定的消息,这部分参数的名称和次序仍是事先确定的,因而消息的名称不必出现,只需由一组指针来指明各参数的起始位置,然后用每个参数的第一个字节来说明该参数的长度(字节数),长度指示之后才是参数的内容。其中,指针占一个字节,采用二进制编码,表示从该指针位置(包括该字节)到指针所指参数的第一个字节(不包括该字节)之间所含的字节数。

5. 任选参数部分

任选参数部分(O)包含了一些可选的参数,这些参数是否出现,出现的次序都与不同的情况有关,任选参数可以是固定长度的,也可以是可变长度的。任选参数部分都必须包括参数名、参数内容,如为可变长度参数,还必须包括参数长度。整个任选部分的起始位置由长度可变的必备部分的最后一个指针来指明。任选参数结束后,紧跟着一个结束标志:任选参数终了。

如果某个消息任选部分没有参数,则置"任选参数部分起始指示字"为全零,这时就不需要再设置"任选参数终了"字段。如果某个消息只包含必备参数,则任选部分在消息中不出现。

由于所有的参数都由整数个八位位组(字节)构成,因此 SCCP 消息的格式就像一个八位位组栈。第一个发送的八位位组是栈顶的八位位组,最后一个发送的八位位组是栈底的八位位组。

5.3.2 信令连接控制部分消息的参数

SCCP 消息的参数及参数名编码见表 5.3.2。

表 5.3.2 SCCP 消息的参数及参数名编码

参数名	编 码	长度(八位位组)	备 注
任选参数终了	0000 0000	1个	
目的本地参考	0000 0001	3个	节点用它为输出消息识别连接段
起源本地参考	0000 0010	3个	节点用它为输入消息识别连接段
被叫用户地址	0000 0011	可变长度	
主叫用户地址	0000 0100	可变长度	

114

续　表

参数名	编　码	长度（八位位组）	备　注
协议类别	0000 0101	1个	8765 4321 1～4分别代表 → 类别0～类别3
分段/重装	0000 0110	1个	8 2 1 备用 M　M {0 无更多的数据 1 有更多的数据
接收序号	0000 0111	1个	8 2 1 P(R)　P(R) 期望的下一个消息序号
排序/分段	0000 0100	2	8 2 1 P(S) P(R) M　P(S)发送序号 P(R)接收序号
信用量	0000 1001	1个	用于具有流量控制功能的协议类别
释放原因	0000 1010	1个	表示连接释放的原因
返回原因	0000 1011	1个	UDTS,XUDTS消息中返回的原因
复原原因	0000 1100	1个	表示复原原因
错误原因	0000 1101	1个	指出协议错误
拒绝原因	0000 1110	1个	指出拒绝连接的原因
数据	0000 1111	可变长度	包含SCCP用户功能间透明传递的用户数据
分段	0001 0000	4个	
跳计数器	0001 0001	1个	在每个全局码翻译时递减,范围从15到1

5.4　信令连接控制部分的程序

5.4.1　信令连接控制部分的结构

SCCP程序主要由SCCP路由控制、面向连接控制、无连接控制和SCCP管理4个功能块组成,其结构如图5.4.1所示。

SCCP路由控制功能完成无连接和面向连接业务消息的选路。路由控制部分接收MTP和SCCP的其他功能块送来的消息,完成地址翻译并进行路由选择,将消息送往MTP或SCCP的其他功能块。

无连接控制部分根据被叫用户地址,使用SCCP和MTP路由控制直接在信令网中传送数据。

面向连接控制根据被叫用户地址,使用路由控制功能建立到目的地的信令连接,然后利用建立的信令连接传送数据,传送完数据后,释放信令连接。

　　SCCP 管理部分提供一些 MTP 的管理部分不能覆盖的功能。例如,当 SCCP 的用户部分或至这些用户的路由出现故障时,SCCP 可以将消息改送到备用系统上去。SCCP 管理利用无连接服务的 UDT 消息在 SCCP 节点间传送 SCCP 管理消息。

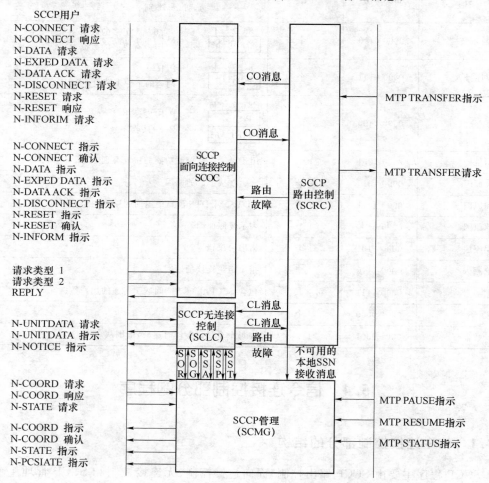

图 5.4.1　SCCP 的结构

5.4.2　信令连接控制部分路由控制功能

　　SCCP 路由控制 SCRC 接收到来自面向连接控制和无连接控制部分传来的内部消息后,要对消息中的被叫用户地址进行鉴别及处理,完成地址翻译和选取路由功能。

1. 信令连接控制部分的地址和编码

　　SCCP 地址可以是信令点编码(SPC)、子系统号码(SSN)和全局码(GT)的组合。

(1) 信令点编码

信令点编码是消息传递部分（MTP）使用的地址，MTP 根据目的地信令点编码（DPC）识别消息的目的地，并根据业务指示语（SI）识别 MTP 的不同用户。信令点编码只在其所定义的 No.7 信令网（国内网或国际网）内有意义，不是全球统一编码。

(2) 子系统号码

子系统号码（SSN）是 SCCP 使用的本地寻址信息，用于识别一个节点内的各个 SCCP用户，子系统采用八比特编码，最多可识别 256 个不同的子系统，已定义的子系统号码包括：

```
比特：8 7 6 5 4 3 2 1
      0 0 0 0 0 0 0 0    未定义的子系统号/没有使用
      0 0 0 0 0 0 0 1    SCCP 管理
      0 0 0 0 0 0 1 0    备用
      0 0 0 0 0 0 1 1    ISDN 用户部分
      0 0 0 0 0 1 0 0    操作维护管理部分（OMAP）
      0 0 0 0 0 1 0 1    CAMEL 应用部分（CAP）
      0 0 0 0 0 1 1 0    归属位置登记处（HLR）
      0 0 0 0 0 1 1 1    拜访位置登记处（VLR）
      0 0 0 0 1 0 0 0    移动交换中心（MSC）
      0 0 0 0 1 0 0 1    设备识别中心（EIR）
      0 0 0 0 1 0 1 0    认证中心（AUC）
      0 0 0 0 1 0 1 1    备用
      0 0 0 0 1 1 0 0    智能网应用部分（INAP）
      1 1 1 1 1 1 1 0    国内 INAP
      其他               备用
```

(3) 全局码

全局码是采用某种编号计划的号码，由于电信业务的编号计划已考虑到国际统一，因此全局码能标识全球任意一个信令点和子系统，目前使用得最广泛的全局码是 ISDN/电话编号计划（建议 E.163 和 E.164）。全局码一般在始发节点不知道目的地信令点编码的情况下使用，但是 MTP 无法根据 GT 选路。因此 SCCP 必须把 GT 翻译成 DPC＋SSN或 DPC、SSN 与 GT 的组合，才能将消息转交 MTP 发送。由于各个节点的资源有限，不可能要求一个节点的 SCCP 能翻译所有的 GT，因此有可能始发节点的 SCCP 先将 GT 翻译为某个中间节点的 DPC，该中间节点的 SCCP 再继续对 GT 进行翻译，最终将消息送到目的地节点，这些中间节点称为 SCCP 消息的中继节点。

SCCP 层寻址选路使用的地址是 SCCP 消息中的主叫用户地址和被叫用户地址，

SCCP消息中的主叫用户地址和被叫用户地址由地址表示语和地址信息两部分组成,地址信息部分的格式取决于地址表示语的编码。SCCP主叫、被叫地址的格式如图5.4.2所示。

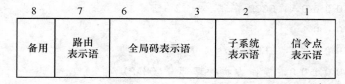

图 5.4.2　SCCP 主、被叫地址格式

地址表示语指出地址区所包含的地址类型,地址表示语的格式见图5.4.3。

8	7	6	3	2	1
备用	路由表示语	全局码表示语		子系统表示语	信令点表示语

图 5.4.3　地址表示语

比特1是"1"表示地址包括信令点编码,"0"表示未包括信令点编码。

比特2是"1"表示地址包括子系统号码,"0"表示地址未包括子系统号码。

比特3~6为全局码表示语,编码如下:

0000　不包括全局码

0001　全局码只包括地址性质表示语

0010　全局码只包括翻译类型

0011　全局码包括翻译类型、编码计划、编码设计

0100　全局码包括翻译类型、编码计划、编码设计、地址性质表示语

其他　备用

比特7是"0"表示根据地址中的全局码选取路由,是"1"表示根据 MTP 路由标记中的 DPC 和被叫用户地址中的子系统号选路由。

比特 8 为国内备用。

地址中各种单元出现的次序为 SPC、SSN 和 GT。

全局码 GT 的格式是可变长度,下面简要说明一下全局码表示语分别为 0001 和 0100 两种情况下的格式。

当 GT 表示语为 0001 时,全局码(GT)的格式如图5.4.4所示。GT 表示语为 0001 时,全局码的第一个八位位组的比特1~7包括地址性质表示语,编码如下:

比特:7 6 5 4 3 2 1

　　0 0 0 0 0 0 0　空闲

0000001　用户号码

0000010　国内备用

0000011　国内有效号码

0000100　国际号码

其他　　　空闲

图 5.4.4　全局码格式(GT 表示语＝0001 时)

比特 8 是奇/偶表示语,编码"0"表示偶数个地址信号,"1"表示奇数个地址。

GT 表示语为 0001 时,全局码的第二个八位位组以后的信息是地址信号,每个地址信号占 4 个比特,数字 0～9 采用 BCD 编码,编码 1011 和 1100 在国内网不使用,编码 1111 为地址信号发完 ST。如果地址信号位数是奇数,在地址信号结束后插入填充码 0000。

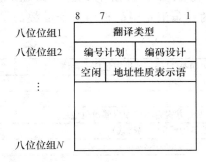

图 5.4.5　全局码格式(GT 表示语＝0100 时)

当 GT 表示语为 0100 时,GT 的格式如图 5.4.5 所示。当 GT 表示语为 0100 时,全局码的第一个八位位组是翻译类型,第二个八位位组的高四位表示编号计划,低四位表示编码设计,第三个八位位组的 1～6 比特为地址性质表示语,第四个八位位组以后的信息是地址信息。

翻译类型指出消息全局码翻译功能,把消息的地址翻译成新的 DPC、SSN、GT 的不同组合。当不使用翻译类型时,翻译类型填充 0。翻译类型从 11111110 开始以下降的顺序编码。

编号计划说明地址信息采用何种编号计划,编号计划编码如下:

比特:8 7 6 5

0 0 0 0　未定义

0 0 0 1　ISDN/电话编号计划(建议 E.163 和 E.164)

0 0 1 0　备用

0 0 1 1　数据编号计划(建议 X.121)

0 1 0 0　Telex 编号计划(建议 F.69)

0 1 0 1　海事移动编号计划(建议 E.210 和 E.211)

0 1 1 0　陆地移动编号计划(建议 E.212)

0 1 1 1　ISDN/移动编号计划(建议 E.214)

其他　　备用

编码设计如下:

比特:4 3 2 1

0 0 0 0　未定义

0 0 0 1　BCD,奇数个数字

0 0 1 0　BCD,偶数个数字

其他　　备用

地址性质表示语编码与 GT 为 0001 时相同。

被叫用户地址的实例见图 5.4.6。这是移动通信系统中,移动交换中心(MSC)发送给归属位置寄存器(HLR)的一条消息中的被叫地址参数的实例,注意,图中给出的数字是十六进制数。

12 (地址表示语,表示第四类GT码,地址中包括子系统,不包括信令点编码,按GT寻址)
06 (子系统号,代表HLR)
00 (翻译类型)
12 (编号计划为E.164,编码方案为BCD编码偶数位地址)
04 (地址表示语,表示地址为国际号码格式)
68 31 28 07 (地址具体内容) 86-138-270

图 5.4.6　被叫用户地址的实例

2. 信令连接控制部分选取路由的规则

从图 5.4.1 可知,SCCP 路由控制部分的功能是根据 SCCP 消息中的被叫地址来选择路由。SCCP 路由控制功能接收到的消息,既可能是由消息传递部分(MTP)传送来的由其他节点送来的消息,也可能是由面向连接控制或无连接控制发送来的内部消息。

(1) 对接收到的由 MTP 传送来的 SCCP 消息的处理

从 MTP 传送来的消息,大致可分为以下 3 种类型:

- 各种类型的无连接消息
- 连接建立消息(CR)

• 面向连接消息(不包括连接建立消息)

(a)对于各种类型的无连接消息和连接建立消息,在消息中一定包括"被叫用户地址"参数,该参数用于选取路由,其中的路由表示语是决定选取路由的根据。

如果路由表示语为1(按 MTP 路由标记中的 DPC 及被叫地址中的子系统号码 SSN 选取路由),则意味着本节点就是消息的目的地,则检测该子系统的状态,如果子系统可用,就将消息传送给无连接控制(无连接消息)或面向连接控制(连接建立消息);如果子系统不可用,则启动消息返回程序(对无连接消息)或启动拒绝连接程序(对连接建立消息)。

如果路由表示语为0(根据全局码 GT 选取路由),则需进行全局码的翻译,根据翻译结果来选取路由。这时可能出现以下 3 种情况:

情况一,如果全局码的翻译存在,且翻译结果是根据 SSN 选取路由,如 DPC 是本节点,则按路由表示语为1处理,如 DPC 不是本节点且远端的 DPC、SCCP 和 SSN 都可用,则将消息发送给消息传递部分(对无连接消息),如果是面向连接消息且在本节点要求连接段偶连,则将消息传送给面向连接控制,如此节点不要求连接段偶连,则将消息传给消息传递部分。

情况二,如果全局码的翻译存在,且翻译结果是根据 GT 选取路由,则翻译功能还必须提供 MTP 传递消息所需的信息(OPC、DPC、SLS 和 SIO),即确定下一个翻译节点的地址,然后将消息传送给消息传递部分。

情况三,如果全局码翻译不存在,对无连接消息启动消息返回程序,对连接建立消息 CR 启动拒绝连接程序。

另外,在全局码指示位为 0 时,如果 SCCP 的跳计数器存在,则对跳计数器减 1,如果结果是 0,说明出现了 SCCP 层的环,这时要启动消息返回程序或拒绝连接程序,同时维护功能告警。

(b)对于面向连接消息(不包括连接建立消息),则路由控制功能将其送给面向连接控制处理。

(2)来自无连接控制或面向连接控制的内部消息

SCCP 路由控制接收到来自无连接控制或面向连接控制的消息时,将采取以下 3 种动作中的一种。

动作一,如果消息是连接建立消息,此节点是中间节点,远端 DPC、SCCP 和 SSN 都可用,则将消息发送给消息传递部分。

动作二,如果消息是面向连接消息(不是连接建立消息),将消息交给消息传递部分。

动作三,如果是从本节点发出的连接建立消息或无连接消息,则根据"被叫用户地址"的不同情况采用不同的动作。

若消息的被叫用户地址中包含 DPC,且 DPC 就是该节点本身,说明此消息是本节点内各 SSN 之间的消息,则根据 SSN 回送本地用户;

若消息的被叫用户地址中包含 DPC,且 DPC 不是本节点,则将消息交 MTP 发送;若消息的被叫地址中不包含 DPC,则需进行全局码的翻译,根据翻译结果按以上处理。

3. 路由故障

由于信令点不可用或子系统不可用,导致 SCCP 路由控制不能传送消息时,在拒绝连接消息(CREF)、释放连接消息(RLSD)、单位数据业务消息(UDTS)或增强的单位数据业务消息(XUDTS)中要指出不能传送消息的原因。这些原因可能是:

a. 不存在这种性质地址的翻译;

b. 不存在这种指定地址的翻译;

c. MTP/SCCP/SSN 故障;

d. 网络/子系统拥塞;

e. 没有配备的用户。

5.4.3 无连接程序

无连接程序允许 SCCP 用户在没有建立信令连接的情况下,传递高达 2 k 字节的用户数据。由于无连接程序在传送用户数据时不需事先建立信令连接,传送数据时延较小,因而适用于传送数据量较小、实时性要求高的数据。当前在电信网中应用得最为广泛的就是 SCCP 的无连接服务,如移动通信应用及智能网应用,都利用 SCCP 的无连接服务来传送数据。

1. 无连接服务程序采用的消息

无连接服务采用单位数据消息(UDT)或增强的单位数据消息(XUDT)来传送用户数据,UDT 消息没有分段/重装功能,当用户传送的数据量大于一个消息信令单元 MSU 所能传送的数据量(约为 255 个字节)时,就必须采用 XUDT 消息。

无连接服务允许用户在没有建立信令连接的情况下传送高达 2 k 字节的数据,当用户需传送的数据大于一个消息信令单元所能传送的数据量时,SCCP 可以决定用户数据分段,把原来的用户数据块分成较小的数据块,用多个 XUDT 消息传送,在接收端的 SCCP 将多个 XUDT 消息中的用户数据重装后再送给 SCCP 用户。

如果由于各种原因,造成 UDT 消息或 XUDT 消息不能传送给用户时,发现消息传送出错的 SCCP 节点,可以启动消息返回程序,用 UDTS 或 XUDTS 消息将消息回送到始发 SCCP 节点,并说明消息不能正确传送的原因。

(1) 单位数据消息

单位数据消息的功能是在无连接服务(协议类别 0 或协议类别 1)中用来传送用户数据。UDT 消息的格式如图 5.4.7 所示。由图可见,UDT 消息由路由标记、消息类型、一个长度固定的必备参数(协议类别)及 3 个长度可变的必备参数(被叫用户地址、主叫用户地址和用户数据)组成。

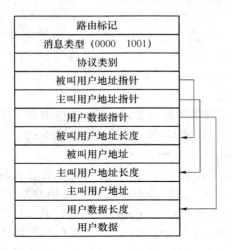

图 5.4.7　UDT 消息格式

路由标记是给消息传递部分选择路由使用的,路由标记由目的地信令点编码 DPC、源信令点编码 OPC 和信令链路选择码 SLS 3 部分组成,对于 0 类服务的多条消息,SCCP 按照负荷分担原则选择 SLS,对于 1 类服务的多条无连接消息,SCCP 选择相同的信令链路选择码 SLS。

消息类别用来说明消息的类别,UDT 消息类别编码为 00001001。

协议类别参数是长度固定的必备参数,协议类别参数占一个八位位组,其低 4 位是协议类别编码:

比特:4 3 2 1

　　　0 0 0 0　　协议类别 0

　　　0 0 0 1　　协议类别 1

　　　0 0 1 0　　协议类别 2

　　　0 0 1 1　　协议类别 3

当比特 1~4 编码指出是面向连接的协议类别(协议类别 2 或协议类别 3)时,比特 5~8 空闲。

比特 1~4 编码指出是无连接的协议类别(协议类别 0 或协议类别 1)时,比特 5~8 规定消息不能到达目的地时的处理,编码如下:

比特:8 7 6 5

　　　0 0 0 0　　没有特别的选择

　　　1 0 0 0　　发生错误时返回信息

被叫用户地址用来说明接收该消息的用户的地址信息,主叫用户地址用来说明发送该消息的用户的地址信息,被叫用户地址和主叫用户地址的格式可参见图 5.4.2。SCCP

要应用被叫用户地址的有关信息来选取路由。

用户数据是 SCCP 用户传送的信息,对这一部分内容,SCCP 将其透明传送至被叫用户。

需要注意的是,接收 UDT 消息的最终节点的地址由被叫用户地址参数确定,发送该消息的主叫用户的地址由消息中的主叫用户地址参数确定。MTP 路由标记中的目的地信令点编码(DPC)、源信令点编码(OPC)的内容在每经过一个 SCCP 中继节点时都会被修改。

(2) 单位数据业务消息

单位数据业务消息(UDTS)的作用是,当单位数据消息(UDT)不能正确传送至被叫用户且要求回送时,发现消息出错的 SCCP 节点用 UDTS 消息将消息回送,并说明传送出错的原因。

UDTS 消息由路由标记、消息类型、一个长度固定的必备参数——返回原因、3 个长度可变的必备参数(被叫用户地址、主叫用户地址、用户数据)组成。需要注意的是,UDTS 中的被叫用户地址、主叫用户地址参数与被返回的 UDT 消息中的被叫用户地址、主叫用户地址的位置要对调,即不能传递的 UDT 消息的被叫用户地址解释为 UDTS 消息的主叫用户地址,不能传递的 UDT 消息的主叫用户地址将被解释为 UDTS 消息的被叫用户地址。

除了返回原因外,该消息的其他参数的格式与 UDT 消息类似。返回原因占一个八位位组,表示消息返回的原因,其编码如下:

比特:8 7 6 5 4 3 2 1

0 0 0 0 0 0 0 0	无法翻译这种性质的地址
0 0 0 0 0 0 0 1	无法翻译这种地址
0 0 0 0 0 0 1 0	子系统拥塞
0 0 0 0 0 0 1 1	子系统故障
0 0 0 0 0 1 0 0	未配备的用户
0 0 0 0 0 1 0 1	网络故障(MTP 故障)
0 0 0 0 0 1 1 0	网络拥塞
0 0 0 0 0 1 1 1	没有资格
0 0 0 0 1 0 0 0	消息传送中的错误 *
0 0 0 0 1 0 0 1	本地处理错误 *
0 0 0 0 1 0 1 0	目的地不能重装 *
0 0 0 0 1 0 1 1	SCCP 故障
0 0 0 0 1 0 0 0	检出 SCCP 层的环 *
其他	备用

* 仅用于 XUDTS 消息。

(3) 增强的单位数据消息 XUDT 的格式

当 SCCP 用户利用无连接服务来传送的数据量大于一个消息信令单元所能携带的数据量(约为 255 个字节)时,SCCP 将用户数据分段,利用多条 XUDT 消息传送,接收端

SCCP 再将其重装后交给 SCCP 用户。

XUDT 消息的格式如图 5.4.8 所示。由图可见,XUDT 消息由路由标记、消息类别、两个长度固定的必备参数(协议类别和跳计数器),3 个长度可变的必备参数(被叫用户地址、主叫用户地址和用户数据)和一个长度固定的任选参数(分段)及任选参数终了组成。

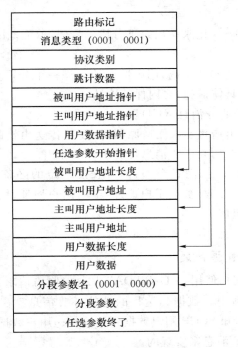

图 5.4.8 XUDT 消息格式

跳计数器是长度固定的必备参数,占一个八位位组,其取值范围为 1~15,它的值在每个全局码翻译时递减,如果结果为 0,说明出现了 SCCP 层的环,此时该节点将启动消息返回程序,并且维护功能告警。

分段参数是一个长度固定的必备参数,用来传送分段/重装信息。分段参数的格式如图 5.4.9 所示。八位位组 1 的比特 8 是标志 F,用来指出是否为第一个分段,编码如下:

图 5.4.9 分段参数格式

125

F = 0　除去第一个分段的所有分段

F = 1　第一个分段

八位位组 1 的比特 7 用来指出 SCCP 用户要求的顺序传递选择,编码如下:

C = 0　不要求顺序传递

C = 1　顺序传递

八位位组 1 的比特 1～4 用来指出余下分段的号码,取值范围为 0000～1111,值 0000 指出最后一个分段。

八位位组 2～4 是本地参考号码,用来惟一地标识一个分段重装过程,参考号码在定时器 T_X(T_X 的值取决于具体措施)之内保持冻结。

(4) 增强的单位数据业务消息 XUDTS

当 XUDT 消息传送出错且要求回送原因时,发现传送出错的 SCCP 节点用 XUDTS 将消息回送始发 SCCP 节点,并说明消息传送出错的原因。

XUDTS 消息由路由标记、消息类型、两个长度固定的必备参数(返回原因、跳计数器)、三个长度可变的必备参数(被叫用户地址、主叫用户地址、用户数据)、一个任选参数(分段)和任选参数终了组成。

返回原因的编码可参见 UDTS 消息的说明。

2. 无连接服务的数据传递

始发节点的 SCCP 用户使用 N-UNITDATA 请求原语请求 SCCP 传递用户数据,在该原语的参数中必须包括用户数据到达目的地的必要信息。在目的地节点 SCCP 使用 UNITDATA 指示原语通知 SCCP 用户数据到达。传递用户数据是通过传递包含用户数据的 UDT 消息或 XUDT 消息来实现的。

对于无连接服务,SCCP 能够提供两类业务:协议类别 0 和协议类别 1,这两类协议是通过消息顺序特征区分的。当 SCCP 用户发出几个 N-UNITDATA 请求原语,请求传递几个消息时,在目的地这些消息按顺序被接收的概率依赖于请求原语中的参数,当请求原语中不包括顺序控制参数时,对于每一个消息,SCCP 可以产生不同的链路选择码 SLS。当顺序控制参数包含在 N-UNITDATA 请求原语时,如果每个请求原语中参数一样,那么对于这些消息,SCCP 将产生相同的链路选择码 SLS,如果进行全局码翻译,对于相同的全局码,翻译出的结果应该相同。

然后使用 SCCP 和 MTP 路由功能,传递 UDT 消息到 N-UNITDATA 请求原语中被叫地址指出的目的地。被叫地址可以是 DPC、SSN 或全局码的不同组合,当被叫用户地址是全局码时,SCCP 必须使用地址翻译功能,将被叫地址翻译为 DPC 和 SSN 的组合,这种翻译功能可在全网中分布,对于同一个消息的地址翻译,可能进行一次,也可能多次。如果由于各种不同的原因,UDT 消息或 XUDT 消息不能被传送到目的地且要求返回时,发现消息传送出错的 SCCP 节点应启动消息返回程序,用 UDTS 消息或 XUDTS 消息将用户数据返回到始发节点的 SCCP,并说明传送出错的原因。

　　SCCP 使用 MTP 业务,在严格的网络条件下,MTP 可以舍弃这些消息,因此不总是能够通知 SCCP 用户"数据不能传送"。MTP 使用 MTP-PAUSE 指示原语通知 SCCP:远端信令点拥塞或远端 SCCP 不可用,然后 SCCP 通知它的用户。

　　无连接数据业务除了可以传送用户数据外,还用于传送 SCCP 管理消息,SCCP 管理消息的内容在 UDT 消息的用户数据区中。当目的地节点的 SCCP 收到 UDT 或 XUDT 消息时,如果是非 SCCP 管理消息,SCCP 将调用 N-UNITDATA 指示原语通知用户,如果是 SCCP 管理消息,则传送到 SCCP 管理实体 SCMG。

　　图 5.4.10 是一个无连接业务中数据正确传递的流程。假设信令点 A 的 SCCP 的用户 A 发出 N-UNITDATA 请求原语请求 SCCP 传送数据,在该原语参数中给出的被叫地址是用全局码来表示的,如果由于资源有限等原因,节点 A 的 SCCP 无能力翻译此地址,但节点 A 的 SCCP 知道中继节点 B 具有地址翻译功能,节点 A 的 SCCP 就发送 UDT_1 消息到中继节点 B。

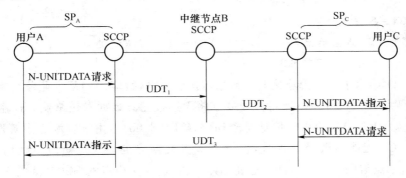

图 5.4.10　无连接业务的数据传送

UDT_1 的消息格式:

MTP 路由标记:$OPC = SP_A$　$DPC = SP_B$

SCCP 被叫用户地址(全局码表示语 = 1001):

　　GT + SSN

　　根据 GT 来选取路由

SCCP 主叫用户地址:$PC = SP_A$,$SSN = $ 用户 A

　　在中继节点 B,SCCP 的地址翻译功能将 UDT_1 中的全局码 GT 翻译成 $DPC = SP_C$,$SSN = $ 用户 C。

　　中继节点 B 的 SCCP 发送 UDT_2 消息到信令点 C。

UDT_2 的消息格式:

MTP 路由标记:$OPC = SP_B$　$DPC = SP_C$

SCCP 被叫地址(全局码表示语 = 1001):

　　GT + SSN

根据 MTP 路由标记中的 DPC 和被叫地址中 SSN 选路由

SCCP 主叫地址：PC = SP$_A$,SSN = 用户 A

当 UDT$_2$ 消息传送到信令点 C 的 SCCP 时,信令点 C 的 SCCP 检查被叫用户地址中的路由选择鉴别语的值是"1"(即根据 MTP 路由标记中的 DPC 和被叫地址中 SSN 选路由),确定该消息是送到本节点的,就使用 N-UNITDATA 指示原语将数据传送给用户 C。用户 C 接收到此消息后,如果有数据要传送给信令点 A 的用户 A,就使用N-UNITDATA 请求原语请求 SCCP 传送数据,该原语参数中的被叫用户地址为：DPC = SP$_A$,SSN = 用户 A。

信令点 C 的 SCCP 就发送 UDT$_3$ 消息到信令点 A。

UDT$_3$ 消息的格式：

MTP 路由标记：DPC = SP$_A$,OPC = SP$_C$

SCCP 被叫地址(全局码表示语 = 0000)

SSN = 用户 A

根据 MTP 路由标记中 DPC 和被叫用户地址中 SSN 选路由

SCCP 主叫地址：PC = SP$_C$,SSN = 用户 C

图 5.4.11 给出了一个无连接业务数据传送的实例,智能网的某个业务交换点(SSP)(信令点编码为 1-2-12)中 SCCP 的用户要求将无连接业务数据发送给业务控制点(SCP)(信令点编码为 1-3-91),给出的地址是全局码,GT = 800810,由于资源有限等原因,业务交换点的 SCCP 无能力翻译此地址,但这个业务交换点的 SCCP 知道高级信令转接点(HSTP)(信令点编码为 1-1-2)具有地址翻译功能,业务交换点的 SCCP 就发送 UDT$_1$ 消息到高级信令转接点,UDT$_1$ 消息的格式见图 5.4.12。

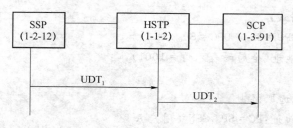

图 5.4.11　无连接业务数据传送的实例

从图 5.4.12 可见,UDT$_1$ 消息中与选路有关的地址是：

MTP 路由标记：目的地信令点编码 = 1-1-2(HSTP),源信令点编码 = 1-1-12(SSP)

SCCP 被叫地址(全局码表示语 = 1001)：

GT = 800810,SSN = FE(国内 INAP)

根据 GT 选路由

SCCP 主叫地址(全局码表示语 = 0000):PC = 1 - 1 - 12(SSP),SSN = FE(国内 INAP)

83	国内网、SCCP
02 01 01 (DPC=HSTP的信令点编码) 12 02 01 (OPC=SSP的信令点编码) of SLS	
09	UDT消息
81	出错返回、协议类别1
03	被叫地址指针
0b	主叫地址指针
10	用户数据指针
08	被叫地址长度
12 地址指示语0 0(按GT选路由) 0100(GT表示语)1(有SSN)0	
FE SSN=国内INAP	
00 翻译类型	
12 0001(ISDN/电话编号计划) 0010(BCD编码,偶数个数字)	
03 地址性质指示语=国内有效号码	
08 80 01 GT号码=800810	
05 主叫地址长度	
43 01(根据DPC和子系统号选路由)0000(无GT)1(有SSN)1(有PC)	
12 02 01 OPC=12-02-01	
FE SSN=国内INAP	
6b 用户数据长度=107	
用户数据 62 80 48 04 30 15 ad le 6b 1b 28 19 06 07 00 11 86 05 01 01 01 a0 0e 60 0c a1 0a 06 08 03 a3 7d 01 01 01 00 00 6c 80 a1 3e 02 01 01 02 01 00 30 36 80 01 64 82 07 01 00 89 01 08 80 01 05 05 83 07 03 13 01 26 10 30 92 85 01 f1 87 01 00 88 04 00 00 00 89 01 01 ab 03 80 01 00 9a 02 60 00 bb 04 80 02 90 90 9c 01 03 00 00 00 00 00	

图 5.4.12 UDT₁ 消息格式

由于 UDT₁ 消息中 MTP 路由标记中目的地信令点编码是 HSTP 的编码 1-1-2,所以消息传递部分将消息传送到 HSTP,HSTP 的 SCCP 处理 UDT₁ 消息中的被叫用户地址,由于要求根据 GT 选路由,就对全局码 GT = 800810 进行翻译,确定全局码 GT = 800810 对应节点的目的地信令点编码 DPC = 1-3-91,就将消息内容封装到 UDT₂ 消息中,并发送 UDT₂ 消息到目的地信令点编码 DPC = 1-3-91 的业务控制点。UDT₂ 消息的格式见图 5.4.13。

从图 5.4.13 可见,UDT₂ 消息中与选路有关的地址是:

MTP 路由标记:目的地信令点编码 = 1-3-91(SCP),源信令点编码 = 1-1-2(HSTP)

SCCP 被叫地址(全局码表示语 = 1001):

　　GT = 800810,SSN = FE(国内 INAP)

　　　根据 MTP 路由标记中的 DPC 和被叫地址中 SSN 选路由

SCCP 主叫地址(全局码表示语 = 0000):PC = 1-1-12(SSP),SSN = FE(国内 INAP)

当 UDT₂ 消息传送到 SCP 后,SCP 中的 SCCP 检查消息中的被叫地址,由于被叫地址中路由选择表示语的值＝1(即根据 MTP 路由标记中的 DPC 和被叫地址中 SSN 选路由)，SCCP 判断消息已到达目的地，就将消息内容送给 SSN＝FE 的智能网应用部分 INAP。

83	国内网、SCCP
91 03 01 (DPC=SCP的信令点编码) 02 01 01 (OPC=HSTP的信令点编码) of SLS	
09	UDT消息
81	出错返回、协议类别1
03	被叫地址指针
0b	主叫地址指针
10	用户数据指针
08	被叫地址长度
52	01 (根据DPC和子系统号选路由) 0100 (GT表示语) 1 (有SSN) 0
FE	SSN=国内INAP
00	翻译类型
12	0001 (ISDN/电话编号计划) 0010 (BCD编码，偶数个数字)
03	地址性质指示语=国内有效号码
08 80 01	GT号码=800810
05	主叫地址长度
43 01 (根据DPC和子系统号选路由) 0000 (无GT) 1 (有SSN) 1 (有PC)	
12 02 01	OPC=12-02-01
FE	SSN=国内INAP
6b	用户数据长度=107
用户数据	
62 80 48 04 30 15 ad le 6b 1b 28 19 06 07 00 11 86 05 01 01 01 a0 0e 60 0c a1 0a 06 08 03 a3 7d 01 01 01 00 00 6c 80 a1 3e 02 01 01 02 01 00 30 36 80 01 64 82 07 01 90 08 80 01 05 05 83 07 03 13 01 26 10 30 92 85 01 f1 87 01 00 88 04 00 00 00 00 89 01 01 ab 03 80 01 00 9a 02 60 00 bb 04 80 02 90 90 9c 01 03 00 00 00 00	

图 5.4.13 UDT₂ 消息的格式

3. 分段/重装

(1) 分段

当 SCCP 用户用 N-UNITDATA 请求原语请求传送用户数据时，如果用户数据长度大于规定值，SCCP 把原来的用户数据块分成比较小的数据块，以便 XUDT 消息能够携载用户数据。分段的大小与本地网络状态有关，选择分段的大小应使得发送最少的分段消息。对于一个 N-UNITDATA 请求原语最多可有 16 个分段消息。应选择第一个分段的大小使得整个数据块的长度大于或等于第一个分段的大小乘以分段的数目。

当把用户数据块分成比较小的段后，SCCP 应组织 XUDT 消息的一个序列来传送这些数据块。SCCP 应把用户数据的每个分段放置在分开的 XUDT 消息中，每个 XUDT 消息的 MTP 路由标记和 SCCP 被叫用户地址、主叫用户地址都应相同。携带每个数据分段的 XUDT 消息都应包括分段参数，分段参数的格式可参见图 5.4.9。携载第一个分段数据的 XUDT 消息的分段参数中的 F 比特的值为 1，其余的 F 比特的值为 0；每个分段的 XUDT消息的协议类别编码为 1,分段参数中被请求的协议类别区(即 C 比特)设置成 N-UNITDATA 请求原语中指出的协议类别;分段参数中的分段号码区用分段过程中余下的分段号码来编码;分段参数中的本地参考区由惟一的参考号码来编码,参考号码在定时器 T_x(T_x 的值决定于具体实施)之内保持冻结。

(2) 重装

目的地的 SCCP 接收到分段参数中 F 比特为 1 的 XUDT 消息时,应该使用主叫用户地址及分段本地参考的惟一组合来启动一个新的重装过程,启动重装过程执行以下操作: SCCP 启动定时器 T_Y,如果在接收和组装所有的段之前,定时器 T_Y 到时,则 SCCP 舍弃消息;通过第一个分段的 XUDT 消息中"分段"参数的分段号码加 1 乘以第一个分段的长度来决定所有分段消息长度之和的上限(即用户数据块的上限);SCCP 从分段消息中取出用户数据,存入缓冲区,使得与后续的分段消息的数据相合并。

在重装消息时,当 SCCP 接收到分段参数中 F 比特为 0 的 XUDT 消息时,执行以下动作:

SCCP 使用主叫用户地址和分段参数中的分段本地参考的惟一组合,把接收到的 XUDT 消息与特定的重装过程对应起来。

SCCP 通过检查分段参数中剩余分段值(比前一个剩余分段值小 1)校验接收的分段是否有序,如果接收的分段顺序出了差错或有重叠,则 SCCP 启动发生错误时的返回程序。

SCCP 从分段的 XUDT 消息中取出用户数据,按照接收顺序与其他分段合并。

当分段参考中的剩余分段值为 0,且所有的分段都被正确地组装时,SCCP 使用 N-UNITDATA指示原语,传送数据到 SCCP 用户。

4. 发生错误时的返回程序

消息返回程序的目的是在遇到路由故障而不能把消息传送到目的地时,决定舍弃还是返回消息。

如果 SCCP 路由功能由于各种原因(例如:不充分的地址翻译信息或子系统,信令点不可接入)不能传递无连接业务的消息时,就启动消息返回程序。

如果消息是(X)UDT 消息,就检查该消息中的返回选择参数,如果该参数设置为发生错误时返回消息,就传递(X)UDTS 消息到起源节点。将不能传递的(X)UDT 消息的被叫用户地址解释为(X)UDTS 消息的主叫用户地址,不能传递的(X)UDT 消息的主叫用户地址将被解释为(X)UDTS 消息的被叫用户地址(它也可能被 GT 的翻译过程改变)。如果返回选择参数没有设置为错误时返回,就舍弃此消息。

如果不可传递的消息是 UDTS 或 XUDTS 消息,就舍弃此消息。

当检测到无连接消息的语法错误时,舍弃该消息。

5.4.4 面向连接程序

1. 概述

SCCP 能向用户提供面向连接服务。面向连接服务类似于分组交换网中的虚电路方式,用户在传送数据之前,SCCP 必须向被叫端发送连接请求(CR)消息,确定这个连接所经路由,传送业务的类别及流量控制参数等,一旦被叫用户同意建立连接,主叫端收到被叫端发来的连接确认(CC)消息后,就表明连接已经建立成功。两端用户都可利用已建立起的信令连接双向传送数据,在传送数据时就不再需要 SCCP 的路由功能选取路由。在数据传送结束后,必须释放信令连接。

面向连接业务有两种传送数据的协议:

(1) 基本的面向连接类(协议类别 2)

在协议类别 2 中,通过建立信令连接,保证在起源节点 SCCP 的用户与目的地节点的 SCCP 用户之间双向传送数据。同一信令关系可复用很多信令连接。属于某信令连接的消息包含相同的链路选择码 SLS,以保证消息按顺序传送。

(2) 流量控制面向连接类(协议类别 3)

在协议类别 3 中,除具有协议类别 2 的特性外,还可以进行流量控制,具有控制消息丢失和序号错误的能力。

一个信令连接可由一个或多个连接段构成。

如果起源节点和目的地节点在同一个信令网络之中,则此信令连接可由一个连接段构成,在连接建立期间,可能有一个或多个中继节点来完成 SCCP 的路由和中继功能,一旦建立信令连接,就不再需要这些中继节点的 SCCP 功能。

如果起源节点和目的地节点属于不同的,但是相互连接的信令网络,则此信令连接需要多个串接的连接段。在连接建立期间,需要偶联(Couling)的中继节点,在接收到一个连接段的消息而必须将此消息发送到另一个连接段时,都需要 SCCP 的路由和中继功能。此外,在数据传送和连接释放阶段,也要求这些中继节点的 SCCP 功能,以便建立连接段的对应关系。这些对不同连接段进行偶联的中继节点,一定位于不同的,但是互相连接的信令网络的交界,是不同的信令网络的网关。

到目前为止,在通信网络中没有使用 SCCP 的面向连接业务,仅在移动通信系统的基站控制器(BSC)与移动交换中心(MSC)之间的 A 接口使用了基本的面向连接类(协议类别 2)的服务,由于是点到点的连接,在 A 接口中也没有用到 SCCP 的地址翻译和选路功能。在下面的叙述中主要说明 A 接口中使用的基本的面向连接类(协议类别 2)的服务。

2. 面向连接服务采用的消息

面向连接服务的使用过程可分为连接建立、数据传送和连接释放 3 个阶段。

在连接建立阶段使用的消息有连接建立消息(CR)、连接确认消息(CC)和拒绝连接消息(CREF)。

在数据传送阶段,协议类别 2 使用的消息是数据形式——DT_1,协议类别 3 使用的消息有数据形式 2——DT_2,数据证实消息(AK)、加速数据消息(ED)、加速数据证实消息(EA)、复用请求消息(RSR)、复用确认消息(RSC)。

在连接释放阶段使用的消息有释放连接消息(RLSD)、释放完成消息(RLC)。

另外,在连接建立阶段和数据传递阶段,协议类别 2 及协议类别 3 都还可以使用不活动性测试消息(IT)及协议数据单元错误消息(ERR)。

(1) 连接建立消息的格式

连接建立消息(CR)是由起源节点的 SCCP 发出的消息,其功能是要求建立信令连接。CR 消息由路由标记、消息类型码、两个长度固定的必备参数(起源本地参考、协议类别)、一个长度可变的必备参数(被叫用户地址)和 3 个任选参数(信用量、主叫用户地址、用户数据)和任选参数终了组成。

"起源本地参考"有 3 个八位位组,定义一个参考号码,节点用它为输入消息识别连接段。

协议类别参数用来说明使用的协议类别,被叫用户地址、主叫用户地址参数的格式及功能,可参见图 5.4.2 及相关说明。

信用量参数占一个八位位组,用二进制数来表示相应的窗口值,用于具有流量控制功能的协议类别 3。

(2) 连接确认消息

连接确认消息(CC)是对连接建立消息的确认信号,当目的地节点的 SCCP 用户同意建立信令连接时,目的地节点的 SCCP 就发出 CC 消息通知始发节点同意建立信令连接。

连接确认消息由 MTP 路由标记、消息类型码、3 个长度固定的必备参数(目的地本地参考、起源本地参考、协议类别)和 3 个任选参数(被叫用户地址、数据、信用量)和任选参数终了组成。

"目的地本地参考"有 3 个八位位组、定义一个参考号码,节点用它为输出消息识别连接段。注意,在 CC 消息中的"目的地本地参考"的值应与接收到的 CR 消息中的"起源本地参考"的值相同。

"起源本地参考"有 3 个八位位组,定义一个本地号码,节点用它为输入消息识别连接段。在 CC 消息中的"起源本地参考"是目的地节点定义的参考号码。

"信用量"参数是协议类别 3 中使用的参数,在这里表示的是目的地节点认可的窗口值。

(3) 拒绝连接消息

拒绝连接消息(CREF)是对连接建立消息的否定消息,被叫 SCCP 或中间节点发出拒绝连接消息,向主叫 SCCP 指出,拒绝建立信令连接。

拒绝连接消息由路由标记、消息类型、2 个长度固定的必备参数(目的地本地参考、拒绝原因)、2 个任选参数(被叫用户地址、数据)和任选参数终了组成。

参数"拒绝原因"是一个八位位组,指出拒绝连接的原因,编码如下:

比特:8 7 6 5 4 3 2 1

0 0 0 0 0 0 0 0　　端用户要求拒绝

0 0 0 0 0 0 0 1　　端用户拥塞

0 0 0 0 0 0 1 0　　端用户故障

0 0 0 0 0 0 1 1　　SCCP 用户要求拒绝

0 0 0 0 0 1 0 0　　未定义的目的地地址

0 0 0 0 0 1 0 1　　目的地不能接入

0 0 0 0 0 1 1 0　　网络资源-QOS 不可用/非瞬间

0 0 0 0 0 1 1 1　　网络资源-QOS 不可用/瞬间

0 0 0 0 1 0 0 0　　接入故障

0 0 0 0 1 0 0 1　　接入拥塞

0 0 0 0 1 0 1 0　　子系统故障

0 0 0 0 1 0 1 1　　子系统拥塞

0 0 0 0 1 1 0 0　　建立连接的定时器超时

0 0 0 0 1 1 0 1　　不兼容的用户数据

0 0 0 0 1 1 1 0　　没有定义

0 0 0 0 1 1 1 1　　没有资格

其他　　　　　　 备用

(4) 数据形式 1(DT$_1$)

信令连接的任一端可用"数据形式 1"消息将用户数据从一端的 SCCP 传送到另一端的 SCCP。DT$_1$ 用于协议类别 2。

DT$_1$ 由 MTP 路由标记、消息类型、2 个长度固定的必备参数(目的地本地参考、分段/重装)和一个长度可变的必备参数(数据)组成。

由于信令连接已经建立,因此在传送数据时不用再给出"被叫用户地址参数",而是用"目的地本地参考"来指出该数据所属的信令连接。

"分段/重装"参数只有一个八位位组,其结构如图 5.4.14 所示。其中,比特 2～8 备用,比特 1 为多段数据表示语,编码如下:

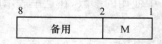

图 5.4.14　分段/重装参数的格式

M = 0　无更多的数据

M = 1　有更多的数据

在数据传输阶段,如果 SCCP 用户用 N-DATA 请求原语请求在信令连接上传送的用户数据大于 255 个八位位组时,始发端的 SCCP 必须将数据分段,用多个 DT₁ 消息传送,将最后一个携带分段数据的 DT₁ 消息的"分段/重装"参数的 M 比特置 0,所有前面的 DT₁ 消息的 M 比特置 1。

参数"数据"用来透明传送 SCCP 用户需传送的数据。

(5) 数据形式 2(DT₂)

在协议类别 3 中,信令连接的任一端可用 DT₂ 消息将用户数据从 SCCP 传送到另一端的 SCCP,并且在另一个方向跟随证实消息。

DT₂ 消息由 MTP 路由标记、消息类型、2 个长度固定的必备参数(目的地本地参考、排序/分段)和一个长度可变的必备参数(数据)组成。

其中,"目的地本地参考"用于识别信令连接。

排序/分段参数包含有以下功能需要的信息:编序号、流量控制、分段和重装。

此参数由消息的发送序号 P(S)、接收序号 P(R) 和多数据指示码(M 比特)组成。

有关格式及编码请参见有关技术规范。

(6) 释放连接消息

信令连接的任一端均可发出释放连接消息(RLSD),指出在发送该消息的节点与指定的信令连接有关的资源已进入断开暂留状态,要求该信令连接的另一端也释放与此信令连接有关的资源。

RLSD 由路由标记、消息类型、3 个长度固定的必备参数(目的地本地参考、起源本地参考、释放原因)、一个任选参数(数据)和任选参数终了组成。

其中,"释放原因"参数占一个八位位组,用来说明释放信令连接的原因,其编码如下:

比特:8 7 6 5 4 3 2 1

　　　0 0 0 0 0 0 0 0　端用户要求释放

　　　0 0 0 0 0 0 0 1　端用户拥塞

　　　0 0 0 0 0 0 1 0　端用户故障

　　　0 0 0 0 0 0 1 1　SCCP 用户要求释放

　　　0 0 0 0 0 1 0 0　远端程序错误

　　　0 0 0 0 0 1 0 1　不一致的连接数据

　　　0 0 0 0 0 1 1 0　接入故障

　　　0 0 0 0 0 1 1 1　接入拥塞

　　　0 0 0 0 1 0 0 0　子系统故障

　　　0 0 0 0 1 0 0 1　子系统拥塞

00001010　　网络故障(MTP)

00001011　　网络拥塞

00001100　　复原定时器超时

00001101　　不活动性接收定时器超时

00001110　　没有定义

00001111　　没有资格

00010000　　SCCP故障

其　他　　　备用

(7) 释放完成消息

释放完成消息(RLC)是对释放连接消息的响应消息,当信令连接的任一端收到释放连接消息后,就释放与此连接有关的资源,并向对端发送 RLC 消息,指出有关节点已收到 RLSD 消息,并已释放有关连接。

释放完成消息由路由标记、消息类型码、2 个长度固定的必备参数(目的地本地参考、起源本地参考)组成。

(8) 协议数据单元错误消息

当检测出任何协议错误之后,检出错误的 SCCP 节点发送协议数据单元错误消息(ERR),指出已经检测到的协议错误。

协议数据单元错误消息由电路标记、消息类型、两个长度固定的必备参数(目的地本地参考、错误原因)组成。

其中,"错误原因"参数是一个八位位组,指出发现的协议错误,编码如下:

比特:8 7 6 5 4 3 2 1

00000000　　本地参考号码 LRN 不匹配——没有分配的目的地 LRN

00000001　　本地参考号码 LRN 不匹配——不一致的起源 LRN

00000010　　节点码不匹配

00000011　　业务类别不匹配

00000100　　没有资格

其　他　　　备用

(9) 不活动性测试消息

信令连接的两端均可周期地发出不活动性测试消息(IT),以检验信令连接的两端是否在工作和信令连接的两端数据是否一致。

IT 消息由 MTP 路由标记、消息类型码、5 个长度固定的必备参数(目的地本地参考、起源点本地参考、协议类别、排序/分段、信用量)组成。其中排序/分段、信用量这两个参数携带的信息是协议类别 3 使用的,当采用的是协议类别 2 时,就不处理这两个参数。

另外,协议类别 3 使用的消息还有数据证实消息(AK)、加速数据消息(ED)、加速数据证实消息（EA）、复原请求消息（RSR）、复原确认消息（RSC），有关这些消息的作用及编码可参考有关的技术规范。

3. 面向连接业务的信令过程

面向连接业务的信令过程可分为连接建立、数据传送和连接释放 3 个阶段。图 5.4.15 表示 A 接口的面向连接业务信令过程。

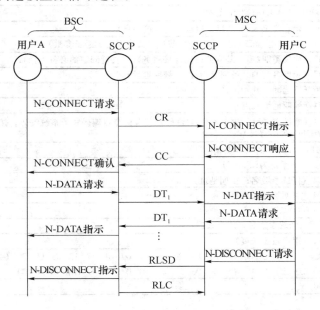

图 5.4.15 A 接口的面向连接信令过程

（1）信令连接建立

信令连接是由 SCCP 用户调用 N-CONNECT 请求原语启动的。在 BSC，SCCP 用户通过调用 N-CONNECT 请求原语建立信令连接，被叫地址及业务质量参数包含在原语中。收到 SCCP 用户的请求原语后，节点检查是否有可利用的资源，如果有可利用的资源，起源节点将采取以下动作：为连接分配一个起源本地参考码和链路选择码 SLS；建立连接段与被叫地址的对应关系；确定为连接段确定的协议类别；将连接建立消息（CR）转发到 SCCP 路由功能继续传递。

连接建立消息的格式见图 5.4.16

由图 5.4.16 可见，CR 消息中的被叫地址是 MSC 的信令点编码，子系统是 BSSAP，要求按照 DPC＋SSN 选择路由，在 CR 消息中，BSC 为该连接分配的源端局部引用号（01 00 41）。

目的节点 MSC 收到 CR 消息时，SCCP 路由和识别功能确认被叫用户是本地用户时，目的地节点确定是否有建立连接段的资源可利用，如果在节点有可利用的资源，则采取下列动作:为连接段确定协议类别;用 N-CONNECT 指示原语,通知 SCCP 用户请求建立连接。

当收到 SCCP 用户发出的 N-CONNECT 响应原语时,采取下列动作:为输入连接段分配本地参考号码和 SLS 码;利用 SCCP 路由功能,发送连接确认消息(CC),同时启动不活动性定时器 T(ias)和 T(iar)。

00B8　00B1(路由标记)
01(消息类型为CR消息,请求建立连接消息)
01 00 41(源端局部引用:3个字节)　(长度固定的必备参数)
02(协议类别2类,基本的面向连接服务)　(长度固定的必备参数)
02(长度可变的必备部分指针1:被叫地址)
06(任选部分开始指针)
04(被叫地址长度)
43(地址表示语,表示不包含GT码,包含信令点编码和子系统编码,按照DPC+SSN寻址)
B1 00(MSC的信令点编码)
FE(子系统为BSSAP)
04(任选参数名:主叫地址)
04(主叫地址长度)
43 B8 00 FE
OF(任选参数名:用户数据)
21(用户数据长度)
00　1F　57　05　08　00　64　F0　20　25　01　01　17　12　05　08　20　64 F0　20　25　01　01　08　49　06　20　72　80　00　10　47(用户数据内容)
00

图 5.4.16　连接建立消息(CR)的格式

MSC 向 BSC 发送的连接确认消息的格式见图 5.4.17。

00B1(MSC信令点编码)　00B8(BSC信令点编码)
02(消息类型为CC消息,连接建立确认消息)
01 00 41(目的地局部引用:3个字节)　(长度固定的必备参数)
00 00 41(源端局部引用:3个字节)　(长度固定的必备参数)
02(协议类别2类,基本的面向连接服务)　(长度固定的必备参数)
00(无任选参数)

图 5.4.17　连接确认消息(CC)的格式

由图可见,MSC 发送给 BSC 的消息中的目的端引用号(01 00 41)是由 BSC 分配的,源端局部引用号(00 00 41)是由 MSC 分配的。至此,在起源节点和目的地节点之间已成功地建立信令连接段,SCCP 用户可利用此信令连接段传送数据。

(2)数据传送阶段

信令连接成功建立以后,信令连接两端的 SCCP 用户均可在此信令连接上传送用户数据。

信令连接两端的任一节点的 SCCP 用户都可利用 N-DATA 请求原语,请求在信令连接上传送用户数据。用户数据采用 DT₁ 消息传送。

当采用协议类别 2 时,节点收到 SCCP 用户发来的 N-DATA 请求原语时,检查用户数据的长度,如用户数据的长度小于或等于 255 个八位位组,则使用一条 DT₁ 消息就可将用户数据传送至对端,由于信令连接已建立,所以在 DT₁ 消息中不包括被叫用户地址,只用目的地本地参考来说明该消息与某个信令连接之间的关系。

图 5.4.18 和图 5.4.19 分别给出了 BSC 和 MSC 发送的 DT₁ 消息的格式。由图可见,BSC 发送的 DT₁ 消息中用 MSC 为该连接分配的参考号(00 00 41)来标识该消息所属的连接。MSC 发送的 DT₁ 消息中用 BSC 为该连接分配的参考号(01 00 41)来标识该消息所属的连接。

00B8 (BSC——源信令点编码)　　　　00B1 (MSC——目的地信令点编码)
06 (消息类型为DT₁消息,数据DT₁)
00 00 41 (目的地局部引用:3个字节)
00 (分段/重装:无更多的数据)
01 (长度可变的必备部分指针1:用户数据)
09 (用户数据长度)
用户数据内容 01 (DATA ID)　　00 (SPARE)　06 (DTAP MSG LEN)　05 (DP: MM) 14 (MSG: AUTH_RSP鉴权响应) 02 02 02 02

图 5.4.18　BSC 发送的 DT₁ 消息的格式

00B1 (MSC信令点编码)　　00B8 (BSC信令点编码)
06 (消息类型为DT₁消息,数据DT₁)
01 00 41 (目的地局部引用:3个字节)　　(长度固定的必备参数)
00 (分段/重装:无更多的数据)　　(长度固定的必备参数)
01 (长度可变的必备部分指针1:用户数据)
16 (用户数据长度)
01 00 13 05 12 00 11 11 11 11 11 11 11 11 11 11 11 11 11　(用户数据)

图 5.4.19　MSC 发送的 DT₁ 消息的格式

(3) 释放连接

连接可以由主叫 SCCP-用户或被叫 SCCP-用户发起释放,当 MSC 的 SCCP 用户调用 N-DISCONNECT请求原语启动释放信令连接时,在 MSC 节点完成以下功能:在连接段上发送释放连接消息(RLSD);启动释放定时器 T(rel),停止不活动性控制定时器 T(ias)或 T(iar)。

连接段上启动定时器 T(rel),停止两个连接段上的不活动性控制定时器 T(ias)和 T(iar)。

MSC 的 SCCP 发送的释放连接消息 RLSD 的格式见图 5.4.20。

00B1（MSC信令点编码）　00B8（BSC信令点编码）
04（消息类型为RLSD消息）
01 00 41（目的地局部引用：3个字节）　（长度固定的必备参数）
00 00 41（源端局部引用：3个字节）　（长度固定的必备参数）
00（释放原因：端点用户发起释放）　（长度固定的必备参数）
00（无任选参数）

图 5.4.20　释放连接消息（RLSD）的格式

由图 5.4.20 可见，MSC 发送给 BSC 的 RLSD 消息中的目的地局部引用号是由 BSC 分配的，源端局部引用号是 MSC 分配的，用这一对引用号来说明需释放的连接。

BSC 收到释放连接消息时，在连接段完成下列动作：

向连接段发送释放完成消息；释放与连接段有关的资源，调用 N-DISCONNECT 指示原语，通知 SCCP 用户信令连接已释放，并冻结本地参考号码；停止不活动性控制定时器 T(ias) 和 T(iar)。

BSC 发送的释放完成消息 RLC 的格式见图 5.4.21。由图 5.4.21 可见，BSC 发送给 MSC 的 RLC 消息中用 MSC 分配的目的地局部引用号（00 00 41）来说明已释放的连接。

00B8（BSC信令编码）　00B1（MSC信令点编码）
05（消息类型为RLC消息）　（长度固定的必备参数）
00 00 41（目的地局部引用：3个字节）　（长度固定的必备参数）

图 5.4.21　释放完成消息（RLC）的格式

MSC 在收到 BSC 发出的 RLC 消息时，释放与连接有关的资源，停止定时器 T(rel)，冻结本地参考号码。

（4）不活动性控制

不活动性控制的目的是在下述 3 种不正常情况下，恢复正常的工作：

1）连接建立阶段，丢失 CC 消息；

2）数据传送阶段，没有通知连接段的冻结；

3）连接段的两端保存的连接数据不一致。

连接段的每端都设置有接收不活动性控制定时器 T(iar) 和发送不活动性控制定时器 T(ias)。接收不活动性控制定时器 T(iar) 的定时长度为 3～6 min，发送不活动性控制定时器 T(ias) 的定时时长为 1～2 min。

连接段上发出任一消息时，都要复原发送不活动性定时器 T(ias)，连接段上接收到任一消息时，都要复原接收不活动性控制定时器 T(iar)。

若发送不活动性定时器 T(ias) 超时，在连接段上发送不活动性测试消息（IT）。

接收到 IT 消息的 SCCP，检查 IT 消息中所包含的信息与本地保存的消息是否一致，如果起源参考号码或协议类别不一致,则释放连接,如果排序/分段参数或信用量参数(协议类别 3 才有这两个参数)不一致,则复原连接。

当接收不活动性定时器 T(iar)到时,则对该信令连接段启动连接释放程序。

小　结

为了支持与电路无关数据的传递,在 No.7 信令系统中增设了信令连接控制部分 SCCP。SCCP 与 MTP 的第三级相结合,能完成 OSI 模型中网络层的功能。

SCCP 在以下 4 方面增强了 MTP 的能力:

(1) 附加的寻址选路功能,通过子系统编码在一个信令点内能识别更多的用户;

(2) 提供了地址翻译功能,能将全局码 GT 翻译为信令点编码和子系统的组合,使用户使用 GT 可以访问电信网中的任一用户;

(3) 提供了无连接服务和面向连接服务;

(4) 能提供分段重装功能。

无连接服务是指业务用户在事先不建立信令连接的情况下,通过信令网传送数据。在传送数据时,除了利用 MTP 的能力之外,还能提供地址翻译功能。

无连接业务又可分为基本无连接类和有序的无连接类。

对于基本的无连接类,SCCP 采用负荷分担方式产生链路选择码 SLS,不能保证在接收节点收到的多条消息与发送端发出的多条消息顺序相同。

对于有序的无连接类,SCCP 对使用这种业务的多条消息分配相同的链路选择码,使这些消息在相同的路由上传递到目的地信令点,从而使接收端收到消息的顺序与发送端发出的消息的顺序相同。

面向连接服务是指用户在传递数据之前,应先建立信令连接,然后在建立的信令连接上传送数据,数据传送完毕后释放信令连接。

面向连接服务可分为基本的面向连接类和流量控制的面向连接类。

带流量控制的面向连接类除具有基本面向连接类的功能外,还具有流量控制功能及检测消息丢失及序号错误的能力。

SCCP 至高层及 MTP 层的接口是通过 N-原语和 MTP-原语来完成的。

SCCP 消息由 MTP 路由标记、消息类型码、长度固定的必备参数、长度可变的必备参数及可选参数 5 部分组成。

SCCP 程序主要由 SCCP 路由控制、面向连接控制、无连接控制和 SCCP 管理 4 个功能块组成。

SCCP 路由控制功能接收来自 MTP 的消息或来自面向连接控制部分和无连接控制部分传来的内部消息后,对消息中的被叫用户地址进行鉴别、翻译及处理,完成选取路由的功能。

无连接控制程序允许 SCCP 用户在没有建立信令连接的情况下,传递高达 2 k 字节的用户数据。当传送的数据量小于 256 个字节时,使用 UDT 消息来传送;当数据量大于 256 个字节时,SCCP 可以将用户数据分段,把用户数据分成较小的数据块,用多个 XUDT 消息传送,在接收端的 SCCP,将多个 XUDT 消息中的用户数据重装后,再送给 SCCP 用户。

如果由于各种原因,使 UDT 消息或 XUDT 消息不能传送给 SCCP 用户时,发现消息传送出错的 SCCP 节点,可以启动消息返回程序,用 UDTS 或 XUDTS 消息将消息回送到始发 SCCP 节点,并说明消息不能正确传送的原因。

目前,移动通信网络和智能网中只使用了 SCCP 的无连接服务传送数据,在无连接服务中,主要利用了 SCCP 的地址翻译功能,读者可认真阅读本章图 5.4.11 给出的无连接传送的示例,以便建立总体概念。

面向连接服务类似于分组交换网中的虚电路方式。采用面向连接服务传送数据的过程可分为连接建立、数据传送和连接释放 3 个阶段。

到目前为止,在通信网络中,没有使用 SCCP 的面向连接业务,仅在移动通信系统的基站控制器 BSC 与移动交换中心 MSC 之间的 A 接口使用了基本的面向连接类(协议类别 2)的服务,由于是点到点的连接,在 A 接口中也没有用到 SCCP 的地址翻译和选路功能,在本章中,主要介绍了 A 接口使用的基本的面向连接类(协议类别 2)的信令过程。

思考题和习题

1. SCCP 在哪几个方面增强了 MTP 的寻址选路功能?

2. SCCP 提供了哪几类业务? 请对这几类业务给予简要说明。

3. 简要说明用于无连接服务的 N-原语的功能。

4. 简要说明用于面向连接服务的 N-原语及参数。

5. 简要说明 SCCP 消息的基本组成。

6. 在无连接服务中,使用了哪几个 SCCP 消息? 简要说明这几个消息的功能。

7. SCCP 程序由哪几个功能块组成? 简要说明这几个功能块的作用。

8. 什么是全局码 GT? SCCP 用户可以采用哪些类型的编号计划来指定用户地址?

9. 简要说明被叫用户地址的格式。

10. 简要说明无连接服务中的分段重装过程。

11. 请对教材中图 5.4.11 所示的无连接服务的数据传递实例进行简要说明。

12. 面向连接服务的数据传递过程主要包括哪几个阶段? 请对图 5.4.14 表示的 A 接口的面向连接信令过程的几个阶段进行简要说明。

第6章

事务处理能力部分

学习指导

本章首先介绍了事务处理能力(Transaction Capabilities,简称 TC,也称 TCAP)的基本概念,然后说明了 TC 的基本结构及各部分的功能及接口,TCAP 消息的格式及作为 TCAP 消息基本构件的信息单元的结构,最后介绍事务处理控制过程。

通过本章的学习,应掌握 TC 的基本概念,TC 的层次结构及各部分功能,TCAP 消息的格式及信息元的结构,事务处理的控制过程。

6.1 概 述

事务处理能力指的是在 TC-用户和网络层业务之间提供的一系列通信能力。它为大量分散在电信网中的交换机和专用中心(业务控制点、网络数据库等)的应用提供功能和规程。

TC 用户即为各种应用。例如,移动业务应用,各种智能业务(如免费电话业务、彩铃业务、预付费业务)的登记、激活和调用等,这些应用有一个共同的特点,就是交换机需要与网络中的数据库联系,TC 的总目标就是为它们之间提供信息请求、响应的对话能力。

TC 的核心采用了远端操作的概念。为了向所有的应用业务提供统一的支持,TC 将不同节点之间的信息交互过程抽象为一个关于"操作"的过程,即起始节点的用户调用一个远端操作,远端节点执行该操作,并将对操作的响应信息回送始发节点。操作的调用者为了完成某项业务过程(例如完成某过移动用户的位置登记),两个节点的对等实体之间的通信可能涉及到许多操作,这些相关操作的执行组合就构成一个对话(事务)。TC 提供的服务就是将始发节点用户所要进行的远端操作和携带的参数传送给位于目标节点的另一个用户,将远端的用户执行操作的响应信息回送给始发节点的调用者,并对始发节点和目标节点的对话进行管理。TC 协议就是对操作和对话(事务)进行管理的协议。

目前,只有 No.7 信令的消息传递部分加上信令连接控制部分(SCCP)是 TC 的网络

层业务的提供者。TC 位于 OSI 模型的网络层之上,如图 6.1.1 所示。需要指出的是,

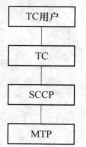

TC 的一个重要设计思想是与 OSI 参考模型趋于一致,为了达到最大的灵活性,将来 TC 不但可以由 MTP+SCCP 支持,而且可以由任何 OSI 网络层支持,例如,下一代网络中的信令传输协议(SIGTRAN)。

TC 用户是使用 TC 功能的上层应用,目前主要的 TC 用户是移动通信应用 MAP、智能网应用 INAP(CAP)。

SCCP 支持 TC 有两种方法,即无连接型和面向连接型。当传送的信息量较小,传送的实时性要求较高时,采用无连接方式;当传送的信息量较大且实时性要求较低时,采用面向连接方

图 6.1.1 No.7 信令系统
中的 TC

式。考虑到实时应用的要求更为紧迫,ITU-T 当前规定的有关 TC 的规范是基于无连接网络的,即 TC 使用的是 SCCP 提供的无连接服务。

6.2 事务处理能力的结构及功能

6.2.1 事物处理能力的基本结构

事务处理能力(TC)由成分子层和事务处理子层组成,如图 6.2.1 所示。

1. 成分子层

成分子层(CSL,Component Sublayer)的基本功能是处理成分,即传送远端操作及响应的协议数据单元(APDU)和作为任选的对话部分信息单元。

成分是 TCAP 消息的基本构件,每一个成分都是传送远端操作或响应的一个 APDU。一个成分总是对应于一个操作请求或对操作的响应信息。

2. 事务处理子层

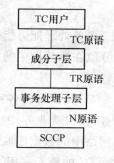

图 6.2.1 TC 的结构

事务处理子层(TSL,Transaction Sublayer)处理 TC-用户之间包含成分及任选的对话信息部分的消息的交换。在处理结构化对话的情况下,事务处理子层在它的用户之间建立端到端连接。这个端到端连接称为事务处理。

从图可见,TC-用户与成分子层之间的接口采用TC-原语,成分子层与事务处理子层之间的接口采用 TR-原语,事务处理子层与信令连接控制部分 SCCP 之间的接口采用 N-原语。

6.2.2 成分子层

1. 成分类型

成分是用来传送执行一个操作的请求或应答的基本数据单元。一个成分总是从属于一个操作,它可以是关于某一操作执行的请求,也可以是某一操作执行的应答(结果或差错),每个成分利用操作调用识别号(Invoke ID)识别,用以说明操作请求与应答的对应关系。

虽然成分内容与具体的应用有关,但是无论是什么应用系统,从与操作有关的信息传送类型来看,都可以归为下面的 5 种类型:

(1) 操作调用成分(INV,Invoke)

INV 成分的作用是向远端节点传送一个操作调用请求,要求远端用户执行某一操作命令,每个 INV 成分中都包括一个调用识别号,由 TC-用户定义的操作码及相关参数。

(2) 回送结果-非最后结果成分(RR-NL,Return Result Not Last)

(3) 回送结果-最后结果成分(RR-L,Return Result Last)

当操作被远端节点成功执行时,远端 TC-用户可用回送结果成分将操作的执行结果发送给始发节点。当发送 RR-NL 成分时说明该操作已被远端成功执行,由于回送的信息较长,超过了网络层允许的最大消息长度,成功的结果需分段传送,RR-NL 成分传送的不是最后分段。RR-L 成分将结果的最后分段传送给始发端,当操作结果只需用一条消息传送时,也用 RR-L 成分传送。由于网络中回送的信息一般较短,现在一般很少使用RR-NL 成分。

(4) 回送差错成分(RE,Return Error)

当远端节点执行操作失败时,远端可用 RE 成分向始发节点报告操作失败,并说明失败的原因。

(5) 拒绝成分(RJ,Reject)

当 TC-用户或 TC 的成分子层发现成分信息出错或无法理解时,拒绝执行该操作,用 RJ 成分拒绝该成分,并用问题码说明拒绝的原因。除了 RJ 成分以外的任何成分都可以拒绝,结果的拒绝导致相应的操作的终结,对分段结果的拒绝隐含着对后续分段和整个结果的拒绝。

2. 操作类别

根据对操作执行结果应答的不同要求,将操作分为以下 4 个类别:

1 类:无论操作成功或失败均需向调用端报告。

远端节点收到 1 类操作时,如操作被成功执行,远端节点必须用回送结果成分向始发节点报告操作的执行结果;如操作失败时,远端节点必须用 RE 成分向始发节点说明操作失败,并说明失败的原因。

2 类:仅报告失败。

远端节点收到 2 类操作时,如操作失败时,远端节点必须用 RE 成分向始发节点说明操作失败,并说明失败的原因;如操作被成功执行,远端节点不用报告。

3 类:仅报告成功。

远端节点收到 3 类操作时,如操作被成功执行,远端节点必须用回送结果成分向始发节点报告操作的执行结果;如操作失败时,远端节点不用报告。3 类操作常用于远端测试。

4 类:成功和失败都不报告。

远端节点收到 4 类操作时,无论操作执行成功和失败都不需要向始发节点报告。

操作类别是操作定义的一部分,每一个操作都有一个特定的类别。这表明操作的目的端要么是回送一个成功的输出(结果),或是一个失败的输出(错误);要么是两者皆有或两者皆无。操作的定义还包括完成操作和报告结果所需的时限。

3. 对话

为了执行一个应用,两个 TC 用户之间连续的成分交换就构成了一个对话。对话处理也允许 TC 用户传送和协商应用上下文名称以及透明传送非成分数据,该项功能是任选功能。

对话分为非结构化对话和结构化对话两种。

(1) 非结构化对话

TC 用户发送不期待回答的成分,并且对话没有开始、继续或结束。当 TC 用户向其同层发送单向(Unidirectional)消息时,就表明使用了非结构化对话性能。非结构化对话使用较少。

(2) 结构化对话

一个完整的结构化对话包括对话开始、对话继续和对话结束,每个对话由一个特定的对话 ID(Dialogue ID)识别。

结构化对话包含以下几个阶段:

(a) 对话开始,始发节点向对端发送起始消息开始启动一个对话;

(b) 对话证实,始发节点收到对端来的第一个后向继续消息,表明对话已建立并可以继续;

(c) 对话继续,TC-用户继续一个已建立的对话且可全双工交换成分数据;

(d) 对话结束,发送端不再发送成分也不再接收远端送来的成分。

对话的结束有以下 3 种情况:

情况一,基本结束。TC-END 原语使得未决成分传送并指出这个对话在任一方向都不再交换成分。

情况二,预先安排结束。TC-用户预先安排决定何时结束对话,在 TC-END 请求原语发送后,对话不发送也不接收成分。

情况三,对话由 TC-用户终止。TC-用户可以不考虑任何未决操作调用而请求立即结束对话。

TC-用户的终止请求使得该对话的所有未决操作终结。TC-用户提供端到端信息来指示中止原因和诊断信息。

作为任选,在阶段(a)和(b)可交换应用上下文信息和用户信息(非成分数据),在已交换应用上下文信息的情况下,在阶段(c)和(d)也可发送用户信息(非成分数据)。

4. TC-原语

TC-用户与成分子层的接口是 TC-原语。TC-原语可分为成分处理原语和对话处理原语两大类。

(1)成分处理原语

成分处理原语用来在 TC 用户和成分子层之间传送与处理操作和应答有关的信息。成分处理原语共有 9 种,现分述如下:

TC-INVOKE(请求):TC-用户向成分子层发送 TC-INVOKE(请求)原语,要求成分子层向远端发送一个操作调用成分。

TC-INVOKE(指示):TC 将接收到的操作调用成分发送给TC-用户。

TC-RESULT-NL(请求):TC-用户向成分子层发送 TC-RESULT-NL(请求)原语,将成功执行的操作的分段结果的非最终部分发送给 TC,要求向远端发送返回结果(非最终)成分 RR-NL。

TC-RESULT-NL(指示):TC 将成功执行的操作的分段结果的非最终部分送给 TC-用户。

TC-RESULT-L(请求):TC-用户向成分子层发送 TC-RESULT-L(请求)原语,将成功执行的操作的结果或分段结果的最终段发送给 TC,要求向远端发送返回结果(最终)成分 RR-L。

TC-RESULT-L(指示):TC 将成功执行的操作的结果或分段结果的最终段发送给 TC-用户。

TC-U-ERROR(请求):当 TC-用户收到虽"明白"但不能执行的操作(1 类或 2 类),就用该请求原语来指明失败理由(差错参数),要求向远端发送差错成分 RE。

TC-U-ERROR(指示):成分子层将从远端接收到的差错成分 RE 通知 TC-用户。

TC-L-CANCEL(指示):成分子层用撤销功能通知 TC 用户与操作类别 1、2、3 有关的操作时限到。4 类操作的报告是与实施有关的。对于 1 类操作,时限到是一个非正常情况。对 2、3、4 类操作,时限到是一个"正常"情况。

TC-U-CANCEL(请求):TC-用户用该原语通知成分子层撤销一个操作。

TC-L-REJECT(指示)(本地拒绝):成分子层发现收到的成分无效时,则用这个原语通知本地 TC-用户。原语中包括拒绝的原因（问题码参数）。

TC-R-REJECT（指示）（远端拒绝）：成分子层用这个原语通知本地 TC-用户,成分被远端成分子层拒绝。

TC-U-REJECT（请求）：TC-用户用该请求原语说明其拒绝由其同层实体产生的,它认为不正确的成分（拒绝成分除外）,拒绝的原因在问题码中指出。

TC-U-REJECT（指示）：成分子层用这个原语通知 TC-用户成分被远端同层实体拒绝。

成分处理原语的参数如表 6.2.1 所示。

表 6.2.1 成分处理原语的参数

参数	原语											
	TC-INVOKE		TC-RESULT-L TC-RESULT-NT		TC-U-ERROR		TC-U-REJECT		TCL-CANCEL	TC-U-CANCEL	TC-L-REJECT	TC-R-REJECT
	请求	指示	请求	指示	请求	指示	请求	指示	指示	请求	指示	指示
对话 ID	M	M(注1)	M	M	M	M	M	M(注1)	M	M	M	M(注1)
类别	M											
调用 ID	M	M(=)	M	M(=)	M	M(=)	M	M(=)	M	M	O	O
链接 ID	U	C(=)										
操作码	M	M(=)	U(注2)	C(=)								
参数	U	C(=)	U	C(=)	U	C(=)						
最终成分		M		M		M		M			M	M
时限	M											
差错					M	M(=)						
问题码							M	M(=)			M	M

注 1：除了在单向消息中收到的操作（类别 4）调用外,此参数为必备参数。

注 2：当参数中包括"参数"时,"操作"是必备参数。

符号说明：

　　M——必备参数；

　　O——提供者的任选参数；

　　C——条件参数（如果请求类型原语中存在的参数,在对应的指示原语中也总存在）；

　　U——由 TC 用户任选的参数；

　　（＝）——出现在指示原语中的参数值必须与对应的请求原语中的参数值相同。

表中各参数的定义如下。

操作类型：即 1、2、3、4 类,该参数是操作调用原语的必备参数,成分子层根据此参数对这个操作的状态进行管理。

对话 ID:把成分与一个特定的对话相联系。

调用 ID:用来识别一个操作调用及其响应。

链接 ID:把一个操作调用链接至一个由远端 TC 用户调用的一个先前的操作。

差错:包含 TC-用户提供的当操作失败时返回的信息。

操作码:仅用于操作调用原语,用于向对端 TC 用户指明具体应执行的动作,操作码由应用业务定义。

参数:包含伴随一个操作或为应答一个操作而提供的参数。

最终成分:仅用于"指示"类原语。由于一个对话消息可能包含多个成分,因此在成分子层向 TC-用户传送接收到的数据时,首先传送 TC 对话处理指示原语,指示一个对话数据的开始,然后用成分处理原语依次传送各个成分。当传送完该对话的最后一个成分时,将相应指示原语的"最终成分"参数置位,表示对话数据传送完毕。

时限:指明操作调用的最长有效时间。成分子层在发送一个操作调用成分时将开始定时,若超过该时限时还未收到相关结果,成分子层将撤销这个操作,并用TC-L-CANCEL(指示)原语通知 TC-用户。

问题码:识别拒绝一个成分的原因。

（2）对话处理原语

对话处理原语用来请求或指示与消息传送或对话处理有关的低(子)层功能。当事务处理子层用来支持对话时,这些原语对应到 TR-原语。

成分子层用于对话处理的原语如下:

TC-UNI(请求):TC-用户请求发送一个单向消息(非结构性对话)。

TC-UNI(指示):成分子层通知 TC-用户收到了一个单向消息。

TC-BEGIN(请求):TC-用户请求开始一个对话,向远端发送一个 BEGIN 消息。

TC-BEGIN(指示):成分子层通知 TC-用户远端要求开始一个对话。

TC-CONTINUE(请求):TC-用户请求继续一个对话,向远端发送一个 CONTINUE 消息。

TC-CONTINUE(指示):成分子层通知 TC-用户对端继续一个对话。

TC-END(请求):TC-用户要求结束一个对话,向远端发送一个 END 消息。

TC-END(指示):成分子层通知 TC-用户远端要求结束对话。

TC-U-ABORT(请求):TC-用户要求终结一个对话而不传送未决成分。

TC-U-ABORT(指示):成分子层通知 TC-用户,远端 TC-用户要求终结一个对话。

TC-P-ABORT(指示):为响应事务处理子层的事务处理终止而通知 TC-用户,对端由业务提供者(即:事务处理子层)而终结,未决成分不传送。

TC-NOTICE(指示):成分子层通知 TC-用户,网络业务提供者已不能提供所请求的业务。

对话处理原语参数见表 6.2.2。

表 6.2.2 对话处理原语参数

序 号	原 语	参 数	原 语	
			请求（req）	指示（ind）
1	TC-UNI	业务质量	U	O
		目的地地址	M	M
		应用上下文名称	U	C(=)
		起源地址	M	M(=)
		对话 ID	M	
		用户信息	U	C(=)
		成分存在		M
2	TC-BEGIN	业务质量	U	O
		目的地地址	M	M
		应用上下文名称	U	C(=)
		起源地址	M	M(=)
		对话 ID	M	M
		用户信息	U	C(=)
		成分存在		M
3	TC-CONTINUE（对话证实）	业务质量	U	O
		起源地址	O	
		应用上下文名称	U	C(=)
		对话 ID	M	M
		用户信息	U	C(=)
		成分存在		M
4	TC-CONTINUE（对话继续）	业务质量	U	O
		对话 ID	M	M
		成分存在		M
		用户信息	U	C(=)
5	TC-END	业务质量	U	O
		对话 ID	M	M
		应用上下文名称	U	C(=)
		成分存在		M
		用户信息	U	C(=)
		终结	M	

续　表

序　号	原　语	参　数	原　语	
			请求（req）	指示（ind）
6	TC-U-ABORT	业务质量	U	O
		对话 ID	M	M
		中止原因	U	C(=)
		应用上下文名称	M	C(=)
		用户信息	U	C(=)
7	TC-P-ABORT	业务质量	O	
		对话 ID	M	
		P-ABORT	M	
8	TC-NOTICE	对话 ID	M	
		报告原因	M	

表中各参数的定义如下。

业务质量：TC-用户指示可接受的业务质量。目前，无连接 SCCP 网络业务的"业务质量"有"返回选择"和"顺序控制"两个参数。

地址参数：起源地址和目的地地址用来识别起源 TC-用户和目的地 TC-用户。

应用上下文名称：应用上下文是对话启动者或对话响应者建议的应用上下文识别。所谓应用上下文是应用实体 AE 应该包含的应用服务元素 ASE 的数量、种类及应用实体 AE 互通的必要信息。

对话 ID：这个参数在成分处理原语中也出现，用于把成分与对话联系起来，同一对话必须使用同一对话 ID。对于非结构化对话，具有同一对话 ID 参数的成分放在有同一目的地地址的单向消息中。对于结构化对话，对话 ID 用于识别从对话开始至结束的属于同一对话的所有成分。

用户信息：独立于远端操作业务的 TC 用户之间可交换的信息（非成分数据）。

成分存在：只存在于指示类原语中，指明在该对话中是否存在成分部分。

中止原因：指明对话是由于收到的应用上下文名称不支持并且无可选择（终止原因＝应用上下文不支持）或由于其他问题（终止原因＝用户（定义）专用）而终止。

P-Abort：该参数说明 TCAP 决定终止一个对话的原因。

报告原因：指明 SCCP 返回消息时的原因，这些原因在 SCCP 规范中。该参数仅用于TC-NOTICE 指示原语。

5．成分子层与事务处理子层的对应

成分子层与事务处理子层之间有一一对应关系，在结构化对话情况下，是一个对话与一个事务处理对应;在非结构化对话情况下,是隐含地存在。成分子层的对话处理原语和事务处理子层中的事务处理原语采用相同的名称,成分子层的对话处理原语以"TC-"标识,事务处理子层中的事务处理原语以"TR-"标识。例如,成分子层的对话处理原语"TC-BEGIN"对应为事务处理子层的事务处理原语"TR-BEGIN"。

成分子层的成分处理原语在事务处理子层中无相对应的部分。

6.2.3 事务处理子层

事务处理子层(TSL)提供 TR-用户间成分(对话部分为任选)的交换能力。在结构化对话情况下,事务处理子层在它的用户(TR-用户)之间提供端到端连接。这个端到端连接称为事务处理。事务处理子层也提供通过低层网络业务在同层(TR 层)实体间传送事务处理消息的能力。目前的 TR-用户是成分子层。

1. TR-*原语及参数*

成分子层与事务处理子层之间的接口是 TR-原语,TR-原语与成分子层的对话处理原语之间有一一对应的关系。TC 对话处理原语与 TR 原语的对应参见表 6.2.3。

表 6.2.3 **TC 对话处理原语与 TR 原语的对应**

TC 原语	TR 原语
TC-UNI	TR-UNI
TC-BEGIN	TR-BEGIN
TC-CONTINUE	TR-CONTINUE
TC-END	TR-END
TC-U-ABORT	TR-U-ABORT
TC-P-ABORT	TR-P-ABORT

TR-原语的参数定义如下。

业务质量:TR-用户指示可接受的业务质量,在无连接网络中的业务质量规定 SCCP 的"返回选择"及"顺序控制"参数。

目的地地址和起源地址:识别目的地 TR-用户和起源 TR-用户,采用 SCCP 的全局码 GT 或信令点编码和子系统的组合来表示。

事务处理 ID:事务处理在每一端都有一个单独的事务处理 ID。

终结:识别事务处理终结的方式(预先安排的或基本的)。

用户数据:包含在 TR-用户间所传送的信息,成分部分在事务处理子层作为用户数据。

P-Abort:指明由事务处理子层终止事务处理的原因。

报告原因:指明 SCCP 返回消息时的原因,这个参数仅用于 TR-NOTICE 指示原语。

2. 消息类型

为了完成一个应用业务,两个 TC 用户需双向交换一系列 TCAP 消息。消息交换的开始、继续、结束及消息内容均由 TR-用户控制和解释,事务处理子层则对事务的启动、保持和终结进行管理,并对事务处理过程中的异常情况进行检测和处理。

虽然 TCAP 消息中包含的对话内容取决于具体应用,但是事务处理子层从事务处理的角度出发,对消息进行分类,这种分类与应用完全无关。

(1) 非结构化对话

非结构化对话用于传送不期待回答的成分。它没有对话启动、保持和终结的过程。传送非结构化对话的是单向消息 UNI,在单向消息中,没有事务处理 ID,这类消息之间没有联系。

(2) 结构化对话

结构化对话包含启动、保持、终结 3 个阶段,传送结构化对话的消息有以下 4 种类型。

起始消息(Begin):该消息指示和远端节点的一个事务(对话)开始,该消息必定带有一个本地分配的源端事务标识号,用于标识这一事务。

继续消息(Continue):这类消息用来双向传送对话消息,指示对话处于保持(信息交换)状态。为了使接收端判定该消息属于哪一个对话,该消息必须带有两个事务标识号,即源端事务标识号和目的地事务标识。对端收到继续消息后,根据目的地事务标识号确定该消息所属的对话。

结束消息(End):该类消息指示对话正常结束。可由任意一端发出。在该消息中必须带有目的地事务标识号,用以指明要结束的对话。

终止消息(Abort):该消息指示对话非正常结束。它是在检测到对话过程出现差错时发出的消息。终止一个对话可由 TC 用户或事务处理子层发起。

结构化对话中的每个对话都对应一对事务标识号,分别由对话两端分配。每个标识号只在分配的节点中有意义。对于每个消息而言,其发送端分配的标识号为源端事务标识号,接收端分配的为目的地事务标识号,源端事务标识号供接收端回送消息时作为目的地标识号用,目的地事务标识号供接收端确定消息所属的对话。

6.3　事务处理能力消息格式及编码

6.3.1　事务处理能力消息与消息信令单元、信令连接控制部分消息的关系

TCAP 消息是封装在 SCCP 消息中的用户数据部分的。TCAP 消息与消息信令单元(MSU)、SCCP 消息的关系见图 6.3.1。

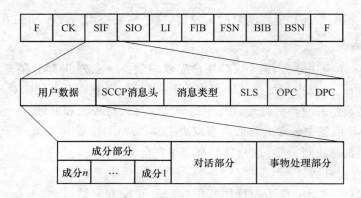

图 6.3.1　TCAP 消息与 MSU、SCCP 消息的关系

TCAP 消息包括事务处理部分、对话部分及成分部分。无论是哪部分,都采用一种标准的统一的信息单元结构,即每一个 TCAP 消息都由若干个多层嵌套的信息单元构成。

6.3.2　信息单元结构

组成 TCAP 消息的每一个信息单元(Information Element)都具有相同的结构。一个信息单元由标签(Tag)、长度(Length)和内容(Contents)组成,信息单元的结构如图 6.3.2 所示。它们总是以图 6.3.2 中的次序出现。标签用来区分类型和负责内容的解释。长度用来说明内容的长度。内容是单元的实体,包含了信息单元需要传送的内容。

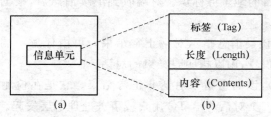

图 6.3.2　信息单元的结构

信息单元有两种类型:基本式和构成式。基本式信息单元的内容是一个值,构成式信息单元的内容可以嵌套一个或多个信息单元(构成式),如图 6.3.3 所示。

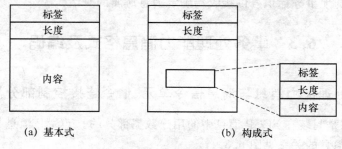

图 6.3.3　内容的类型

1．标签

标签用来区分信息单元并负责内容的解释。标签由"类别"、"格式"及"标签码"组成，如图 6.3.4 所示。

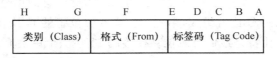

H	G	F	E	D	C	B	A
类别（Class）		格式（From）		标签码（Tag Code）			

图 6.3.4　标签的格式

（1）标签类别（Tag class）

标签的最高有效位（H 和 G）用来指明标签的类别。标签可分为通用类、全应用类、上下文专有类和专有类 4 种类别。

通用类是 CCITT 建议 X.209 中标准化的标签，且与应用类型无关。通用标签可以用于使用通用类信息单元的任何地方。通用类是由抽象语法记法 ASN.1 所定义的一些最常用的数据类型。

全应用类用于贯穿在应用 CCITT No.7 TC（即 TC-用户）的所有应用（即 ASE）都标准化的信息单元。在 TCAP 消息中的事务处理部分都采用了全应用类标签。

上下文专有类用于在下一个较高结构的上下文中规定的信息单元，并考虑同一结构内其他数据单元的序列。该标签可以用于一个结构中的标签，这些标签可以在任何其他的结构中再使用。在 TCAP 消息中的成分类型标签采用了上下文专有类标签。

专有类保留用于对一个国家、一个网络或一个专用用户规定的信息单元。

（2）单元格式（Element form）

比特 F 用来指明单元是"基本式"还是"构成式"。当 F＝0 时说明该信息单元是基本式，当 F＝1 时说明该信息单元是构成式。

一个基本式单元中的内容只有一个值。一个构成式单元的内容还可以包含一个或多个信息单元，这些信息单元可以是基本式，也可以是构成式，对于构成式信息单元的嵌套深度没有限制。

（3）标签码（Tag Code）

标签码的第一个八位位组的 A 到 E 比特加上任何扩充的八位位组构成标签码。标签码的格式见图 6.3.5。

标签码可分为单字节格式和扩充的格

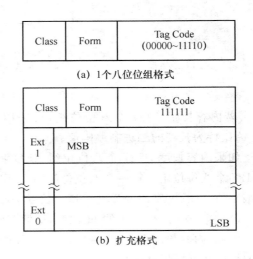

图 6.3.5　标签码的格式

155

式。在单字节格式中,标签码占标签的 A～E 比特,提供的标签码范围从 00000～11110 (十进制 0～30)。若标签码的值大于 30,需采用多字节的扩充格式。扩充的方法是把第一个八位位组的 A 到 E 比特编码为 11111,接下来的八位位组的 H 比特作为扩充指示比特,如果 H 比特置 1,表示下一个八位位组也用来作为标签码的扩充。合成的标签码由每个扩充八位位组的 A 到 G 比特组成,第一个扩充八位位组的 G 比特是最高有效位,最后扩充的八位位组的 A 比特是最低有效位。标签码 31 在一个单扩充八位位组的 G 比特至 A 比特的编码为 0011111。较高的标签码(>31)从这点起延续,使用最少可能的八位位组。

2. 内容长度

内容长度字段指明内容中八位位组的数目。它不包括标签字段及内容长度字段的八位位组。

内容长度字段采用短、长或不定 3 种格式。内容长度字段的格式如图 6.3.6 所示。

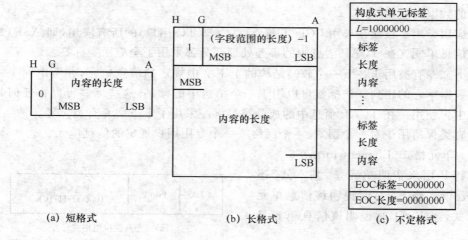

(a) 短格式　　　　　　(b) 长格式　　　　　　(c) 不定格式

图 6.3.6　长度字段的格式

若内容长度≤127 个八位位组,可采用短格式。它只占一个字节,H 比特位置 0, G～A比特为长度的二进制编码值。

如果内容长度>127 个八位位组,长度字段可采用长格式。长格式的长度字段占 2 到 127 个八位位组。第一个八位位组的 H 比特编码为 1,G 至 A 比特的无符号二进制数的编码值=(长度字段的长度-1)。长度字段本身编码为一个无符号的二进制数,其最高有效位是第二个八位位组的 H 比特,最低有效位是最后一个八位位组的 A 比特。

例如,内容长度 L=201,则其长度字段的编码为 10000001 11001001。由于其长度字段的长度=2,所以其长度字段的第一个字节的低 7 位的值为(2-1=1),第二个字节的值为 11001001(201 的无符号二进制数)。

当信息单元是一个构成式时,可以(但不一定必须)用不定格式来代替短格式或长格式。在不定格式中,长度字段占一个八位位组,其编码固定为10000000,它并不表示信息内容的长度,只是采用不定格式的标志。采用不定格式时,用一个特定的内容结束(EOC)指示码来终止信息单元。内容结束指示用一个单元来表示,其类别是通用类,格式是基本式,标签码是0值,其内容不用且不存在,即:

EOC信息元(标记=00000000,长度=00000000)

6.3.3　事务处理能力消息的结构

TCAP消息的结构见图6.3.7。

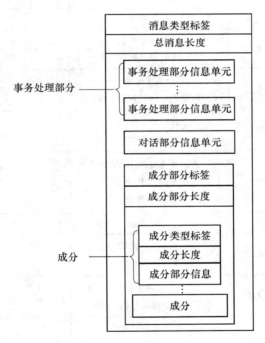

图 6.3.7　TCAP消息的结构

由图6.3.7可知,整个TCAP消息是一个单一的构成式,由消息类型标签、总消息长度和内容组成。

内容部分包含基本式的事务处理部分信息单元,任选的构成式的对话部分信息单元,构成式的成分部分。

成分部分又可包含一个或多个成分。每个成分又是包含多个信息单元的构成式。

157

6.3.4 事务处理部分消息的结构和编码

事务处理部分信息单元采用全应用类标签编码。事务处理消息可分为单向消息（UNI）、起始消息（Begin）、继续消息（Continue）、结束消息（End）和终止消息（Abort）。

各类消息所包含的信息元及信息元格式请参见表 6.3.1。

表 6.3.1   各类消息类型包含的事务处理字段

名 称	单元格式	事务处理部分字段	必备指示
单向消息类型	构成式	消息类型标签 总消息长度a)	M
	构成式	对话部分	O
	构成式	成分部分标签 成分部分长度	M
	构成式	一个或多个成分 （不是事务处理部分的一部分）	M
开始消息类型	构成式	消息类型标签 总消息长度a)	M
	基本式	起源事务处理 ID 标签 事务处理 ID 长度 事务处理 ID	M
	构成式	对话部分	O
	构成式	成分部分标签 成分部分长度	Ob)
	构成式	一个或多个成分 （不是事务处理部分的一部分）	O
结束消息类型	构成式	消息类型标签 总消息长度a)	M
	基本式	目的地事务处理 ID 标签 事务处理 ID 长度 事务处理 ID	M
	构成式	对话部分	O
	构成式	成分部分标签 成分部分长度	Ob)
	构成式	一个或多个成分 （不是事务处理部分的一部分）	O

名 称	单元格式	事务处理部分字段	必备指示
继续消息类型	构成式	消息类型标签 总消息长度[a]	M
	基本式	起源事务处理 ID 标签 事务处理 ID 长度 事务处理 ID	M
	基本式	目的地事务处理 ID 标签 事务处理 ID 长度 事务处理 ID	M
	构成式	对话部分	O
	构成式	成分部分标签 成分部分长度	O[b]
	构成式	一个或多个成分 （不是事务处理部分的一部分）	O
终止消息类型	构成式	消息类型标签 总消息长度[a]	M
	基本式	起源事务处理 ID 标签 事务处理 ID 长度 事务处理 ID	M
	基本式	P-Abort 原因标签 P-Abort 原因长度 P-Abort 原因	O[c]
	构成式	对话部分	O[d]

注：M——必备；O——任选。

a) 当在 No.7 信令系统无接续环境中采用 TCAP 时,用户应该了解总消息长度的限制。

b) 当消息中有成分时应有成分部分标签。

c) 当终止由事务处理子层产生时,应有 P-Abort 原因。

d) 对话部分任选,当终止由 TC 用户产生时才出现。

单向消息 UNI 用来传送不期待回答的成分,所以成分部分是其必备字段,作为可选项,也可以用来传送包含非成分数据的对话部分信息单元。由于单向消息之间没有联系,所以不包含事务处理标识。

开始消息(Begin)是用来启动一个结构化对话的,所以在 Begin 消息中必须包含起源事务处理 ID,用以标识这一对话,包含一个或多个成分的成分部分及包含非成分数据的对话部分是任选项。

继续消息(Continue)用于双向传送成分数据或非成分数据。在继续消息中,起源事务处理 ID 及目的地事务处理 ID 是必备项,其中起源事务处理 ID 用来作为该消息的发送端的事务处理标识,目的地事务处理 ID 与它从同层节点收到的第一个消息的起源事务处理 ID 有相同的值,作为该消息的接收端的事务处理标识。包括非成分数据的对话部分(任选项)及包括一个或多个成分的成分部分。

结束消息 End 用于正常结束一个事务处理。结束消息中目的地事务处理 ID 是必备字段,对话部分和成分部分是可选字段。

终止消息(Abort)用来非正常结束一个事务处理。该消息中目的事务处理 ID 是必备字段,当终止由事务处理子层产生时,应有 P-Abort 原因字段,当终止由 TC 用户产生时,可出现作为任选的对话部分。

事务处理部分字段的编码可参见表 6.3.2。

表 6.3.2 事务处理部分字段的编码

字段名称		编 码
		HGFEDCBA
消息类型标签	单向(Unidirectional)	0 1 1 0 0 0 0 1
	开始(Begin)	0 1 1 0 0 0 1 0
	(保留)	0 1 1 0 0 0 1 1
	结束(End)	0 1 1 0 0 1 0 0
	继续(Continue)	0 1 1 0 0 1 0 1
	(保留)	0 1 1 0 0 1 1 0
	终止(Abort)	0 1 1 0 0 1 1 1
事务处理 ID	起源事务处理 ID 标签	0 1 0 0 1 0 0 0
	目的地事务处理 ID 标签	0 1 0 0 1 0 0 1
P-Abort 原因标签		0 1 0 0 1 0 1 0
对话部分标签		0 1 1 0 1 0 1 1
成分部分标签		0 1 1 0 1 1 0 0
P-Abort 原因值	未被识别的消息类型	0 0 0 0 0 0 0 0
	未被识别的事务处理 ID	0 0 0 0 0 0 0 1
	不良结构的事务处理部分	0 0 0 0 0 0 1 0
	不正确的事务处理部分	0 0 0 0 0 0 1 1
	资源限制	0 0 0 0 0 1 0 0

6.3.5 成分部分的结构和编码

成分部分存在时,由一个或多个成分组成。每个成分都是一个构成式信息单元,包含一系列信息单元。

160

各种不同类型成分部分的结构参见表 6.3.3。

表 6.3.3 成分部分的结构

名 称	单元格式	成 分	必备指示	名 称	单元格式	成 分	必备指示
调用成分	构成式	成分类型标签 成分长度	M	返回差错成分	构成式	成分类型标签 成分长度	M
	基本式	调用 ID 标签 调用 ID 长度 调用 ID	M		基本式	调用 ID 标签 调用 ID 长度 调用 ID	M
	基本式	链接 ID 标签 链接 ID 长度 链接 ID	O		基本式	差错码标签 差错码长度 差错码	M
	基本式	操作码标签 操作码长度 操作码	M		基本式/构成式	参数标签 参数长度 参数	O
	基本式/构成式	参数标签 参数长度 参数	O				
返回结果（最终）和返回结果（非最终）成分	构成式	成分类型标签 成分长度	M	拒绝成分	构成式	成分类型标签 成分长度	M
	基本式	调用 ID 标签 调用 ID 长度 调用 ID	M		基本式	调用 ID 标签 调用 ID 长度 调用 ID	M
	构成式	序列标签 (Sequence Tag) 序列长度	O		基本式	问题码标签 问题码长度 问题码	M
	基本式	操作码标签 操作码长度 操作码	O				
	基本式/构成式	参数标签 参数长度 参数	O				

注:M——必备;O——任选。

从表中可见,共有调用成分、返回结果(最终)成分、返回结果(非最终)成分、返回差错成分及拒绝成分 5 种类型。

调用成分用来请求远端执行一个操作,调用 ID 用来识别该操作,操作码用来说明一个操作的功能,操作码由 TC-用户定义,参数部分用来说明执行该操作所需的参数。链接 ID 用来识别该操作所链接的起源操作,这是一个可选字段,只有当一个操作链接到一个起源操作时才出现。

返回结果（最终）成分或返回结果（非最终）成分是在操作被成功执行后用来返回操作的执行结果的,其中的调用 ID 字段应与调用成分中的调用 ID 值相同,以便识别是哪一个操作的返回结果。参数用来表示返回的结果,当参数单元是几个信息单元的集合时,相应的数据类型应从序列（Sequence）得到。

返回差错成分是在操作失败时用来返回有关差错情况的,其中调用 ID 的值应与操作调用成分中的调用 ID 值相同,差错码用来说明发生了何种差错,参数是可选字段,用来进一步对差错情况进行描述。

拒绝成分是在 TC-用户或成分子层发现成分信息出错或无法理解时,对某个成分拒绝时发送的,其中的问题码参数用来说明拒绝该成分的原因。

成分部分的编码可参见表 6.3.4。

表 6.3.4　成分部分的编码

标签名称		编码 H G F E D C B A	问题码名称		编码 H G F E D C B A
成分类型标签	调用	1 0 1 0 0 1 0 1	一般问题	未被识别的成分	0 0 0 0 0 0 0 0
	返回结果（最终）	1 0 1 0 0 0 1 0		类型错误成分	0 0 0 0 0 0 0 1
	返回差错	1 0 1 0 0 0 1 1		不良结构成分	0 0 0 0 0 0 1 0
	拒绝	1 0 1 0 0 1 0 0	调用问题	重复调用 ID	0 0 0 0 0 0 0 0
	（保留）	1 0 1 0 0 1 0 1		未被识别的操作	0 0 0 0 0 0 0 1
	（保留）	1 0 1 0 0 1 1 0		错误类型参数	0 0 0 0 0 0 1 1
	返回结果（非最终）	1 0 1 0 0 1 1 1		资源限制	0 0 0 0 0 0 1 1
成分 ID 标签	调用 ID	0 0 0 0 0 0 1 0		启动释放	0 0 0 0 0 1 1 1
	链接 ID	1 0 0 0 0 0 0 0		未被识别的链接 ID	0 0 0 0 0 1 1 1
空　标　签		0 0 0 0 0 1 0 1		非预期的链接响应	0 0 0 0 0 1 1 0
操作码标签	本地操作码标签	0 0 0 0 0 0 1 0		非预期的链接操作	0 0 0 0 0 1 1 1
	全局操作码标签	0 0 0 0 0 1 1 0	返回结果问题	未被识别的调用 ID	0 0 0 0 0 0 0 0
参数标签	序列标签（Sequence Tag）	0 0 1 1 0 0 0 0		返回非预期结果	0 0 0 0 0 0 0 1
	集合标签（Set Tag）	0 0 1 1 0 0 0 1		错误类型参数	0 0 0 0 0 0 1 0
差错码标签	本地差错码标签	0 0 0 0 0 0 1 0	差错问题	未被识别的调用 ID	0 0 0 0 0 0 0 0
	全局差错码标签	0 0 0 0 0 1 1 0		非预期返回差错	0 0 0 0 0 0 0 1
问题码类型标签	一般问题	1 0 0 0 0 0 0 0		未被识别的差错	0 0 0 0 0 0 1 0
	调用问题	1 0 0 0 0 0 0 1		非预期差错	0 0 0 0 0 0 1 1
	返回结果问题	1 0 0 0 0 0 1 0		错误类型的参数	0 0 0 0 0 1 0 0
	返回差错问题	1 0 0 0 0 0 1 1			

图 6.3.8 是一个检测到的 TCAP 消息的实例。

65	继续消息（构成式）
14	总消息长度
48	起源事务处理标签（基本式）
03	起源事务处理ID长度
AA 03 24	起源事务处理ID值
49	目的地事务处理标签（基本式）
03	目的地事务处理ID长度
0B 02 D6	目的地事务处理ID值
6C	成分部分标签（构成式）
08	成分部分长度
A1	调用成分标签（构成式）
06	调用成分长度
02	调用ID标签（基本式）
01	调用ID长度
7F	调用ID值
02	本地操作码标签（基本式）
01	操作码长度
1D	操作码值

图 6.3.8 TCAP 消息的实例

6.3.6 对话部分

对话部分是可选择的部分，用来传送 TC-用户发送的非成分数据。当 TC-用户发出的对话控制原语 TC-Begin 请求原语中包含应用上下文参数时，则某个 TC 对话控制原语也能形成对话控制协议控制单元(APDU)。

对话部分有对话控制(PDU)或用户信息组成。对话部分是外部(External)类型。

6.4 事务处理能力过程

6.4.1 概述

事务处理能力的目的是为各种应用业务在网络环境中的信息交互提供统一的支持。在电信网络中经常要用到一问一答(或称请求/响应)这种模式的通话。远端操作服务元素(ROSE)用来对这种请求/响应的交互进行有效地管理。ROSE 提供的服务可以把一个用户所要进行的远端操作和携带的参数，传递给位于远端的另一个用户，并由远端的用户执行该操作。然后利用 ROSE 提供的服务把对操作的响应信息发回给远端操作的调用者。

事务处理能力(TC)的信令协议是在 CCITT 建议 X.209(远端操作 ROSE 模型和操作定义)和 X.229(远端操作协议规范)的基础上,作了若干性能增强后形成的。在 TC 信令协议中的成分就是用来传送执行一个远端操作的请求或应答的数据单元。

事务处理能力使 TC-用户可以通过事务处理能力应用部分(TCAP)的消息交换成分。作为任选,它也允许在两个 TC-用户间传送应用上下文名称和用户信息(非成分数据)。

为了保证协议结构和实现方式的高度灵活性,TCAP 信令过程严格限定本身支持 TC 用户之间的成分交换,作为可选,也支持 TC-用户交换应用上下文名称和用户信息(非成分数据)。所有过程与具体应用无关。

当低层(子层)需求的与原语相联系的参数的选择与本层无关时,参数值只是简单地穿过原语接口。同样,通过原语接口接收的参数不是 TCAP 功能所需的参数也简单地穿过原语接口送给 TC 用户。

TCAP 原则上可以由 OSI(开放系统互连)网络层支持,在 No.7 信令环境中,TCAP 直接由信令连接控制部分 SCCP 的无连接服务支持,TC 消息将采用 SCCP 提供的寻址方案。

TCAP 过程分为成分子层过程和事务处理子层过程。成分子层过程为 TC-用户提供调用远端操作和接收回答的能力,并从 TC 用户接收对话控制信息和用户信息并在适当时产生对话协议控制单元 APDU。

事务处理子层过程的功能是在用户间建立端到端连接,在事务子层消息中传送一系列成分和作为任选的对话部分。

6.4.2　成分子层过程

成分子层提供两类过程:成分处理过程;对话处理过程。

1. 成分处理过程

(1) 成分处理业务原语与成分类型的对应

成分处理提供 TC-用户调用远端过程并接收响应的能力。成分处理过程将成分处理原语与各个成分类型相对应。

当接收到 TC-用户发出的成分请求原语时,成分处理过程对原语进行处理,产生相应的成分子层的协议数据单元(PDU)。当接收到远端发来的成分时,成分处理过程对其进行处理,并产生相应的 TC-成分指示原语通知 TC-用户。TC-成分处理原语与成分子层的协议数据单元(PDU)的对应关系见表 6.4.1。

表 6.4.1 TC-成分处理原语与成分类型的对应

业务原语	缩写	成分类型
TC-INVOKE	INV	INVOKE
TC-RESULT-L	RR-L	返回结果(最终)
TC-U-ERROR	RE	返回错误
TC-U-REJECT	RJ	拒绝
TC-R-REJECT	RJ	拒绝
TC-L-REJECT		
TC-RESULT-NL	RR-NL	返回结果(非最终)
TC-L-CANCEL		
TC-U-CANCEL		

由表可知,当接收到 TC-用户发出的 TC-INVOKE、TC-RESULT-L、TC-RESULT-NL、TC-U-ERROR、TC-U-REJECT 请求原语时,成分子层将分别产生 INVOKE、返回结果(最终)、返回结果(非最终)、返回错误和拒绝成分,而当成分子层从远端接收到相应的成分时,将发出对应指示原语通知 TC-用户。当接收到远端发出的拒绝成分并确定是被远端成分子层拒绝时,就用 TC-R-REJECT(远端拒绝)指示原语通知 TC-用户。当TC-用户发出的成分数据被成分子层检查出语法错误时,成分子层就用 TC-L-REJECT(本地拒绝)指示原语通知 TC-用户,这个动作仅是本地的,没有相应的成分类型产生。当TC-用户用 TC-U-CANCEL 请求原语通知成分子层决定撤销某个操作时,成分子层将该操作对应的 ID 状态机置为空闲,这个动作仅是本地的,没有相应的成分类型产生。当成分子层发现某个操作的时限超时时,就将该操作对应调用 ID 的状态机置为空闲,并用 TC-L-CAN-CEL 指示原语通知 TC-用户,同样这个动作仅是本地的,没有对应的成分类型产生。

(2) 调用 ID 的管理

成分子层的一个重要功能就是对调用 ID 的状态进行管理。调用 ID 由调用端在操作调用时分配,每个调用 ID 值与一个操作调用及其相应的调用状态机(ISM)相联系,对该调用 ID 状态机的管理仅仅在调用操作的一端发生。另一端在其对操作调用的回答中反映这一调用 ID,并不管理该调用 ID 的状态机。

注意,两端都可以以全双工方式调用操作,即每一端都可以自由地分配各自独立的调用 ID,并管理它已调用的操作的状态机。

当相应的状态机回复到空闲时,调用 ID 值可以重新分配。但是,当发生某些不正常情况时,立即重新分配可能会导致错误的产生。所以释放的 ID 值(当状态机回复空闲时)不应立即进行重新分配,必须冻结一段时间后才能重新使用。冻结的方式与实际实现有关。

在 6.2 节中已经说明,根据对操作执行结果应答的不同要求,操作可分为以下 4 个类别:

1 类:报告成功或失败;

2 类:只报告失败;

3 类:只报告成功;

4 类:成功和失败都不报告。

对于每个操作类别,规定了不同类型的状态机,各类状态机的状态转换图分别见图 6.4.1 至图 6.4.4。

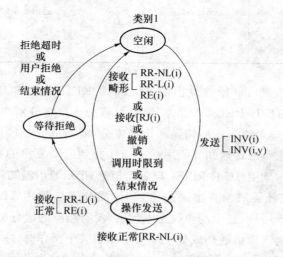

图 6.4.1　操作类别 1 的状态转换图

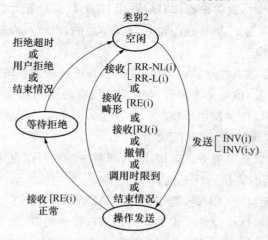

图 6.4.2　操作类别 2 的状态转换图

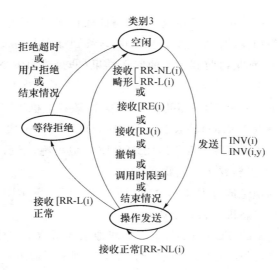

图 6.4.3 操作类别 3 的状态转换图

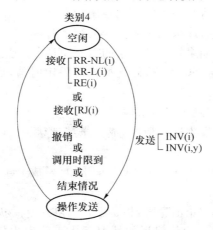

图 6.4.4 操作类别 4 的状态转换图

由图可见,每个成分的状态机有以下 3 种状态,这 3 种状态定义如下:

空闲(Idle):调用 ID 值不分配给任何悬而未决的操作。

操作发送(Operation Sent):调用 ID 值分配给一个未完成或未拒绝的操作。"操作发送"状态是在调用成分被传送时启动。

等候拒绝(Wait for Reject):当收到一个表明操作完成的成分时,接收的 TC-用户可以拒绝这个结果。等候拒绝状态的引入,就使调用 ID 可以保留一段时间,以便有可能拒绝。

下面对操作类别 1 的状态转移图进行说明。

当一个调用 ID(i)未分配给一个操作时,处于空闲状态,当从 TC-用户收到一个操作调用请求原语并将此调用 ID(i)分配给此操作,与此操作相关的调用成分被启动传送时,成分子层启动与此操作相关的定时器,调用 ID(i)转移到操作发送状态。

在操作发送状态下,如果接收到正常的回送结果(非最终)RR-NL(i)成分,该状态机仍维持在"操作发送"状态。

在操作发送状态下,如果发生以下不正常的事件,该状态机将转到空闲状态:

接收到畸形的成分 RR-NL(i)、RR-L(i)或 RE(i),即成分子层发现接收到的这几种成分出现语法错,这时成分子层用 TC-L-REJECT(本地拒绝)指示原语通知 TC-用户该成分已被拒绝,并将状态机转移到空闲状态。

接收到远端发来的拒绝成分 RJ(i),这时成分子层用 TC-R-REJECT(远端拒绝)指示原语通知 TC-用户并将状态机转移到空闲状态。

接收到 TC-用户发来的 TC-U-CANCEL 请求原语要求撤销此操作,这时成分子层将状态机恢复到空闲状态,撤销对此操作的定时,以后收到的任何进一步的回答都被丢弃。

与该操作对应的定时器超时,成分子层用 TC-L-CANCEL 指示原语通知 TC-用户:由于超时而撤销此操作,并将状态机转移到空闲状态。

当收到结束或中止消息,或采用预先安排的结束时,将状态机转移到空闲状态。

在"操作发送"状态下,如果接收到正常的 RR-L(i)成分或 RE(i)成分时,成分子层用相应指示原语将结果发送给 TC-用户,停止操作时限定时器,启动等待拒绝定时器,状态机转移到"等待拒绝"状态。

在"等待拒绝"状态可能发生以下事件:

等待拒绝定时器超时,发生这种情况,成分子层就认为 TC-用户已经接受了该成分,状态机回复到空闲。

接收到 TC-用户发出的 TC-U-REJECT 请求原语,成分子层产生相应的拒绝成分发往远端,状态机回复到空闲。

结束情况:收到结束或中止消息时,将状态机回复到空闲状态。

2 类操作只报告失败。在协议错误的情况下也可能发生拒绝。注意,对于 2 类操作来说,在操作发送状态下,如果接收到 RR-NL(i)或 RR-L(i)成分是不正常情况。在调用 2 类操作时,调用端将保持 ID(i)激活,直到已经收到回答和不能被拒绝为止,或直到超时撤销(注意:该类操作超时为正常情况)或结束情况发生为止,参见图 6.4.2。

3 类操作只报告成功。在协议错误情况下也可能发生拒绝。当调用 3 类操作时,调用端将保持 ID(i)激活,直到已经收到回答和不再能被拒绝为止,或直到超时撤销(注意:超时撤销为正常情况)或结束情况发生为止,参见图 6.4.3。

4 类操作不报告操作的结果。在协议错误情况下也可能发生拒绝,在 4 类操作时,超时撤销为正常情况,参见图 6.4.4。

(3)成分流程图举例

与 CCITT 建议 X.229(远端操作协议规范)兼容的成分传送流程图见图 6.4.5。流程图示出了与调用的操作相关的有效成分序列的传送情况。

在图 6.4.5(a)中,操作调用端发送调用成分 Invoke(i)或 Inv(i,x),操作执行端根据执行结果回送结果成分,回送错误成分或拒绝成分。

在图 6.4.5(b)中,操作调用端发送调用 Invoke(i)或 Inv(i,x)操作,执行端回送结果(最终)或回送错误进行响应,操作调用端拒绝接受回送的成分,发送拒绝成分 Reject(i)通知对端。

在图 6.4.5(c)中,操作调用端向目的地端发送操作调用 Invoke(i)请求执行一个操作,目的地端在执行该操作时,需要对方提供进一步的信息,目的地端向对方发送一个索取信息的操作请求,并将这个操作链接到第一个操作调用,Invoke(x,i)中的调用标识 i 称为链接 ID。图 6.4.5(d)中示出了多重链接操作的情况。

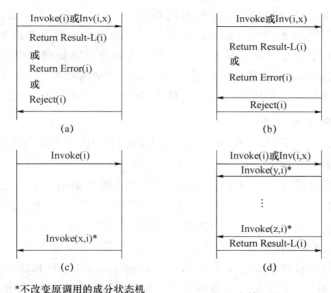

*不改变原调用的成分状态机

图 6.4.5　成分流程

2. 借助 TC 原语的对话控制

(1) 对话处理原语与对话控制 APDU 的对应关系

TC-用户可使用 TC-UNI、TC-BEGIN、TC-CONTINUE、TC-END 4 个原语来控制成分的传送。

如果 TC-BEGIN 请求原语中包括应用上下文参数,则 TC 对话控制原语也能形成对话控制协议数据单元 APDU。

当 TC-用户发出的 TC-UNI 请求原语中包含应用上下文参数时,成分子层将产生单向对话 PDU。

当 TC-用户发出的 TC-BEGIN 请求原语中包含应用上下文参数时,成分子层产生对话请求 AARQ 协议数据单元。

对 TC-用户为响应包含应用上下文参数的 TC-BEGIN 指示原语而发出的第一个 TC-CONTINUE 请求原语,成分子层将产生对话响应 AARE(接受)协议数据单元。同样,对 TC-用户为响应 TC-BEGIN 指示原语发出的 TC-END 请求原语,成分子层也产生对话响应 AARE(接受)协议数据单元。

对话控制 PDU 在 TC 消息的对话部分中。对话部分(若出现)与成分部分一起作为 TR-业务原语的用户数据传送到事务处理子层。

(2) 对话过程

TC-用户应用对话控制请求原语(TC-UNI、TC-BEGIN、TC-CONTINUE 或 TC-END)来触发所有先前通过的具有相同对话 ID 成分的传送。成分子层收到以上 TC-对话控制原语后,依次通过 TR 原语向事务子层触发相应的业务请求。

在消息中的各个成分以它们从本地 TC-用户由成分子层收到的相同的次序传送到远端的 TC-用户,相应的指示原语被成分子层用来通知对话接收端的 TC-用户。

对话过程可分为对话开始、对话证实、对话继续和对话结束 4 个阶段。

3. 事务处理子层过程

在结构化对话情况下,事务处理子层在其用户(TR-用户)之间提供端到端连接,这个端到端连接称为事务处理。

事务处理子层处理 TCAP 消息的事务处理部分(消息类型及事务处理 ID)。事务处理 ID 用来识别事务处理,在每端分配本地事务处理 ID。TCAP 消息的成分部分及对话部分在事务处理子层原语中作为用户数据,在成分子层和事务处理子层之间通过。

(1) TR 业务原语与消息类型的对应

事务处理子层在接收到成分子层发出的 TR 请求原语时,将根据不同的原语产生相应类型的 TCAP 消息,在接收到远端发来的 TCAP 消息时,也会产生相应的 TR 指示原语通知成分子层。TR 业务原语与 TCAP 消息类型的关系参见表 6.4.2。

表 6.4.2　TR 原语与消息的对应

业务原语	消息类型
TR-UNI	Unidirectional
TR-P-ABORT	Abort(1)
TR-BEGIN	Begin
TR-CONTINUE	Continue
TR-U-ABORT	Abort(2)
TR-END	End

注:(1)带有 P-Abort 原因信息单元;(2)空或带有用户终止信息单元。

当事务处理子层接收到 TR-用户发来的 TR-UNI、TR-BEGIN、TR-CONTINUE、TR-END 请求原语后,相应产生 Unidirectiional、Begin、Continue 和 End 消息发送到对端。同样,当接收到以上消息后也产生相应的 TR 指示原语通知 TR 用户。当接收到 TR-用户发出 TR-U-ABORT 请求原语时,产生带有用户终止信息单元(或空)的 Abort 消息发往对端。当接收到 TR-P-ABORT 请求原语时,产生带有 P-Abort 原因信息单元的 Abort 消息。当接收到远端发来的 Abort 消息时,如果该消息中带有 P-Abort 原因信息单元,则产生 TR-P-Abort 指示原语。如果该消息中带有用户终止信息单元(或空),产生 TR-U-ABORT 指示原语通知 TR-用户。

(2) 事务处理的正常过程

(a) 不建立事务处理的消息传送

当 TR-用户向另一个 TR-用户发送消息而不需要得到应答时,应用 TR-NUI 请求原语,事务子层生成没有事务处理 ID 的单向消息发往目的地端。

在接收端收到单向消息时,事务处理子层使用 TR-NUI 指示原语将消息内容传到 TR-用户,事务处理子层不采取进一步的动作。

两端发送的多条单向消息之间没有联系。

(b) 事务处理的消息传递

在使用结构化对话情况下,事务处理子层要在 TR-用户之间建立端到端连接,这个端到端连接称为事务处理。事务处理过程有开始、继续和结束 3 个阶段。为了描述方便,在以下的叙述中将发送第一条 TCAP 消息(即 Begin 消息)的节点称为"A"节点,把另一个节点称为"B"节点。

• 事务处理开始

节点 A 的 TR 用户用 TR-BEGIN 请求原语来启动一个事务处理,事务处理子层收到 TR-BEGIN 请求原语后,发送 Begin 消息到节点 B。

在 Begin 消息中包含了起源事务处理 ID(OTID),它用来标识节点 A 的这一事务处理,在以后由节点 A 发出的属于这一事务处理的后续消息中的 OTID 部分的值都与 Begin 消息中的 OTID 的值相同,在由节点 B 发出的属于这一事务处理的消息中的目的地事务处理 ID(DTID)的值也与 Begin 消息中的 OTID 的值相同。

一旦节点 A 的事务处理子层发送 Begin 消息后,在接收到来自节点 B 的属于这个事务处理的 Continue 消息之前,它不能再向节点 B 的事务处理子层为同一事务处理送出继续消息。

收到 Begin 消息后,节点 B 的事务处理子层将 TR-BEGIN 指示原语送到 TR-用户。如果 TR 用户同意建立事务处理,就发送 TR-CONTINUE 请求原语来响应 TR-BEGIN 指示原语。

• 事务处理继续

当节点 B 的事务处理子层收到 TR-CONTINUE 请求原语时,就生成 Continue 消息发送到节点 A。在 Continue 消息中包括目的地事务处理 ID(DTID)，这个 DTID 的值与节点 A 发出的 Begin 消息中的 OTID 的值相同。在 Continue 消息中，还包括起源事务处理 ID(OTID)，这个起源事务处理 ID 的值用来识别节点 B 的这个事务处理，在以后由节点 A 发出的属于这一事务处理的后续消息中的目的地事务处理 ID 的值都应与此值相同。

节点 A 的事务处理子层收到 Continue 消息后，就会发出 TR-CONTINUE 指示原语通知 TR-用户。

一旦节点 B 的用户已经用 TR-CONTINUE 请求原语响应来建立事务处理，任意一侧都可发送 Continue 消息直到事务处理结束。

- 事务处理终结

事务处理终结有基本方法和预先安排方法两种。

基本方法：任何一端的 TR-用户可以通过 TR-END 请求原语（指示基本结束）来请求事务处理子层终结事务处理。

预先安排方法：这种方法即同层实体预知在应用的某一给定点事务处理将被释放。在这种情况下，当事务处理子层收到 TR-用户发来的 TR-END 请求原语（指示预先安排的结束）时，在本地将该事务处理终结，即将与该事务处理对应的状态机置为空闲，并不向对端发送结束消息。

预定方式结束的典型应用是对分布式数据库的访问。请求访问的用户不知道它所要的信息究竟在何处，它就向所有可能具有该信息的数据库发出广播请求，最后将从存有该信息的数据库收到响应。其他的数据库可以采用预定方式结束对话，不必向请求者回送"无此信息"的消息。请求用户在收到某一数据库发来的响应后，也采用预定方式结束与其他数据库的对话。

一般情况下，使用预先安排的结束方式应限于通信实体的双方很清楚另一个实体采用预先安排的结束方式，在其他情况下应使用基本结束方式。

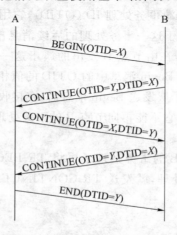

图 6.4.6　正常消息交换的一个例子

图 6.4.6 表示两个 TR-用户之间 TCAP 消息交换的一个例子。图中,节点 A 发出 Begin 消息启动一个事务处理,Begin 消息中的源端事务处理 ID(OTID)值＝X,节点 B 发出 Continue 消息中包含目的地事务处理 ID(DTID)＝X 和源端事务处理 ID(OTID)＝Y。注意,该消息中的 DTID 的值与 Begin 消息中的 OTID 的值相同。当节点 B 发出第一个 Continue 消息对 Begin 消息作出响应后,两端的事务处理已建立,两端都可以发送 Continue 消息向对端传送信息直到事务处理结束。请注意节点 A 和 B 发出的 Continue 消息中的 OTID 和 DTID 中的值的对应关系。在该例中采用的结束方式是基本结束方式,节点 A 发出 End 消息结束该事务处理。

注意,在以上消息流程中,节点 A 为该事务处理分配的事务处理 ID 值是 X,节点 B 为该事务处理分配的事务处理 ID 值是 Y。节点 A 发送给节点 B 的消息中的目的地事务处理 ID＝Y,节点 B 利用目的地事务处理 ID＝Y 来识别接收到的消息所属的事务处理;同样,节点 B 发送给节点 A 的消息中的目的地事务处理 ID＝X,节点 A 利用目的地事务处理 ID＝X 来识别接收到的消息所属的事务处理。

(3) 事务处理状态转移图

对于事务处理来说,两端的事务处理子层都有一个状态机与一个事务处理相联系。事务处理的状态转移见图 6.4.7。

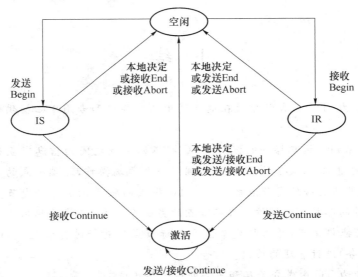

图 6.4.7　事务处理的状态转移

一个状态机有 4 种可能的状态,其状态定义如下:

空闲:状态机不存在。

发送启动(IS):Begin 消息已发出,等待来自同层实体的指示,事务处理是否已建立。

接收启动(IR):已接收到对端发来的 Begin 消息,等待来自 TR-用户的请求,即继续事务处理或终结事务处理。

激活(ACTIVE):事务处理已建立,能够双向发送 Continue 消息交换信息。

在空闲状态下,当发送端接收到 TR-用户的 TR-Begin 请求原语,已向对端发送 Begin 消息后状态机转移到发送启动(IS)状态。当接收端接收到对端发来的 Begin 消息后,用 TR-BEGIN 指示原语向 TR-用户报告后,进入接收启动(IR)状态。

在接收启动状态下,如果接收到 TR-用户发来的 TR-CONTINUE 请求原语并向对端发送了第一个 Continue 消息后进入激活状态。

在发送启动状态下,如果接收到对端发来的 Continue 消息,则用 TR-CONTINUE 指示原语向 TR 用户报告,状态机转移到激活状态。

在接收启动状态或发送启动状态下,如果接收到 TR-用户发来的 TR-END(指示预先安排的结束)请求原语,则将状态机转移到空闲状态,终结这个事务处理。如果接收到 TR 用户发来的 TR-END(指示基本结束)请求原语或 TR-ABORT 请求原语,则分别向对端发送 End 消息或 Abort 消息后将状态机转移到空闲状态,终结这个事务处理。

在激活状态下,无论是发送还是接收 Continue 消息仍维持在激活状态。如果接收到 TR-用户发出的 TR-END(指示预先安排结束)则转移到空闲状态并终结这个事务处理。如果发送或接收到 End 消息或者 Abort 消息都将状态机转移到空闲并终结这个事务处理。

小 结

事务处理能力(TC)为大量分散在电信网中的交换机和专用中心提供信息请求和响应的对话能力。

TC 的核心采用了远端操作的概念。TC 将不同节点之间的信息交互过程抽象为一个关于"操作"的过程,即起始节点的用户调用一个远端操作,远端节点的用户执行该操作,并将操作结果回送给始发节点的用户。TC 提供的服务就是将始发节点用户调用的远端操作和携带的参数传送给位于目标节点的另一个用户,并将远端用户执行操作的响应回送给始发节点调用者,并对始发节点和目标节点的对话进行管理。TC 协议就是对操作和对话(事务)进行管理的协议。

事务处理能力 TC 由成分子层和事务处理子层组成。

成分子层的基本功能是处理成分,即传送远端操作及响应的协议数据单元和作为任选的对话部分信息单元。

成分是 TCAP 消息的基本构件,一个成分对应于一个操作请求或响应。基本的成分类型有操作调用成分、回送非最后结果成分、回送最后结果成分、回送错误成分及拒绝成分。

根据对操作在执行结果应答的不同要求,将操作分为 4 个不同的类别。

TC-用户间的对话可分为非结构化对话和结构化对话。结构化对话包含对话启动、对话证实、对话继续、对话结束 4 个阶段。

事务处理子层提供 TR-用户间成分(对话部分作为任选)的交换能力。在结构化对话情况下,事务处理子层在其用户之间提供端到端连接,这个端到端连接称为事务处理。

TC 用户与成分子层的接口是 TC-原语,成分子层与事务处理子层的接口是 TR-原语。事务处理子层与信令连接控制部分(SCCP)之间的接口是 N-原语。

TCAP 消息是封装在 SCCP 消息中的用户数据部分的。TCAP 消息包括事务处理部分,成分部分和作为任选的对话部分。无论是哪部分,都采用标准的信息单元结构。

一个信息单元包括标签、长度和内容 3 部分。标签用来区分类型和负责内容的解释,长度用来说明内容的长度,内容是单元的实体,包含了单元需传送的信息。

每个单元的内容可以是一个值(基本式),也可以嵌套一个或多个信息单元(构成式),对于构成式信息单元的嵌套深度没有限制。

TCAP 消息有起始消息、继续消息、结束消息、放弃消息和单元消息 5 种类型。

事务处理过程分为成分子层过程和事务处理子层过程。

成分子层过程为 TC-用户提供调用远端操作和接收回答的能力,并从 TC 用户接收对话控制信息和用户信息(非成分数据),在适当时产生对话控制协议数据单元 APDU。

事务处理子层过程的功能是在用户间建立端到端连接,即利用会话双方分配的一对事务处理标签来识别接收到的 TCAP 消息所属的事务处理。在事务子层消息中传送一系列成分和作为任选的对话部分。

思考题和习题

1. 简要说明 TC 提供的基本服务。

2. 简要说明 TC 的基本结构及各部分的基本功能。

3. 成分有哪几种类型? 简要说明各种类型成分的基本功能。

4. 根据对操作执行结果应答的不同要求,操作可分为哪几个类别? 简要说明各类操作的含义。

5. 结构化对话包含哪几个阶段?

6. 何谓基本结束? 何谓预先安排结束?

7. 简要说明信息单元的基本结构及各部分作用。

8. 什么是基本式? 什么是构成式? 信息单元的长度字段有哪几种格式?

9. 画出 Begin 消息的基本结构图,简要说明各部分的作用。

10. 画出操作类型 1 的状态转换图并简要说明在操作发送状态下可能接收到的各种

事件及相应的状态转移。

11. 画出用两个分段结果来相应 1 类操作的成分流程图并作简单说明。

12. 设节点 A 发出的 Begin 消息中的源端事务 ID 值 OTID＝5，节点 B 发出的第一个 Continue 消息中的 OTID＝7，以后节点 A 和节点 B 又各发出了一个 Continue 消息后由节点 B 采用基本方式结束事务处理。请画出消息交换流程并标出每条消息中相应的 OTID 或 DTID 的值。

13. 画出事务处理状态迁移图并简要说明在接收启动状态下可能发生的事件及相应的状态迁移。

第 7 章

数字移动通信系统的信令

学习指导

本章首先介绍了数字移动通信系统的结构、信令接口以及编号计划,然后介绍了无线接口和 A 接口的信令,最后介绍了移动应用部分 MAP 的主要信令过程。

通过本章的学习,应掌握数字移动通信系统的无线接口、A 接口及 C/D、E/G 接口的信令结构及数字移动通信系统的编号计划,掌握位置登记及呼叫建立期间获得路由信息、短消息发送、接收等信令的信令流程,了解其他信令过程。

7.1 移动通信系统的结构及网络接口

7.1.1 数字移动通信系统的结构

数字公用陆地蜂窝移动通信系统的结构如图 7.1.1 所示。数字公用移动通信系统由下述功能单元组成。

1. 移动台

移动台(MS)是用户使用的终端设备。根据应用与服务情况,移动台可由移动终端(MT),终端适配器(TA)和终端单元(TE)或它们的各种组合构成。

2. 基站子系统

基站子系统(BSS)是在一定的天线覆盖区内,由移动业务交换中心(MSC)所控制,与MS 进行通信的系统设备。

基站子系统包括基站收发信台和基站控制器两部分。基站收发信台(BTS)通过无线接口与移动台相连,负责无线传输;基站控制器(BSC)与移动交换中心相连,负责控制与管理。

一个 BSS 系统由一个 BSC 与一个或多个 BTS 组成,一个基站控制器根据话务量需要,可以控制数 10 个 BTS。BTS 可以直接与 BSC 相连,也可以通过基站接口设备 BIE

与远端的 BSC 相连。基站子系统还应包括码变换器(TC)和子复用设备(SM)。

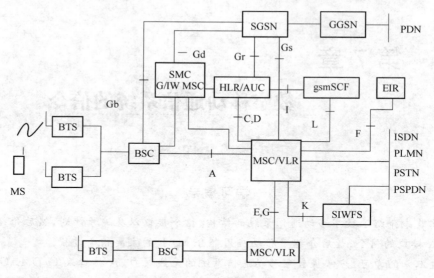

图 7.1.1　公用陆地移动网的结构

3. 移动业务交换中心

移动业务交换中心(MSC)是对位于其所覆盖区内的移动台进行控制、交换的功能实体,也是移动通信系统与公用电话网(PSTN)及其他移动通信网的接口。MSC 除了完成固定网中交换中心所完成的呼叫控制等功能外,还要完成无线资源的管理,移动性管理等功能。另外,为了建立至移动台的呼叫路由,每个 MSC 还应能完成入口(GMSC)的功能,即查询被叫移动台位置信息的功能。MSC 还具备智能网中业务交换点 SSP 的功能,在识别到移动用户的智能业务呼叫时向业务控制点 SCP 报告,在 SCP 的控制下完成智能业务。

MSC 从拜访位置寄存器(VLR)、归属位置寄存器(HLR)和鉴权中心(AUC)中取得处理用户呼叫请求所需的全部数据。

4. 来访位置寄存器

来访位置寄存器(VLR)是一个数据库,用来存储所有当前在其管理区域活动的移动台有关数据:IMSI、MSISDN、TMSI、MS 当前所在的位置区、补充业务参数、始发CAMEL签约信息 O-CSI、终结 CAMEL 签约信息 T-CSI 等。

VLR 是一个动态用户数据库。当一个移动用户进入其所管理的区域时,VLR 从移动用户注册的归属位置寄存器(HLR)处获取并存贮该移动用户的必要的数据,一旦移动用户离开该 VLR 的控制区域,在另一个 VLR 登记,原 VLR 将取消该移动用户的数据记录。

通常，VLR、MSC 合设于一个物理实体中。

5. 归属位置寄存器

归属位置寄存器(HLR)是管理部门用于移动用户管理的数据库。每个移动用户都应在某个归属位置寄存器注册登记。HLR 中主要存储两类信息：一是用户的用户数据，包括移动用户识别号码 IMSI、MSISDN、基本电信业务签约信息、业务限制(例如限制漫游)和始发 CAMEL 签约信息 O-CSI、终结 CAMEL 签约信息 T-CSI 等数据；二是有关用户目前所处位置(当前所在的 MSC、VLR 地址)的信息，以便建立至移动台的呼叫路由。

6. 鉴权中心

鉴权中心(AUC)的功能是认证移动用户的身份和产生相应的鉴权参数(随机数 RAND，符号响应 SRES，密钥 Kc)。

通常，HLR 和 AUC 合设于一个物理实体中。

7. 设备识别寄存器

设备识别寄存器(EIR)是存储有关移动台设备参数的数据库。在 EIR 中存有网中所有移动台设备的识别码 IMEI 和设备状态标志(白色、灰色、黑色)。

在我国的移动通信系统中，没有设置设备识别寄存器(EIR)。

8. 短消息中心

短消息中心(SMC)提供短消息业务功能。

短消息业务(SMS，SHORT MESSAGE SERVICE)提供在 GSM 网络中移动用户和移动用户之间发送长度较短的信息。

点对点短消息业务包括移动台 MS 发起的短消息业务 MO/PP 及移动台终止的短消息业务 MT/PP。点对点短消息的传递与发送由短消息中心(SMC)进行中继。短消息中心的作用像邮局一样，接收来自各方面的邮件，然后把它们进行分拣，再发给各个用户。短消息中心的主要功能是接收、存储和转发用户的短消息。

通过短消息中心能够更可靠地将信息传送到目的地。如果传送失败，短消息中心保存消息直至发送成功为止。

9. GPRS 服务支持节点 SGSN

SGSN 在移动通信系统的分组交换域中提供移动性管理、安全性、接入控制、分组的路由寻址和转发等功能，为用户提供 GPRS 服务，与电路交互域中 MSC/VLR 的位置和功能类似。一个 SGSN 可以同时为多个 BSC 服务，但一给定的 BSC 只能连接到惟一的 SGSN。同一公共陆地移动网(即由同一运营商建设经营的移动通信网)中可以有多个 SGSN。

10. 网关 GPRS 支持节点 GGSN

GGSN 是 GPRS 网络与外部分组数据网络(PDN，PacketDataNetwork)(如 Internet

等)之间的网关,移动用户与外部分组数据网络之间交换的数据进入和离开移动通信网 PLMN 时都要经过 GGSN。GGSN 完成不同网络之间分组数据格式、信令协议和地址信息的转换功能。同时,GGSN 还存储 GPRS 网络用户的 IP 地址信息,完成路由计算和更新功能。一个 SGSN 可以连接到一个或多个 GGSN。

11. 业务控制功能

业务控制功能(SCF)完成对移动智能网中智能业务的控制。

7.1.2 网络信令接口

1. Um 接口

此接口为空中无线接口,是用户终端设备 MS 与基站之间的接口。Um 接口(空中接口)定义为移动台与基站收发信台(BTS)之间的通信接口,用来完成移动台与 GSM 系统的固定部分之间的互通,物理链路是无线链路。此接口传递的信令信息主要包括无线资源管理、移动性管理和呼叫管理等。该接口是标准接口。

2. A-bis 接口

A-bis 接口是基站收发信机与基站控制器之间的接口,该接口采用与 ISDN 用户-网络接口类似的三层结构。A-bis 接口没有标准化,采用的是厂家的接口,因此,基站收发信机只能连接同一厂家的基站控制器。

3. A 接口

A 接口是基站控制器与移动交换中心之间的信令接口。该信令接口采用 No.7 信令系统的协议作为消息传送协议。包括物理层(信令数据链路 MTP-1)、链路层(信令链路 MTP-2)、网络层(MTP-3＋SCCP)和应用层,在信令连接控制部分(SCCP)中采用了面向连接传送功能(服务类别 2)和无连接传送功能。应用层包括 BSS 操作维护应用部分(BSSO＆MAP)、直接传送应用部分 DTAP 和 BSS 管理应用部分(BSSMAP)。

BSSO＆MAP 部分用于 MSC 和网络维护中心 OMC 之间交换维护管理信息。

DTAP 部分用于透明传送 MS 与 MSC 之间的消息。

BSS MAP 主要用于传送无线资源管理消息,对 BSS 的资源使用,调配和负荷进行控制和监视,以保证呼叫的正常建立和进行。

A 接口是标准接口,支持不同厂家生产的 BSC 与 MSC 之间的互连。

4. B 接口

B 接口是 MSC 与来访位置寄存器 VLR 之间的接口。MSC 通过该接口向 VLR 传送漫游用户位置登记信息,并在呼叫建立时向 VLR 查询漫游用户的用户数据。该接口采用 No.7 信令的移动应用部分 MAP 的规程。由于 MSC 和 VLR 通常设置在同一物理设备中,B 接口就成为内部接口。

5. C 接口

C 接口是 MSC 与归属位置寄存器 HLR 之间的接口，MSC 通过该接口向 HLR 查询被叫移动台的选路信息，以便确定接续路由，并在呼叫结束时向 HLR 发送计费信息。该接口采用 MAP 规程。

6. D 接口

D 接口是来访位置寄存器 VLR 与归属位置寄存器 HLR 之间的接口。该接口主要用来传送有关移动用户的位置更新信息和选路信息。该接口采用 MAP 规程。

由于 MSC 和 VLR 通常设置在同一物理设备中，通常又将 MSC/VLR 与 HLR 之间的接口定义为 C/D 接口。

7. E 接口

E 接口是不同的移动交换中心 MSC 之间的接口。该接口主要有两个功能：一是用来传送控制两个 MSC 之间话路接续的局间信令，该信令采用电话用户部分 TUP 或综合业务数字网用户部分 ISUP 的信令规程；二是用来传送移动台越局频道转换的有关信息，该信息的传送采用 MAP 的信令规程。

8. G 接口

G 接口是不同的来访位置寄存器 VLR 之间的接口。当移动台由某一 VLR 管辖区进入另一个 VLR 管辖区时，新 VLR 可通过此接口向老 VLR 查询移动用户的有关信息。该接口采用 MAP 规程。

由于 MSC 和 VLR 设置在同一物理设备中，通常又将不同的 MSC/VLR 之间的接口定义为 E/G 接口。

移动交换中心 MSC 与固定电话网 PSTN 和其他移动网之间的信令一般采用 No.7 信令的电话用户部分 TUP 或综合业务数字网用户部分 ISUP 的信令规程。

9. Gr 接口

Gr 接口是 SGSN 和 HLR 之间的接口。与 VLR 与 HLR 之间的 D 接口类似，主要用于 SGSN 向 HLR 提供用户当前所在路由区域信息及向 HLR 查询用户签约信息。采用 MAP 协议。

10. Gc 接口

Gc 接口是 GGSN 与 HLR 之间的接口。在由外部分组网络发起 GPRS 会话的情况下，GGSN 通过 Gc 接口向 HLR 查询当前为 GPRSMS 服务的 SGSN。采用 MAP 协议。

11. Gd 接口

Gd 接口是 SGSN 和 SMS-GMSC/SMS-IWMSC 之间的接口。短消息中心通过此接口完成向 GPRS 用户提供发送和接收短消息的功能。采用 MAP 协议。

12. L 接口

L 接口是 MSC/SSF 与 SCP 的接口,采用 CAMEL 应用部分(CAP)规程。

13. J 接口

J 接口是 HLR 与 SCP 的接口,采用 MAP 协议,此接口用于 SCF 向 HLR 请求信息。

7.1.3 移动用户的编号

1. 移动用户的 ISDN 号码

移动用户的 ISDN 号码(MSISDN)是主叫用户为呼叫数字公用陆地蜂窝移动用户时所需拨的号码。移动用户的 ISDN 号码由两部分组成:国家号码+国内有效移动用户电话号码。我国的国家号码为 86,国内有效电话号码为一个 10 位数字的等长号码,其结构为

$$N_1 N_2 N_3 + H_0 H_1 H_2 H_3 + ABCD$$

其中,$N_1 N_2 N_3$ 为数字蜂窝移动业务接入号,目前,中国移动 GSM 移动通信网的业务接入号为 135~139,中国联通 GSM 移动通信网的业务接入号为 130~132,中国联通 CDMA 移动通信网的业务接入号 133。$H_0 H_1 H_2 H_3$ 是 HLR 识别码,$H_0 H_1 H_2$ 全国统一分配,H_3 省内分配。ABCD 为每个 HLR 中移动用户的号码。

2. 国际移动用户识别码

国际移动用户识别码(IMSI)是在数字公用陆地蜂窝移动通信网中惟一的识别一个移动用户的号码,IMSI 是一个 15 位数字的号码,结构为

移动国家号 MCC+移动网号+移动用户识别码 MSIN

国际移动用户识别码(IMSI)由移动用户国家号码(MCC),移动用户所归属 PLMN 的网号 MNC,移动用户识别号码(MSIN)3 部分组成,总长度为 15 位。移动用户国家号码由 3 位数字组成,惟一地表示移动用户所属的国家,我国的移动用户国家号码为 460。

移动网号(MNC)用来识别移动用户归属的移动网,中国移动 900/1 800 MHz TDMA 数字公用蜂窝移动通信网号为 00,中国联通 900/1 800 MHz TDMA 数字公用蜂窝移动通信网号为 01,中国联通 CDMA 移动通信网号为 03。

移动用户识别号码是一个 10 位数字的等长号码,可由各运营商自行确定编号原则,但移动用户识别号码的前四位与 $H_0 H_1 H_2 H_3$ 之间有一定的对应关系。

IMSI 编号计划已由 CCITT E.212 建议规定,以适应国际漫游的需要。由 MS 的国际移动用户识别码 IMSI 可确定该 MS 注册所在地的 HLR,移动用户在首次进入某 VLR 管辖的区域时,以此号码进行位置登记,移动网据此确定移动用户注册所在的 HLR 并查询用户数据。

3. 移动用户漫游号码

移动用户漫游号码(MSRN)是当呼叫一个被叫移动用户时,为使入口 MSC 选择路

由,被叫移动用户当前所在的 VLR 临时分配给被叫移动用户的一个号码,结构为 $13SM_0M_1M_2M_3ABC$。其中,$M_0M_1M_2M_3$ 是被叫用户当前所在的 MSC 的号码,ABC 为被叫用户当前所在的 MSC 中临时分配给移动用户的号码。

注意,MSRN 是在一次接续中临时分配给漫游用户的,供入口 MSC 选择路由用,一旦接续完毕,即释放该号码,以便分配给其他的呼叫使用。该号码对用户是透明的。

4. 临时移动用户识别码

临时移动用户识别码(TMSI)是为了对 IMSI 保密,VLR 可给来访移动用户分配一个惟一的号码,它仅在本地使用,为一个 4 字节的 BCD 编码。由各个 VLR 自行分配。

5. 位置区识别码

位置区由若干个基站区组成,当移动台在同一位置区内时可不必向系统进行强迫位置登记。当呼叫某一移动用户时,只需在该移动台当前所在的位置区下属的各小区中寻呼即可。

位置区识别码(LAI)由 3 部分组成:

移动国家号 MCC＋移动网号 MNC＋LAC

其中 MCC、MNC 与国际移动用户识别码(IMSI)中的编码相同,LAC 为 2 字节 16 进制的 BCD 码,表示为 $L_1L_2L_3L_4$。

6. 国际移动台识别码

国际移动台识别码(IMEI)用来惟一地标识一个移动台设备,其编码为一个 15 位的十进制数字,其构成为

TAC(6 位数字)＋FAC(2 位数字)＋SNR(6 位数字)＋SP(1 位数字)

其中,TAC 为型号批准码,由欧洲型号认证中心分配;FAC 为工厂装配码,标识生产厂家及装配地;SNR 为序号码,SP 为备用。

7. MSC/VLR 号码

用于在 No. 7 信令消息中识别 MSC/VLR 的号码,规定为 $13SM_0M_1M_2M_3$,其中 $M_0M_1M_2M_3$ 的数值与 $H_0H_1H_2H_3$ 相同。

8. HLR 号码

在 No. 7 信号消息中用来对 HLR 寻址的号码,识别 HLR 的号码规定为 $13SH_0H_1H_2H_30000$。

9. 切换号码

当进行移动局间切换时,为选择路由,由目标 MSC(即切换要转到的 MSC)临时分配给移动用户的一个号码。

切换号码(HON)的结构与漫游号码(MSRN)类似。

7.2 无线接口的信令

7.2.1 基站子系统信令的分层结构

基站子系统信令的分层结构如图 7.2.1 所示。

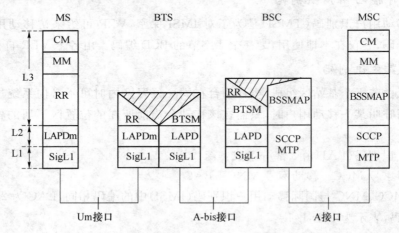

图 7.2.1 基站子系统信令的分层结构

图 7.2.1 中,CM 是无线接口第 3 层的通信管理层,MM 是无线接口第 3 层的移动性和安全性管理层,RR 是无线接口第 3 层的无线资源管理层,RTSM 是 BTS 的管理部分,BSSMAP 是基站子系统移动应用部分,LAPDm 是 ISDN 的 Dm 数据链路层协议,LAPD 是 D 信道数据链路层协议,MTP 是 No.7 信令系统的信息传递部分,SCCP 是信令连接控制部分。

从图 7.2.1 中可看出,系统中不同接口上使用了不同的协议,在 MS 与 BTS 的 Um 接口之间的第 2 层协议采用的是 LAPDm 协议,BTS 和 BSC 之间的第 2 层协议是 LAPD,在 BSC 和 MSC 之间,通信连接采用 No.7 信令系统中的 MTP 和 SCCP 协议。第 2 层协议用于完成不同节点之间数据链路的建立,以支持 RR、MM、CM 功能的执行。

无线资源管理涉及多个接口和实体,BSC 与 MSC 之间的接口协议称为 BSMAP (BSS 移动应用部分),用以支持各种信道的连接处理和信道的切换过程。BTS 与 BSC 之间的协议称为 RSTM,用于支持分配传输路径和测量报告处理。BTS 与 MS 之间的协议称为无线接口第三层 RR 协议,它只是整个第三层实体的一部分,用于支持无线连接处理和测量报告处理。

移动性管理完成移动性和安全性管理功能。移动性管理功能是支持用户的移动性。如跟踪漫游移动台的位置、对位置信息的登记、处理移动用户通信过程中连接的切换等。

其功能是在 MS 和 MSC 间建立、保持及释放一个 MM 连接,由移动台启动的位置更新(数据库更新),以及保密识别和用户鉴权。

CM 是通信管理功能,其功能是应用户要求,在用户之间建立连接,维持和释放呼叫(包含呼叫控制、附加业务管理和短消息业务)。

BTS 和 BSC 不对 MM 和 CM 消息进行处理,涉及到 MM 和 CM 消息处理的设备主要是移动台和 MSC。在 A 接口把这类消息称为 DTAP 消息,通过 A 接口能够传递两类消息:BSMAP 消息和 DTAP 消息。其中,BSMAP 消息负责业务流程控制,需要相应的 A 接口内部功能模块处理。对于 DTAP 消息,A 接口仅相当于一个传输通道,从交换系统到 BSS 侧,DTAP 消息被直接传递至无线信道,从 BSS 到交换系统侧,DTAP 消息被传递到 MSC 中相应的功能处理单元,对 A 接口来说,DTAP 消息是透明传送的。

7.2.2 空中接口的结构

Um 接口是移动台 MS 与基站收发信机 BTS 之间的通信接口,也可称它为空中接口,在 GSM 系统的所有接口中,Um 接口是最重要的接口之一。

首先,Um 接口协议的标准化能支持不同厂商制造的移动台与不同运营商的网络间的兼容性,从而实现移动台的漫游。其次,Um 接口协议的制定解决了蜂窝系统的频谱效率,采用了一些抗干扰技术和降低干扰的措施。很明显,Um 接口实现了 MS 到 GSM 系统固定部分的物理连接,即无线链路,同时,它负责传递无线资源管理、移动性管理和呼叫管理等信息。

Um 接口协议分层结构见图 7.2.2。Um 接口的协议可分为物理层、信令链路层、应用层。

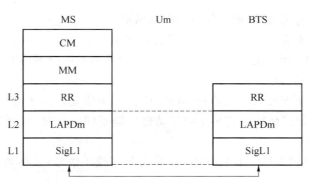

图 7.2.2 Um 接口协议分层结构

第一层是物理层,该层为无线接口最低层,物理层提供无线链路的传输通道,为高层提供不同功能的逻辑信道,包括业务信道(TCH)和控制信道,业务信道(TCH)主要用于传送编码语音和数据,控制信道主要传送用于电路交换的信令信息及移动管理和接入管理的信令信息。

第二层是信令链路层,该层为 MS 和 BTS 之间提供了可靠的专用数据链路,第二层协议基于 ISDN 的 D 信道链路接入协议(LAPD),同时,也加入了一些移动应用方面的 GSM 特有的协议,一般称为 LAPDm 协议。

第三层是应用层,该层主要是负责控制和管理的协议层,把用户和系统控制过程的信息按一定的协议分组安排到指定的逻辑信道上。它包括了呼叫控制子层 CM、移动性管理子层 MM 和无线资源管理 RR 3 个子层,CM 子层可完成呼叫控制(CC)、补充业务管理(SS)和短消息业务管理(SMS)等功能,MM 子层主要完成位置更新、鉴权和 TMSI 的再分配,RR 子层完成专用无线信道连接的建立、操作和释放。

7.2.3 Um 接口的物理层

我国陆地公用蜂窝数字移动通信网 GSM 通信系统采用 900 MHz 频段和 1 800 MHz 频段,在 900 MHz 频段中,905~915 是上行链路(移动台发、基站收),950~960 是下行链路(基站发、移动台收);在 1 800 MHz 频段中,1 710~1 785 是上行链路(移动台发、基站收),1 805~1 880 是下行链路(基站发、移动台收)。

相邻两个载频间隔为 200 kHz,每个载频采用时分多址接入(TDMA)方式,分为 8 个时隙,即每个载频可分为 8 个时隙 TS(全速率),每个时隙 TS 是一个物理信道。

Um 接口中的信道分为物理信道和逻辑信道,一个物理信道是一个时隙(TS),而逻辑信道是根据 BTS 与 MS 之间传递的信息种类的不同而定义的,通过数据配置,可将逻辑信道映射到物理信道上传送。从 BTS 到 MS 的方向称为下行链路,相反的方向称为上行链路。

1. 逻辑信道

逻辑信道又分为两大类,业务信道和控制信道。

业务信道(TCH)用于传送编码后的话音或数据信息。

控制信道(CCH)可分为广播信道、公共控制信道和专用控制信道。

(1) 广播信道(BCH)

广播信道分为频率校正信道、同步信道、广播控制信道。这 3 种信道都是下行信道,可完成点对多点的信息传输。它用于向移动台广播不同的信息,包括移动台在系统中登记所必要的信息。

频率校正信道(FCCH):用于向移动台传送频率校正信号,使移动台能调谐到相应的频率上。

同步信道(SCH):该信道向移动台传送帧同步码和基站识别码(BSIC)。

广播控制信道(BCCH):该信道向移动台传送小区的通用消息,包括位置区识别码,小区内允许的最大输出功率,相邻小区的 BCCH 载频等信息。

(2) 公共控制信道(CCCH)

公共控制信道包括寻呼信道、随机接入信道、允许接入信道 3 种。

寻呼信道(PCH)：下行信道，用于寻呼移动台。

随机接入信道(RACH)：点对点上行信道，用于移动台向系统申请专用控制信道。

允许接入信道(AGCH)：点对点下行信道，用于向移动台发送系统分配给该移动台的专用信道号并通知移动台允许接入。

（3）专用控制信道(DCCH)

专用控制信道包括独立专用控制信道(SDCCH)、慢速随路控制信道(SACCH)、快速随路控制信道(FACCH)，是点对点双向信道。

独立专用控制信道(SDCCH)：点对点双向信道，用于移动台呼叫建立之前传送系统信息，如登记和鉴权等。

慢速随路控制信道(SACCH)：用于传送服务小区及相邻小区的信号强度、移动台功率等级等数据。

快速随路控制信道(FACCH)：用于传送速度要求高的信令信息。

2. 逻辑信道的映射

慢速随路控制信道(SACCH)总是和 TCH 或 SDCCH 一起使用的。只要基站分配了一个 TCH 或 SDCCH，就一定同时分配一个对应的 SACCH，它和 TCH(SDCCH)位于同一物理信道中，以时分复用方式插入要传送的信息。

快速随路控制信道(FACCH)是寄生于业务信道 TCH 中的，FACCH"借用"TCH信道来传送信令消息，故称之为"随路"。其用途是在呼叫进行过程中快速发送一些长的信令消息。

7.2.4　数据链路层（第二层）

第二层协议称为 LAPDm，它是在 ISDN 的 LAPD 协议基础上作少量修改形成的。修改原则是尽量减少不必要的字段以节省信道资源。与 ISDN 的 LAPD 协议的主要不同之处在于取消了帧定界标志和帧校验序列，因为其功能已由 TDMA 系统的定位和信道纠错编码完成。

LAPDm 支持两种操作：

（1）无确认操作，其信息采用无编号信息帧 UI 传输，无流量控制和差错校正功能。

（2）确认操作，使用多帧方式传输第三层信息，可维持所传送的各帧的顺序，可完成流量控制功能，对没有确认的帧采用重发来纠正错误，对不能纠正的错误则报告到移动管理实体。

1. 数据链路层的帧结构

专用控制信道 DCCH 包含信息字段的帧结构，见图 7.2.3，无证实操作类型，且 SAPI＝0（广播控制信道 BCCH、寻呼信道 PCH、允许接入信道 AGCH）的帧结构见图 7.2.4，随机接入信道 RACH 的帧结构只占一个八位位组。

地址字段	控制字段	长度表示语	信息字段	填充比特

图 7.2.3　DCCH 包含信息字段的帧结构

长度指示语	信息字段	填充比特

图 7.2.4　BCCH、PCH、AGCH 的帧结构

（1）地址字段

地址字段可以包含几个八位组，各部分组成见图 7.2.5。

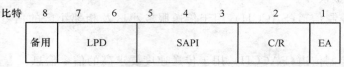

图 7.2.5　地址字段格式

其中，EA 表示地址字段扩展比特，EA＝1 表示该八位组为结束位组，C/R 称为命令/响应比特，表示该帧是命令还是响应，SAPI 占 3 个比特，表示信息字段的类型，SAPI＝000 表示为呼叫控制信令、移动管理信令、无线资源管理信令，SAPI＝011 表示为短消息业务。LPD 表示链路协议鉴别码，当 LPD＝00 对应无线接口规范。

（2）控制字段

控制字段包含 1 个八位组。数据链路层有 3 种类型的帧，I 帧（信息帧）、S 帧（监督帧）和 U 帧（无编号帧）。各种类型的帧的控制字段的结构见表 7.2.1。

表 7.2.1　各种类型的帧的控制字段的结构

控制字段（位）	8	7	6	5	4	3	2	1
信息帧（I 帧）		N(R)		P		N(S)		0
监控帧（S 帧）		N(R)		P/F	S	S	0	1
无编号帧（U 帧）	M	M	M	P/F	M	M	1	1

信息帧（I 帧）：用来传送上层用户数据，并捎带传送流量控制和差错控制信息。

监视帧（S 帧）：专门用来传送流量控制和差错控制信息。

未编号帧（U 帧）：用来传送链路控制信息。

由表 7.2.1 可见，控制段的第 1 个比特和第 2 个比特用来区分帧的类型。当第 1 个比特为"0"时，说明该帧为信息帧，当第 1、第 2 比特为"10"时，说明该帧是监视帧，当第 1、第 2 比特为"11"时，说明该帧是无编号帧。

I 帧的控制段包含帧（正在发送的帧）的序号 N(S) 以及发送侧正在等待接收的帧序号 N(R)。

S 帧仅包含准备接收的帧序号 N(R)。S 帧中的 SS 比特是监视功能编码(SS=00 表示接收准备好 RR,SS=10 表示接收未准备好 RNR,SS=01 表示接收拒绝 REJ)。

U 帧中的 5 个 M 比特是链路控制功能的编码。包括:置异步平衡方式(SABM)、断链(DISC)、已断链(DM)、无编号确认(UA)、帧拒绝(FRMR)等。其中,SABM、DISC 分别用于建立链路和断开链路,均为命令帧;后 3 种为响应帧,其中,UA 和 DM 分别为对前两个命令帧的肯定和否定响应,帧拒绝(FRMR,Frame Reject)表示接收到语法正确但语义不正确的帧,它将引起链路的复原。

所有的帧都含有探寻/最终比特(P/F)。在命令帧中,P/F 位为探寻(P),如 P=1,就是向对方请求响应帧;在响应帧中,P/F 位解释为最终(F),如 F=1,表示发送的这个帧是对命令帧的最终响应结果。

(3) 长度指示字段

长度指示字段包含一个八位组,各部分组成见图 7.2.6.

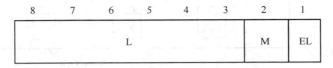

图 7.2.6　长度指示字段

其中 EL 指示字段扩展比特,当 EL=1 时,表示为长度指示字段的最后一个八位组。M 为多数据比特,表示 L3 消息单元在 DLL 帧的分段情况。当 M=1 表示仅包含一段 L3 消息单元,当 M=0 且若前帧 M=0 时,表示包含完全的 L3 消息单元,当 M=0 且若前帧 M=1,则表示该帧为 L3 消息单元的最后一段。L 包含 6 个比特,表示 UI、SABM、UA 或 I 帧的信息字段的八位组的长度。

(4) 信息段 I

信息段 I 用来传送 L3 层的信息。

2. LAPDm 的功能

LAPDm 主要完成以下功能:

(1) 在 Dm 通路上提供一个或多个数据链路连接;

(2) 允许识别帧类型;

(3) 允许第三层消息单元在第三层实体之间透明传输;

(4) 序列控制,可以维持经过数据链路连接的帧顺序;

(5) 数据链路上的格式及操作差错的检测;

(6) 通知第三层实体有不可恢复的差错;

(7) 流量控制;

(8) 在 RACH 上接入请求后开始建立数据链路时的争抢判决。

LAPDm 的用途是在 L3 实体之间通过 Dm 通路经空中接口 Um 传递信息。LAPDm 能够支持多个第三层实体、多个物理层实体、BCCH 信令、PCH 信令、AGCH 信令和 DCCH 信令(包括 SDCCH、FACCH 和 SACCH 信令)。

7.2.5　信令层(第三层)

1. 第三层信令的功能和结构

第三层是收发和处理信令消息的实体,由连接管理功能 CM、移动性管理功能 MM 和无线资源管理 RR 3 个子层组成。

第三层信令的协议模型见图 7.2.7。

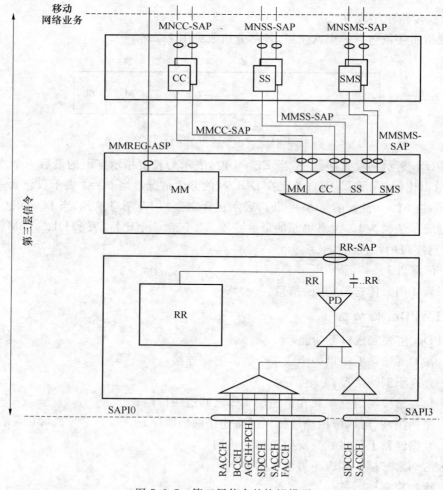

图 7.2.7　第三层信令的协议模型

第三层主要完成以下功能：

（1）专用无线信道连接的建立、操作和释放（RR）；

（2）位置更新、鉴权和 TMSI 的再分配（MM）；

（3）电路交换呼叫的建立、维持和结束（CC）；

（4）补充业务支持（（SS）：呼叫的运营管理，如呼叫前转和计费；

（5）短消息业务支持（SMS）：处理面向分组的用户信息，并在控制信道上传送。该子层可以通过无线路径在 MS 和 MSC 之间传递短消息。

除上述功能外，第三层还包括与消息传输有关的其他功能，如复接和分发。这些功能由无线资源管理和移动管理规定，其任务是根据消息首部的协议识别码（PD）和处理识别码（TI）确定消息路由。

MM 的路由功能将 CM 实体的消息以及 MM 本身的消息传送到 RR 子层的业务接入点，并且，在多个消息并行发送时将它们复接起来。RR 的路由功能根据被传送消息的 PD 和实际信道配置将消息分发出去。

RR 子层路由功能对来自第二层不同业务接入点的消息，根据 PD 进行分发处理。若 PD 等于 RR，则将该消息送给本子层的 RR 实体，其余消息通过业务接入点 RR-SAP 提供给 MM 子层。MM 子层的路由功能根据 PD 和 TI 将 RR 子层送来的消息传给 MM 实体或者通过各个 MM-SAP 送给 CM 子层中的各个实体。

2. 第三层消息的结构

第三层消息的一般结构见图 7.2.8。第三层消息由处理识别码（TI）、协议辨别语（PD）、消息类型编码、必选信息单元和可选信息单元 5 部分组成。

图 7.2.8 第三层消息的一般结构

（1）处理识别码（TI）

处理识别码（TI）用于区分一个 MS 内的多个并行的活动，它等效于 Q.931 中定义的呼叫参考值，TI 包括 TI 标志和 TI 值。TI 值由发起处理的接口侧分配。在一次处理的开始，选择一个空闲的 TI 值分配给该处理，然后一直保持到处理的结束，然后可再分配给后来的处理。当涉及到由接口对端发起的一个处理时，一个 MS 内可以使用两个相同的 TI 值，此时由 TI 标志来区分。起始侧置 TI 标志为 0，目的侧设 TI 标志为 1。因此，TI 标志识别了由哪一方分配该次处理的 TI 值，解决了同时分配同一个 TI 值的问题。对

RR 和 MM 实体,由于一次只有一个处理有效,故对移动性管理和无线资源管理消息、TI 标志和 TI 值均置为 0。

（2）协议辨别语（PD）

协议辨别语（PD）用于区分消息属于哪一类消息（呼叫控制、移动性管理、无线资源管理或其他信令程序的消息），协议辨别语（PD）编码见表 7.2.2。

表 7.2.2　协议辨别语（PD）编码

比特 4321	代表内容
0011	呼叫控制,分组模式连接控制（暂不用）,与呼叫有关的 SS 消息
0101	移动性管理消息
0110	无线资源管理消息
1001	SMS 消息
1011	与呼叫无关的 SS 消息
1111	用于测试程序

（3）消息类型编码

消息类型编码用于识别正在发送的消息的功能,是每个消息的第三部分。

具有不同协议辨别语的消息可以有相同的消息类型,即一个消息的功能是由协议辨别语和消息类型同时决定的。

RR、MM 和 CC 消息类型编码见表 7.2.3 、表 7.2.4、表 7.2.5。

表 7.2.3　无线资源管理（RR）消息类型

8	7	6	5	4	3	2	1	消息类型	8	7	6	5	4	3	2	1	消息类型
0	0	1	1	1	-	-	-	信道建立消息：	0	0	1	0	0	-	-	-	寻呼消息：
					1	1	1	立即指配						0	0	1	寻呼请求类型1
					0	0	1	立即指配扩展						0	1	0	寻呼请求类型2
					0	1	0	立即指配拒绝						1	0	0	录呼请求类型3
0	0	1	1	0	-	-	-	加密消息：						1	1	1	寻呼响应
					1	0	1	加密模式命令	0	0	0	1	1	-	-	-	系统信息消息：
					0	1	0	加密模式完成						0	0	1	系统信息类型1
0	0	1	0	1	-	-	-	切换消息：						0	1	0	系统信息类型2
					1	1	0	指配命令						0	1	1	系统信息类型3
					0	0	1	指配完成						1	0	0	系统信息类型4
					1	1	1	指配失败						1	0	1	系统信息类型5
					0	1	0	切换命令						1	1	0	系统信息类型6
					1	0	0	切换完成	0	0	0	1	0	-	-	-	其他消息：
					0	0	0	切换失败						0	0	0	信道模式修改
					1	0	1	物理信息						0	1	1	信息模式修改证实
0	0	0	0	1	-	-	-	信道释放消息：						1	0	0	频率重定义
					1	0	1	信道释放						1	0	1	测量报告
														1	1	0	等级改变

表 7.2.4 移动管理(MM)消息类型

编 码	消 息 类 型
8 7 6 5 4 3 2 1	
0 ×[1] 0 0 - - - -	登记消息:
0 0 0 1	IMSI 分离指示
0 0 1 0	位置更新接受
0 1 0 0	位置更新拒绝
1 0 0 0	位置更新请求
0 ×[1] 0 1 - - - -	安全消息:
0 0 0 1	鉴权拒绝
0 0 1 0	鉴权请求
0 1 0 0	鉴权响应
1 0 0 0	识别请求
1 0 0 1	识别响应
1 0 1 0	TMSI 再分配命令
1 0 1 1	TMSI 再分配完成
0 ×[1] 1 0 - - - -	连接管理消息:
0 0 0 1	CM 业务接受
0 0 1 0	CM 业务拒绝
0 1 0 0	CM 业务请求
1 0 0 0	CM 再建立请求
0 ×[1] 1 1 - - - -	其他消息:
0 0 0 1	MM 状态

1) 比特 7 在从 MS 发送消息中,留作发送序列号,在从网络发送的消息中,编码为 0。

表 7.2.5 呼叫控制(CC)消息类型

8	7	6	5	4	3	2	1	消 息 类 型
0	×	0	0	0	0	0	0	国家特定消息类型[1]
0	×[2]	0	0	-	-	-	-	呼叫建立消息:
				0	0	0	1	提醒
				1	0	0	0	呼叫确认
				0	0	1	0	呼叫进程
				0	1	1	1	连接
				1	1	1	1	连接确认
				1	1	1	0	紧急建立
				0	0	1	1	进展
				0	1	0	1	建立
0	×	0	1	-	-	-	-	呼叫信息阶段的消息:
				0	1	1	1	修改
				1	1	1	1	修改完成
				0	0	1	1	修改拒绝
				0	0	0	0	用户信息
0	×	1	0	-	-	-	-	呼叫清除消息:
				0	1	0	1	断连
				1	1	0	1	释放
				1	0	1	0	释放完成
0	×	1	1	-	-	-	-	其他消息:
				1	0	0	1	拥塞控制
				1	1	1	0	通知
				1	1	0	1	状态
				0	1	0	0	状态查询
				0	1	0	1	启动 DTMF
				0	0	0	1	停止 DTMF
				0	0	1	0	停止 DTMF 证实
				0	1	1	0	启动 DTMF 证实
				0	1	1	1	启动 DTMF 拒绝

1) 当使用时,据国家规范,消息类型在以下八位组中定义;

2) 比特 7 在从 MS 发送的消息中,留作发送序列号,在从网络发送的消息中编码为 0。

（4）信息单元

信息单元用来传送消息的参数。信息单元可分为必选信息单元和可选信息单元,可选信息单元在一个消息中是否出现由发送端确定,所以可选信息单元须由信息单元识别码(IEI)识别。必选信息单元是在一个消息中,必须包含的信息单元,由于其存在和顺序可由协议辨别语和消息类型确定,所以必选信息单元不必由 IEI 识别。

有固定长度的信息单元和可变长度的信息单元两种类型。一个可变长度的信息单元包含一个八位组的长度指示(LI),它决定了信息单元内容(CIE)的长度。

一个消息中,具有固定长度的必选信息单元内容的长度由协议辨别语和消息类型决定。具有可变长度的必选信息单元内容(CIE)的长度由信息单元第一个八位组 LI 决定。

一个消息中,具有固定长度的可选信息单元内容的长度由 IEI 决定。具有可变长度的可选信息单元内容的长度由信息单元的第二个 8 比特组(LI)决定。

综上所述,信息单元有 4 种类型:

类型 1:具有 1/2 个八位组内容的信息单元;

类型 2:无八位组内容的信息单元(不是必选信息单元);

类型 3:具有固定长度且至少有一个八位组内容的信息单元;

类型 4:具有可变长度的信息单元。

这 4 种类型的信息单元的格式分别见图 7.2.9 至图 7.2.12。

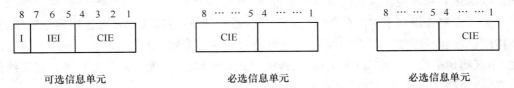

图 7.2.9　具有 1/2 个八位组内容的信息单元的格式

图 7.2.10　无八位组内容的信息单元的格式

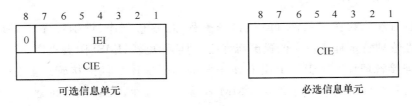

图 7.2.11　具有固定长度且至少有一个八位组内容的信息单元的格式

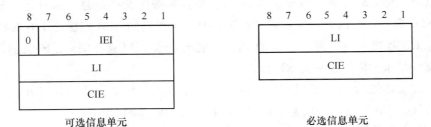

图 7.2.12　具有可变长度的信息单元的格式

3. L3层控制程序

L3层控制程序由无线资源管理程序 RR、移动性管理程序 MM 和连接管理 CM(子层业务提供)程序 3 部分组成。

(1) 无线资源管理程序 RR

无线资源管理程序包括与公共传输资源管理有关的功能,如物理信道和控制信道上的数据链路连接,RR 程序的一般作用为建立、维持和释放网络与 MS 间点对点 RR 连接,此外,在无 RR 连接建立时,RR 还包括广播控制信道 BCCH 和公共控制信道 CCCH 上单向接收的建立和维持。这包括自动小区选择/重选。

无线资源管理程序 RR 在空闲模式下包含系统信息广播、无线资源连接建立程序、立即指配程序和寻呼程序。在无线资源连接转移阶段,包含测试报告程序、小区内信道改变、小区间信道改变、频率再定义程序、传输模式改变程序、加密模式设置程序。在无线资源连接释放阶段,包含释放已建立的无线信道。

(2) 移动性管理程序 MM

移动性管理程序 MM 的主要功能是支持用户终端的移动性,如通知网络 MS 目前所在的位置和提供用户鉴权。另外,MM 子层还对上一层连接管理子层的不同实体提供连接管理业务。

只有在 MS 和网络之间已建立了 RR 连接时,才可执行 MM 程序。

移动性管理程序 MM 包含移动性管理公共程序和移动性管理特定程序、MM 连接管理(子层业务提供)程序三大部分。

移动性管理公共程序包含 TMSI 再分配程序、鉴权程序、识别程序和 IMSI 分离程序。移动性管理特定程序包含位置更新程序、周期性更新、IMSI 附着程序。

MM 连接管理程序用于对上层 CM 子层的不同实体提供连接管理业务。它给 CM 实体提供与其对等层进行信息交换的 MM 连接的可能性。CM 实体可通过 MM 连接管理程序请求 MM 子层完成连接的建立与释放,在 MS 和网络之间建立、维持和释放 MM 连接。以便上层 CM 实体可以通过 MM 连接和其对等层交换信息。MM 连接建立仅当无特定 MM 程序运行时才可完成,同时,可以有一个以上的 MM 连接处于有效状态。

一个 RR 连接可以支持几个 MM 连接。若当请求 MM 连接时,无 RR 连接存在,则 MM 子层应请求 RR 子层建立 RR 连接。

MM 连接建立后,CM 子层实体可以进行信息传送。每个 CM 实体有其自己的 MM 连接,不同的 MM 连接由协议鉴别码 PD 和处理识别码 TI 识别。

(3) 连接管理层 CM

连接管理层 CM 包括 CC 实体、SS 实体和 SMS 实体 3 部分。CC 实体负责完成电路交换呼叫的建立、维持和结束的功能;SS 实体完成补充业务呼叫的运营管理,如呼叫前转和计费;SMS 实体完成面向分组的短消息的发送和接收,可以通过无线路径(控制信道)在 MS 和 MSC 之间传递短消息。

电路交换呼叫控制基本程序在呼叫建立阶段,有 MS 主叫呼叫建立、MS 被叫呼叫建立程序,在激活状态时的信令程序有用户通知程序、呼叫重安排、DTMF 协议控制程序和通话修改程序。在呼叫释放阶段,有 MS 发起的呼叫清除程序和网络端发起的呼叫清除程序。

短消息传送使用的信道是采用独立控制信道 SDCCH,还是快速随路控制信道 SACCH,这取决于业务信道 TCH 的使用,当 TCH 未分配时,短消息在 SDCCH 信道上传递,如果短消息在 SDCCH 上处理时,分配了 TCH,短消息传递将停止并继续在 TCH 随路的 SACCH 信道上传送;如果当短消息到达时,TCH 已分配,则短消息在随路 SACCH 上传递;当采用 TCH 的实体结束其处理时,RR 子层可选择在 SACCH 信道继续进行短消息传递或将它转至 SDCCH 信道上传递。

7.2.6　Um 接口通信的一般过程

在 Um 接口,MS 每次呼叫时都有一个 L1 和 L2 层的建立过程,在此基础上,再与网络侧建立 L3 上的通信。在网络侧(A 接口和 A-bis 接口),其 L1 和 L2(SCCP 除外)始终处于连接状态。L3 层的通信消息按阶段和功能的不同,分为无线资源管理(RR)、移动性管理(MM)和呼叫控制(CC)3 部分。下面说明 Um 接口通信的一些典型的信令过程。

1. RR 层空闲模式程序

(1) MS 侧

空闲模式时,MS 守候在广播控制信道 BCCH 和 MS 属于的寻呼组的寻呼子信道上,它测量与其他小区连接的无线传播环境,测量结果用于评价是否需要小区重选。当决定小区重选时,MS 切换到新小区的 BCCH 上,检查广播信息以验证是否允许附着在该小区上。若允许,则确认小区改变,并利用广播信息更新物理内容(包括邻区频率表,一些动作门限值等)。

(2) 网络侧

(a) 系统信息广播

网络有规律地在 BCCH 上广播系统信息类型 1 至 4,基于这些信息,MS 决定是否以及怎样接入系统,切换后若 SACCH 信道无其他用途,在该信道上发送系统信息类型 5 和 6。系统广播的信息包含:本网络唯一的识别信息,位置区和小区信息;用于小区选择和切换的候选小区测试信息;描述目前控制信道结构的信息;控制随机接入信道使用的信息;定义小区内不同选项的信息。

(b) 寻呼

网络在所有寻呼子信道上连续发送有效的寻呼信息。

2. MS 主叫呼叫建立的信令流程

Um 接口 MS 主叫呼叫建立的信令流程见图 7.2.13。

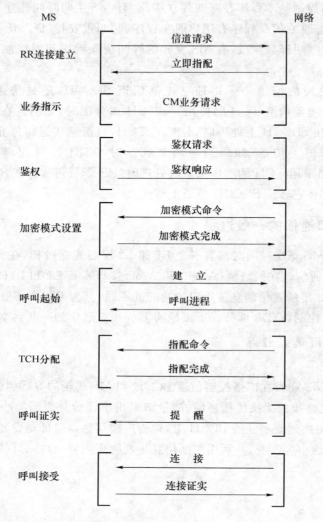

图 7.2.13　Um 接口 MS 主叫呼叫建立的信令流程

当 MS 收到用户发起的呼叫建立请求后,启动立即指配程序,向系统发出 CH-REQ
(信道请求)消息,要求系统提供一条通信信道,所提供的信道类型由网络决定。CH-REQ
有两个参数:建立原因和随机参考值(RAND)。建立原因是指 MS 发起这次请求的原因,
在这次呼叫中建立原因为"主叫呼叫建立",RAND 是由 MS 确定的一个随机值,使网络
能区别不同 MS 所发起的请求。RAND 有 5 位,最多可同时区分 32 个 MS,但不保证两
个同时发起呼叫的 MS 的 RAND 值一定不同。要进一步区别同时发起请求的 MS,还要

根据 Um 接口上的应答消息。网络准备好合适的信道后,就通知 MS,由立即指配消息完成这一功能。在立即指配消息中,包含信道描述和功率命令这两个必选参数,信道描述这个参数用于描述指配的信道的结构,功率命令这个参数用于提供 MS 可使用的功率电平,还包括随机参考值 RA、缩减帧号 T、时间提前量 TA 等。RA 值等于 BSS 系统收到的某个 MS 发送的随机值,T 是根据收到信道请求消息时的 TDMA 帧号计算出的一个取值范围较小的帧号,RA 和 T 值都与请求信道的 MS 直接相关,用于减少 MS 之间的请求冲突,TA 是根据 BTS 收到 RACH 信道上的 CH-REQ 信息进行均衡时计算出来的时间提前量。MS 根据 TA 确定下一次发送消息的时间提前量,立即指配消息的目的是在 Um 接口建立 MS 与系统间的无线连接,即 RR 连接。MS 收到立即指配消息后,如果 RA 值和 T 值都符合要求,就会在系统所指配的新信道上发送 SABM 帧,其中包含一个完整的 L3 消息(CM 业务请求),这条消息在不同的接口有不同的作用。在 Um 接口,SABM 帧是在 LAPDm 层上请求建立一个多帧应答操作方式连接的消息。系统收到 SANM 帧后,回送一个 UA 帧,作为对 SABM 帧的应答,表明在 MS 与系统之间已建立了一条 LAPDm 通路;另外,此 UA 帧的消息域包含同样一条 L3 消息。MS 收到该消息后,与自己发送的 SABM 帧中相应的内容比较,只有当完全一样时,才认为被系统接受。从而,在 MS 与系统之间建立了 RR 连接,RR 子层通知 MM 子层已进入专用模式。

正常情况下,要建立 MM 连接必须先有 RR 连接。MM 建立后的第一个步骤是鉴权(AUTH),即鉴定移动用户的身份。在 AU-THREQ(鉴权请求)中有两个参数:需要计算响应参数的随机数和密钥序列号。如果 MS 回送的鉴权响应值 SRES 正确,则对 MS 的鉴权通过。对 MS 的身份识别及无线信道传输加密过程完成后,建立呼叫所需的 MM 连接已经建立,可以向更高层(CC 子层)提供呼叫信息的传递功能。

MS 向网络发建立(SETUP)消息,请求建立呼叫,消息内容包括:

(1) 此次呼叫请求的具体业务种类及 MS 能提供的承载能力,包括信息传输要求、发送方式、编码标准及可使用的无线信道类型。

(2) 被叫用户号码,包括被叫号码类型和编码方案。

网络收到 SETUP 消息,若接受请求,就回送呼叫进程(CALL PROC),表明正在处理呼叫,主叫 MS 处于等待状态。

同时网络通过指配命令给 MS 分配业务信道 TCH。

当被叫侧启动用户提醒时,网络向 MS 发提醒消息。提示呼叫已连接到被叫端,正在提醒被叫用户,当被叫用户应答后,网络向 MS 发送连接消息,MS 发送连接证实消息后,业务信道 TCH 接通,MS 进入通话状态。

3. 移动被叫呼叫建立的信令流程

移动被叫呼叫建立的信令流程见图 7.2.14,被叫 MS 接入网络的方式与主叫类似。不同点有:

(1) 被叫 MS 收到网络发出的寻呼消息后,才会提出信道请求;

(2) 被叫 MS 在与网络建立 CC 连接时,先由网络发下行的 SETUP 消息,MS 回送呼叫确认(CALL CONF)消息。当需要给用户发送振铃声时,MS 向网络发送 ALERT 消息,当被叫应答时,MS 向网络发送连接消息(CONNECT),网络回送连接证实消息,主被叫双方进入正常通话状态。

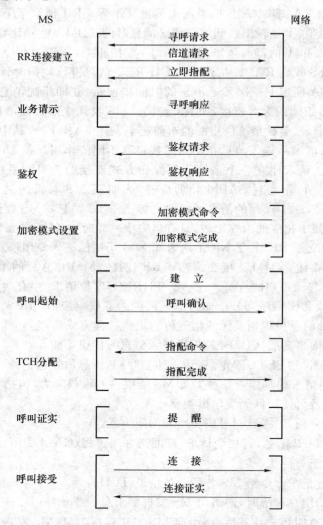

图 7.2.14　Um 接口 MS 被叫呼叫建立的信令流程

7.3　A-bis 接口信令

　　A-bis 接口是基站收发信系统(BTS)和基站控制器(BSC)之间的接口。A-bis 接口定义较晚,目前尚未完全标准化,由于 A-bis 接口没有标准化,各厂商生产的设备的 A-bis

接口有一定差异,因此,尚不能支持 BSC-BTS 的多厂商环境。下面对 A-bis 接口信令进行简单介绍。

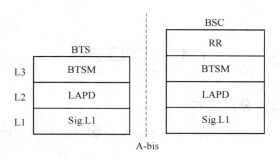

图 7.3.1　A-bis 接口结构

A-bis 接口结构见图 7.3.1,A-bis 接口信令也采用三层结构,包括物理层、数据链路层和 BTS 的应用层。

物理层通常采用 2 Mbit/s PCM 链路。数据链路层采用 LAPD 协议,LAPD 协议是 Q.921 规范的一个子集。LAPD 也采用帧结构,包含标志字段、地址字段、控制字段、信息字段、校验字段。在地址字段中,包括服务接入点标识(SAPI)和终端设备识别(TEI)两个部分,用以分别区别接入到什么服务和什么实体。

A-bis 接口支持下列消息:

- 在手机和网络之间进行交换的高层消息,也就是信令消息;
- 网络对 BTS 基站的维护管理消息;
- BTS 和 BSC 内部的管理消息。

在第二层中使用了不同的 SAPI 服务接入点来区分这些消息。其中:

- SAPI＝0 对应信令;
- SAPI＝62 对应一般管理;
- SAPI＝63 对应链路管理。

一条链路上有多个 TRX 无线收发信器,在第二层中,使用了不同的 TEI 值来区分不同的 TRX 无线收发信器。

LAPD 可采用证实和非证实传送模式传送第三层的数据,并能完成数据的检错和纠错功能。

第三层是 BTS 的应用部分,包括无线链路管理(RLM)功能、专用信道管理(DCM)功能、公共信道管理功能(CCM)和无线收发器管理功能(TRXM)。RLM 子层消息用于 BSC 控制 LAPDm 的连接,大多数无线接口上的 3 层信令都通过该子层进行传送。DCM 子层对专用信道进行管理和分配,这些消息包含信道激活、信道释放、功率控制、加密和模式改变等。CCM 信息组只对公共信道进行管理和分配,Paging 消息、BCCH 系统消息、信道释放、立即指配命令都通过该子层进行管理。TRXM 子层对无线收发信机进行管理,该层消息只在 BTS 和 BSC 之间传送。

另外,在 A-bis 接口上还透明传送 MS 和 BSC 之间或者 MS 和 MSC 之间进行交换的消息。

7.4　A 接口信令

7.4.1　A 接口的信令分层结构

A 接口是基站控制器 BSC 与移动交换中心 MSC 之间的信令接口。A 接口的信令分层结构见图 7.4.1。

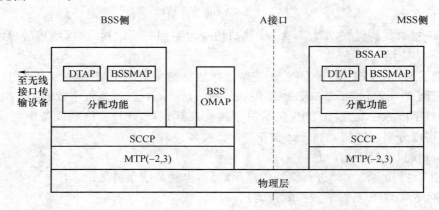

图 7.4.1　A 接口的信令分层结构

A 接口采用 No.7 信令作为消息传送协议,分为 3 层结构:物理层 MTP-1(64 kbit/s 链路),MTP2/3+SCCP 作为第二层,负责消息的可靠传送。MTP-3 主要使用信令消息处理功能。由于是点到点传输,因此 SCCP 的全局名翻译功能基本不用。传送某一特定事务(如呼叫)的消息序列和操作维护消息序列,采用 SCCP 面向连接服务功能(类别 2);适用于整个基站系统,与特定事务无关的全局消息则采用 SCCP 无连接服务功能(类别 0),并利用 SCCP 子系统号来识别基站系统应用部分(BSSAP)和基站维护管理部分(BSS O&MAP)。

应用层作为信令的第三层,称为基站系统应用部分(BSSAP),包括 BSS MAP 和 DTAP 两部分。

BSS 管理应用部分(BSS MAP)用于对 BSS 的资源使用、调配和负荷进行控制和监视。消息的源点和终点为 BSS 和 MSC,消息均和 RR 相关。某些 BSS MAP 过程将直接引发 RR 消息,反之,RR 消息也可能触发某些 BSS MAP 过程。GSM 标准共定义了 18 个 BSS MAP 信令过程。

直接传送应用部分(DTAP)用于透明传送 MSC 和 MS 间的消息,这些消息主要是 CM 和 MM 协议消息。

7.4.2　A 接口的消息传递部分

A 接口采用 No.7 信令系统作为消息传送协议,包含消息传递部分和信令连接部分。

MTP 为信令消息提供可靠的传输。MSC 和 BSS 之间使用的 MTP 是 MTP 的子集,它与 MTP 全集不兼容,但对维护管理能力的要求与 MTP 全集完全相同。

SCCP 提供了一个识别某种处理(例如某个特定呼叫)的参考机制。MSC 和 BSS 间使用的 SCCP 是全 SCCP 的子集。如果使用 No.7 信令传递 O&M 信令,则 SCCP 同时可用来加强 O&M 信息的路由选择能力。

1. 消息传递部分 MTP 的物理层

A 接口使用一个或多个 2 048 kbit/s 数字传输系统,每个 2 048 kbit/s 接口提供 31 个 64 kbit/s 信道,根据需要可用于业务信道或信令信道。A 接口信令的物理层采用数字传输,可将一个 64 kbit/s 的时隙预定为专供信令使用。如果 A 接口上使用了多条 PCM 链路,且需要多条信令链路时,各条信令链路应分配在不同 PCM 链路。

2. 消息传递部分 MTP 的数据链路层

MTP 的数据链路层是 No.7 系统功能分级结构中的第二级,与信令数据链路功能级配合,共同保证在直连的两个信令点之间提供可靠的传送信号消息的信令链路,即保证信令消息的传送质量满足规定的指标。MTP 的数据链路层主要包含信令单元定界、信令单元定位、差错检测、差错校正、初始定位、信令链路差错率监视、流量控制等功能。

A 接口 MTP 的数据链路层一般只要求完成基本纠错协议。如果 A 接口上需要使用卫星电路,则要求提供预防循环重发纠错协议,在初始定位程序中,BSS 仅采用紧急定位程序。

3. 消息传递部分 MTP 的第三层

信令网功能级是 No.7 信令系统中的第三功能级,它原则上定义了信令网内信息传递的功能和过程,是所有信令链路共用的。信令网功能级分为信令消息处理和信令网管理两部分。信令消息处理功能的作用是引导信令消息到达适当的信令链路或用户部分;信令网管理功能的作用是在预先确定的有关信令网状态数据和信息的基础上,控制消息路由或信令网的结构,以便在信令网出现故障时可以控制重新组织网路结构,保存或恢复正常的消息传递能力。

由于 A 接口是 BSC 与 MSC 的点对点连接,采用的是 MTP 的子集,与 MTP 的全集相比,在 A 接口的 MTP 第三层有其不同的特点:

在 BSC 与 MSC 之间只有一个信令链路组,同时 BSS 是信令链路端点,即不支持 STP 功能,则无须考虑信令转接点网络管理功能。

A 接口是点到点应用,没有要求 STP 功能,MTP 的鉴别和路由功能可极大地简化。可将 MTP 的路由功能预先置为选择所属的 MSC 的信号点编码。A 接口的信令点编码采用 14 比特编码且所有的消息都使用 SCCP 传递,因此业务信息八位位组中的子业务字段的比特 DC＝ 11,说明是本地网络,业务指示语＝0011,说明消息的用户部分是信令连接控制部分 SCCP。

在 BSC 与 MSC 之间只有一个信令链路组,只要求通过使用信令链路选择字段(SLS),在同一个信令链路组中的一条以上的信令链路中实行负荷分担。完成同一链路组内不同链路之间的倒换/倒回。

由于在 BSC 与 MSC 之间只有一个信令路由,不需要信令路由管理功能,不使用强制路由重选程序。

7.4.3 A 接口的信令连接控制部分

1. A 接口 SCCP 的特点

A 接口使用的 SCCP 功能为 CCITT 规定的 SCCP 功能的子集,此功能子集应用于 PLMN 中的 BSS 和 MSC 间信令的传递。

为了简化程序,BSS 仅和它的归属 MSC 交换信令。MSC 不需要将 A 接口上 14 比特信令点编码的 MTP 和 SCCP 与网络侧中国 No.7 信令的 24 比特信令点编码的 MTP 和 SCCP 进行相互转换。A 接口上的 DPC 和子系统号码可使本地 SCCP 和 MTP 直接选择路由。

错误检测、接收确认、流量控制功能在 A 接口的 SCCP 不使用。

数据证实消息(AK)、数据格式 2 (DT2)、加速数据(ED)消息、加速数据证实(EA)消息、协议数据单元错误(ERR)消息、复位请求(RSR)消息、复位确认(RSC)消息、单位数据业务(UDTS)消息在 A 接口使用的 SCCP 中不使用。

由于是点到点网络结构(MSC 和 BSS 间的直接连接),SCCP 被叫地址可仅包含子系统号码一个单元,不使用全局码。MTP 路由标记中的信令点编码和被叫地址中的子系统号码用于消息的路由选择。地址指示符的编码为 01000001(即被叫地址包含子系统号码,不包含信令点编码和全局码,根据 MTP 路由标记中的 DPC 和被叫用户地址中的子系统号选路由)。

在 A 接口只有两个子系统号码,其 SSN 值如下:

11111110 BSSAP

11111101 O&MAP

在 SCCP 的 4 种协议级别中,只使用 0 类(基本的无连接类)和 2 类(基本的面向连接类)。

由于 A 接口是点到点网络结构(MSC 和 BSS 间的直接连接),一个信令连接包含单一连接段,A 接口协议中没有定义中间节点,对单一连接不要求有 SCCP 翻译功能。

2. SCCP 在 A 接口的应用

MTP 和 SCCP 用来支持 MSC 与 BSS 间信令消息的传递。每个激活的 MS 都有一个或多个激活的处理，每一个激活的 MS 占用一个 SCCP 信令连接。BSSAP 使用信令连接来传递与这些处理有关的第三层信令信息，BSSAP 又进一步分为两部分：

DTAP 部分：用来传递有关 MS 的呼叫控制和移动性管理消息。这些消息中的第 3 层信息不被 BSS 翻译。

BSSMAP 部分：支持 MSC 与 BSS 间有关 MS 的其他规程（如资源管理，切换控制），这些规程可以是针对 BSS 的一个小区或对整个 BSS。

BSSMAP 使用无连接和面向连接两种程序。

BSSAP 中功能的分配由第三层消息中的首标的协议来规定。

（1）面向连接程序

（a）建立连接

当 MS 和网络侧需要在专用无线资源上交换与通信有关的信息，而在 MSC 与 BSS 间又不存在与此 MS 相关的 SCCP 连接时，就必须建立一个新的连接，进行外部切换（包括使用外部切换程序执行小区间内部切换）时，也需要建立一个新的连接。

有两种连接建立情况：

情况一：在无线路径上建立一个新的处理（如位置更新、来话、去话），随着 MS 在 RACH 上发"接入请求"消息，BSS 分配给 MS 一个专用无线资源（DCCH 或 TCH），在被分配资源的 SDCCH（或 FACCH）信道上建立起第二层连接后，BSS 就启动 SCCP 连接建立。

当 BSS 收到 MS 的第一个第三层消息（在 SABM 帧上）时，开始建立连接，这个第三层消息（"位置更新请求"、"CM 业务请求"、"CM 重建请求"、"IMSI 分离"或"呼叫响应"）包含 MS 的识别（TMSI 或 IMSI），BSS 用 SCCP"连接请求（CR）"消息的用户数据字段中的一个 BSSMAP 消息（完全第三层消息），将此第三层消息和小区识别一起传给 MSC。

MSC 收到"连接请求"后，可根据接收到的识别号码检查是否和同一 MS 已有其他的连接，若无其他连接，则建立连接；若已有其他连接且 CR 消息中的第三层（L3）消息不是"CM 重建请求"，则拒绝建立连接；若存在其他连接且 CR 消息中的 L3 消息是"CM 重建请求"，则释放已有连接并建立新的连接。MSC 同意建立 SCCP 连接时，向 BSS 发"连接证实（CC）"消息，其用户数据字段里可包含 DTAP 或 BSSMAP 消息。

如果由于某种原因不能建立连接，MSC 向 BSS 发"连接拒绝（CREF）"消息。此消息的数据字段可包含发往 MS 的 DTAP 消息。

情况二：MSC 决定执行一个外部切换（目标 BSS 可能是原 BSS），则必须向目标 BSS 预订新的 DCCH 或 TCH，此时 MSC 启动连接建立。

在这种情况下，MSC 一决定进行外部切换就立即建立连接。

MSC 向 BSS 发"连接请求"消息，此消息的用户数据字段里可包含 BSSMAP"切换请求"消息。为尽快建立请求的无线信道和 SCCP 连接间的关系，最好在用户数据字段里包含第三层消息。

收到用户数据字段中包含 BSSMAP"切换请求"消息的"连接请求"消息后,BSS 预定一个切换所要求的无线信道,向 MSC 回发一个"连接证实"消息,其用户数据字段中,可包含 BSSMAP"切换请求证实"消息或"排队指示"消息。

如果在 SCCP 连接建立前,切换资源分配失败,则 BSS 向 MSC 发回 SCCP"连接拒绝"消息,其用户数据字段中可包含 BSSMAP"切换故障"消息。

(b) 连接释放

连接释放总是从 MSC 开始的。如果 MSC 认为一个信令连接不再需要时就释放连接。当有以下情况发生时:

- BSSAP 释放程序结束;
- 切换资源分配程序失败和信令连接建立后;
- 与原 BSS 的连接释放。

MSC 向 BSS 发 SCCP"释放(RLSD)"消息,此消息不应包含用户数据字段。

BSS 收到释放指示后,释放分配给相关 MS 的所有无线资源,并发 SCCP"释放完成(RLC)"消息至 MSC。

(2) 无连接程序

一些 BSSMAP 业务使用 SCCP 无连接业务。在这中情况下,L3 消息使用 SCCP 的单位数据(UDT)消息传递,其用户数据字段也包括分配数据单元、长度指示和实际的 L3 消息 3 部分。

7.4.4 直接传送应用部分和基站系统应用部分消息

直接传送应用部分(DTAP)和基站系统应用部分(BSSMAP)消息是在 BSC 与 MSC 之间传送的消息,DTAP 和 BSSMAP 消息的内容位于 SCCP 消息的用户数据部分。

1. 直接传送应用部分和基站系统应用部分消息的结构

DTAP 和 BSSMAP 消息的结构见图 7.4.2,DTAP 和 BSSMAP 消息由分配数据单元、长度指示语和第三层消息 3 部分组成。长度指示字段以二进制数指示 L3 消息的八位位组数目。

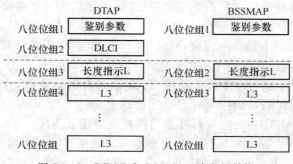

图 7.4.2　DTAP 和 BSSMAP 消息的结构

2. 直接传递应用部分消息的分配数据单元格式

直接传递应用部分(DTAP)消息的分配数据单元格式见图7.4.3,DTAP消息的分配数据单元包括两个常数:鉴别参数和数据链路连接识别(DLCI)参数。鉴别参数中的D＝1表示是DTAP消息,数据链路连接识别(DLCI)参数中的C2C1表示无线信道识别,C2C1＝00时表示消息在无线接口的FACCH或SDCCH信道传送;C2C1＝01表示消息在无线接口的SACCH信道传送;数据链路连接识别(DLCI)参数中的S3S2S1表示在无线链路上使用的SAPI值。SAPI＝000表示为呼叫控制信令、移动管理信令、无线资源管理信令,SAPI＝011表示为短消息业务。

从MSC到BSS消息中的DLCI指出在无线接口应使用的数据链路的类型。

从BSS到MSC消息中的DLCI里指出产生数据的数据链路的类型。

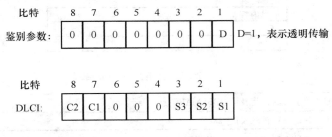

图7.4.3　DTAP消息的分配数据单元格式

3. 基站系统应用部分消息的分配数据单元格式

基站系统应用部分(BSSMAP)消息的分配数据单元格式见图7.4.4。

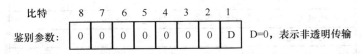

图7.4.4　BSSMAP消息的分配数据单元格式

BSSMAP消息的分配数据单元中只包含鉴别参数,其中的鉴别比特D置为0,指非透明消息(即BSSMAP消息)。

BSSMAP消息的传输是为了在MSC和BSS的BSSMAP功能实体之间交换信息(指配、切换等)。

BSSMAP消息的一般格式见图7.4.5。由图中可见,BSSMAP消息包括1个字节的鉴别参数,1个字节的长度表示语来说明BSSMAP消息所包含的字节数,1个字节的BSSMAP消息类型编码,然后包含一个或多个信息单元,每个信息单元由信息单元名称、信息单元长度和信息单元内容组成。

BSSMAP消息的示例见图7.4.6。该消息的鉴别参数＝00,表示这是BSSMAP消息,消息的长度字段=1C(相当于十进制数 28)说明该消息的内容的长度为 28 字节,消息类型编码为 57(完全第三层消息),该消息有两个信息单元(小区识别信息单元和完全第三层信息单元),每个信息单元都由信息单元名称、信息单元长度和信息单元内容 3 部分组成。

鉴别参数(00000000)
BSSMAP消息长度
消息类型编码
信息单元名编码
信息单元长度(对可变长度的信息单元)
信息内容
…
信息单元名编码(对固定长度的信息单元)
信息内容
信息内容
…

图 7.4.5　BSSMAP 消息的一般格式

00: 鉴别参数, 此表示为BSSMAP消息
1C: BSSMAP消息长度=28
57: 消息类型=完全第三层信息
05: 信息单元识别, 此为小区识别信息单元
08: 信息单元长度
00: 小区识别鉴别器, 此表示GCI码 64 F0 13 13 09 00 01: 小区和GCI码
17: 信息单元识别, 此为完全第三层信息单元
0F: 信息单元长度
05: 前4BITS为处理识别, 后4BITS为协议辨别语, 此为移动性管理消息 08: MM消息的位置更新请求消息类型 71: 前4BITS位置更新类型, 后4BITS密钥序列号 64 F0 13 13 09: 位置区识别共5BYTES 23: 移动台类型, 提供MS设备高优先权方面的信息 05: 移动台识别单元长度 F4 32 D3 07 00: 移动台识别, F4后3BITS指明为TMSI

图 7.4.6　BSSMAP 消息的示例

　　DTAP 消息的一般格式见图 7.4.7 所示,由图可见,DTAP 消息包括 1 个字节的鉴别参数、1 个字节的 DTCI、1 个字节的长度表示语、DTAP 消息的内容 4 个部分。DTAP 消息的内容是 MS 与 MSC 之间传送的 MM 消息或 CM 消息的内容。

　　DTAP 消息的示例见图 7.4.8 所示。该消息的鉴别参数=1,表示这是 DTAP 消息,

208

DLCI＝00 指出,在无线接口的数据链路的类型为 FACCH 或 SDCCH 信道,消息长度＝2,说明 DTAP 消息内容的长度为 2 个字节,后面的 2 个字节是 DTAP 消息的内容。

01　鉴别参数,此表示为DTAP消息
DLCI
DTAP消息内容长度
DTAP消息内容

图 7.4.7　DTAP 消息的一般格式

01：鉴别参数,此表示为DTAP消息
00：DLCI
02：消息长度
05：前4BITS为处理识别,后4 BITS为协议辨别语,此为移动性管理消息
5B：消息类型,此为TMSI重分配完成

图 7.4.8　DTAP 消息的示例

7.4.5　分配功能

SCCP 层和 L3 间的分配子层完成以下功能：

(1) 根据消息中的鉴别参数完成 DTAP 和 BSSMAP 消息的区分,将 DTAP 消息透明地在 MSC 与 MS 之间传送,将 BSSMAP 消息送给 BSSMAP(BSS 管理应用部分)处理；

(2) 根据 DTAP 消息中的数据链路连接识别(DLCl)参数,将 MSC 发来的 DTAP 消息分配到各无线链路 L2 接入点；

(3) 将从各无线链路 L2 接入点收到的 DTAP 消息汇合到 A 接口的信令链路上。

7.4.6　基站系统应用部分的程序

BSSMAP 主要有指配、切换要求指示、切换资源指示、切换执行、释放、级别更新、加密模式控制、跟踪请求、MS 初始消息、排队指示、SAPI＝0 的数据链路控制、阻塞、资源指示、复位、切换候选者询问、寻呼、流量控制、复位电路、负载指示这 20 个控制程序。

其中指配、切换要求指示、切换资源指示、切换执行、释放、级别更新、加密模式控制、跟踪请求、MS 初始消息、排队指示、SAPI＝0 的数据链路控制程序是有关无线接口上单个专用无线资源的专用程序,传递这些程序的消息用 SCCP 面向连接业务,在对应 SCCP 信令连接上传递,支持某个单个呼叫或处理。

而阻塞、资源指示、复位、切换候选者询问、寻呼、流量控制、复位电路、负载指示程序是有关整个 BSS、某一小区或某些特定地面电路的全局程序,传递这些消息用 SCCP 无连接业务的 UDT 消息。

下面说明一些主要的程序的功能。

1. 指配程序

指配的目的是保证正确的专用无线资源分配给需要它的 MS。最初的 MS 随机接入和"立即指配"到一个 DCCH 上是由 BSS 自行处理，而不受 MSC 的控制。

假定 MS 通过专用无线(也可能有地面)资源同 PLMN 的固定设备通信，MSC 分析所有有关的呼叫控制信息，希望分配或再分配给该移动台无线(也可能有地面)资源。

根据分析的结果，MSC 发给对应 BSS 一个"指配请求"消息来请求资源，此消息包含对所需资源的详细描述(如话音速率、信道类型、数据适配、优先级等)。若请求的资源是用于话音或数据通信，则"指配请求"消息中同时还指示 MSC 和 BSS 间使用的地面电路。此消息中对资源的描述可以是完整详尽的，也可以给 BSS 留有选择余地。

此"指配请求"消息通过 BSSMAP 发给 BSS，BSS 分析此消息之后选择合适的无线资源，分配合适的码型变换/速率适配器等地面资源。在 MSC 和 BSS 之间的地面电路上，某些电路可用于不同承载能力的组合。能支持相同信道类型的一群地面电路称为一个电路组。MSC 掌握此信息作为路由选择数据，并以此为基础向 BSS 请求资源，MSC 指定的地面电路必须能支持它向 BSS 请求的资源。如果需要的话，BSS 产生并向 MS 发送合适的无线指配消息(若无线资源需要改变)。"指配请求"消息中包含足够信息，允许 BSS 能构造必要的 L3 无线消息。

当 MSG 到 BSS 接口有多个电路组时，MSC 在指配时必须从能支持所需信道类型的电路组中选择一条电路。

当 BSS 收到"指配请求"消息后，就选择合适的无线资源，分配合适的码型变换/速率适配器等地面资源。当 BSS 知道无线指配程序已完成(从 MS 收到"指配完成"消息)，它将在 A 接口向 MSC 返回"指配完成"消息。如果在指配过程中发生了小区间内部切换，则"指配完成"消息中包含新的小区识别而不需要发送"切换执行"信息。

如果 MSC 到 BSS 接口有多个电路组，则"指配完成"消息中应包含电路组信息单元，此字段应向 MSC 指示"指配请求"消息中所给定 CIC 的电路组。

如果指配没有改变无线资源，就没有无线指配过程，只要 BSS 确知要求的资源已经被分配，就向 MSC 返回"指配完成"消息。

如果指配的目的是为了信令的传递或是需要改变地面电路，则 BSS 应改变地面电路并释放以前使用的地面电路，然后向 MSC 返回"指配完成"消息，此时，BSS 认为原来使用的地面电路已处于空闲状态。

在指配程序完成之后，在连接释放之前或 MSC 执行一次新的指配之前，所有分配给 MS 的专用资源(例如在内部切换时需分配专用资源)都必须与"指配请求"消息中所描述的相一致。

正常指配程序如图 7.4.9 所示。

图 7.4.9 正常指配程序

2. 外部切换

A 接口的协议支持 DCCH-DCCH、全速率 TCH-全速率 TCH、半速率 TCH-半速率 TCH 信道、900MHz 频段的信道-1 800 MHz 频段的信道间任意组合的切换(包括外部切换和内部切换)。同一 MSC 的两个 BSS 间的完整的切换程序如图 7.4.10 所示。

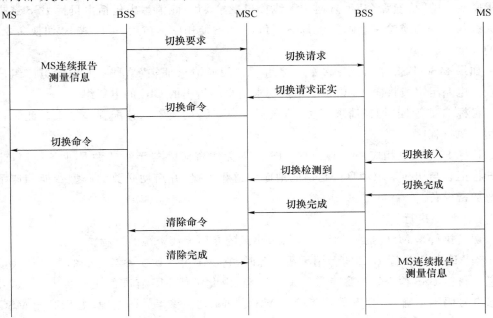

图 7.4.10 同一 MSC 的两个 BSS 间的完整的切换程序

切换包含切换要求指示、切换资源分配和切换执行 3 种程序。

(1) 切换要求指示

此程序允许一个 BSS 要求为一个已分配了专用资源的 MS 实现切换。作为 BSS 功能的一部分,BSS 连续地监测所有无线信息,并将收集到的信息与给定参数相比较,若传输质量的参数低于了给定门限,则 BSS 产生一个切换要求消息并发往 MSC。切换要求消息涉及某特定专用资源(DCCH 或 TCH),该消息用为此次处理建立起来的 BSSAP 连接传送。

切换要求消息包含消息类型、原因、(目标)小区识别表和当前信道等信息。

原因字段指示产生切换要求消息的原因,例如上行链路质量差,(目标)小区识别表应标识"n"个目标小区。被标识的小区按优先顺序排列。如果不能在小区识别表中列出"n"个小区,则应只列出可获得的目标小区。

(2) 切换资源分配

切换资源分配程序使 MSC 能够为切换,向目标 BSS 请求资源,资源的分配方式和指配相似。但无线接口上没有任何消息传输,此程序只是在 BSS 预定了资源,它正等待一个 MS 接入到此信道。BSS 在预定了资源后,要向 MSC 返回证实消息。

若无线资源可用,目标 BSS 将返回"切换请求证实"消息到 MSC,此消息的第三层信息信息单元中应包含无线接口的"切换命令"消息。MSC 将此第三层信息(实际是无线接口 RR 层 3 的"切换命令"消息)装载在 BSSMAP"切换命令"消息中发给原 BSS,原 BSS 将 RR 层 3 的"切换命令"消息通过无线接口发给 MS,此消息中包括由目标 BSS 选择的新无线信道和切换参考号码。新 BSS 了解原 BSS 使用的信道后,可以减小"切换命令"消息的长度。

如果 MSC-BSS 接口上有多个电路组,则"切换请求证实"消息中应包含电路组信息字段。电路组字段将向 MSC 指示切换请求消息中给出的 CIC 的电路组。

目标 BSS 返回"切换请求证实"消息到 MSC 后,切换资源分配程序结束。此时将开始切换执行程序。

目标 BSS 采取相应的步骤以使 MS 接入无线资源。若无线资源是业务信道,此时 BSS 将把它与切换请求消息中指出的地面信道相连接,并启动必要的码型变换和速率适配及加密设备。

(3) 切换执行

切换执行是 MSC 指示 MS 接入另一小区的专用无线资源的过程。

当 MS 接入目标 BSS 的专用无线资源时,它发出带有切换参考号码的一个切换接入消息。目标 BSS 检查切换参考号码是否正确,由此可使 MS 有高的正确接入率(如果切换参考号码不正确,则 BSS 等待正确的 MS)。如果切换参考号码正确,则 BSS 向 MSC 发出一个切换检测到消息。

当 MS 成功地建立与网络的通信时,即目标 BSS 收到了 MS 发来的 RR"切换完成"消息,目标 BSS 立即向 MSC 发 BSSMAP"切换完成"消息并结束此程序。MSC 向原 BSS 发出"清除命令"消息,原因置为切换成功,然后结束此程序。

原有专用无线资源和地面资源应一直保持,直到 MSC 发来"清除命令"消息或发生了复位。

3. 寻呼

所有移动台的寻呼消息都是通过 BSSMAP 用 SCCP 无连接业务传递的。此消息包括 MS 的 IMSI,由此可得出寻呼的分组号码,此消息还可包含对与寻呼相关的后续事务所需使用的信道组合的指示。BSS 应存储此类信息,并在适当的时候,在无线接口上发相应的无线接口"寻呼"消息。寻呼程序见图 7.4.11。

A 接口上每个"寻呼"消息只关系到一个 MS,因此,BSS 将把多个寻呼信息组合到一个无线接口的寻呼消息中。从 MSC 传到 BSS 的单个的"寻呼"消息包括小区识别表,表中的小区是指寻呼信息要被广播的小区。

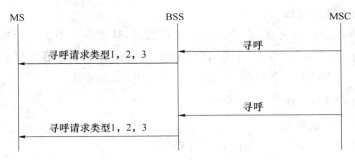

图 7.4.11　寻呼程序

4. 加密模式控制

加密模式控制程序允许 MSC 将加密模式控制信息传递给 BSS,并以正确的密钥启动用户数据及信令加密设备。加密模式控制程序的流程见图 7.4.12。

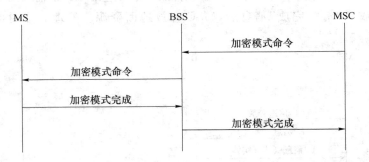

图 7.4.12　加密模式控制程序

MSC 向 BSS 发"加密模式命令"消息,BSS 收到后,启动加密设备,并在无线接口发"加密模式命令"消息。

在"加密模式命令"消息中,MSC 规定 BSS 可使用的加密算法。然后,BSS 考虑 MS 的加密能力选择一种合适的算法。返回到 MSC 的"加密模式完成"消息指示所选择的加密算法。"加密模式命令"消息中规定可用加密算法组在后续指配和 BSS 间切换仍有效。

从无线接口收到的"加密模式完成"消息(或其他被正确解密的第 2 层帧)说明实现了无线接口加密同步。BSS 收到无线接口"加密模式完成"消息后向 MSC 返回"加密模式完成"消息。如果无线接口"加密模式完成"消息长度超过两个八位位组,则 BSS 在 BSS-MAP"加密模式完成"消息中应包含第三层消息内容信息单元,该单元中包含无线接口"加密模式完成"消息中的第三个八位位组到最后一个八位位组。

5. MS 初始消息

当由 BSS 启动 SCCP 连接建立时,BSS 对从 MS 收到的第一个第三层消息(携带在 SABM 帧上)的处理过程如下:

BSS 将分析该消息的内容,直到分析出级别信息,其他内容不进行分析。然后将整个消息(如"CM 业务请求"、"寻呼响应"、"位置更新"等)用"完全第三层信息"消息传到 MSC。BSS 还可告知 MSC 在何种信道上收到第一个第三层消息。

6. 无线资源和地面资源的释放

(1) 处理完成时的释放

当某一处理完成后,无线资源的释放过程是:

释放的协调是在 MS 和 MSC 间直接进行,用透明消息传递。然后 MSG 发给 BSS-MAP 一个"清除命令"消息,指示释放某一无线资源,发出此消息后,MSC 不应在此特定连接上发送除"清除命令"消息外的其他 BSSAP 面向连接消息。

当 BSS 收到"清除命令"消息后,启动无线接口上的清除程序。然后 BSS 将指配的地面电路置为空闲状态并向 MSC 返回一个"清除完成"消息(BSS 不需要等待无线信道释放完成时)。收到"清除完成"消息后,MSC 释放地面资源。处理完成时的释放程序见图 7.4.13。

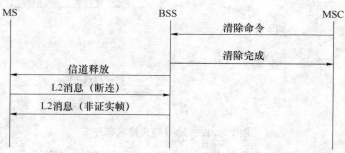

图 7.4.13　处理完成时的释放程序

（2）由于 BSS 原因的释放资源

若由于 BSS 的原因（例如设备故障等）要释放无线资源时，BSS 发一个"清除请求"消息到 MSC，消息中包含指示故障原因的原因信息单元。若和 MS 失去了联系，则 BSS 应发一个"清除请求"消息到 MSC。收到"清除请求"消息后，MSC 发"清除命令"消息到 BSS 启动释放程序。如果 BSS 还未在内部释放资源，则收到此消息后，BSS 应按正常方式释放资源，并发"清除完成"消息，结束此程序。图 7.4.14 表示由于 BSS 原因的释放程序。

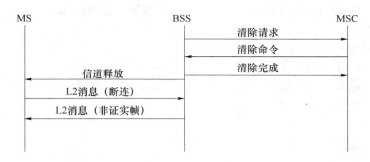

图 7.4.14　由于 BSS 原因的释放程序

7.5　移动应用部分

在 7.1 节中已经说明，在移动通信网中，移动交换中心 MSC 至来访位置寄存器 VLR 的 B 接口、MSC 至归属位置登记器的 C 接口、VLR 至 HLR 的 D 接口，不同的 MSC 之间的 E 接口，MSC 至设备识别寄存器 EIR 之间的 F 接口都使用移动应用部分 MAP 的信令规程。

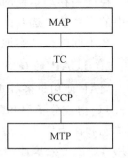

图 7.5.1　MAP 与 TC、SCCP 的关系

移动应用部分 MAP 是 No.7 信令系统的应用层协议，是事务处理部分 TC 的用户。MAP 的主要功能是在 MSC 和 HLR、VLR、EIR 等网络数据库之间交换与电路无关的数据和指令，从而支持移动用户漫游、频道切换和用户鉴权等网络功能。MAP 与事务处理部分 TC、信令连接控制部分 SCCP 之间的关系参见图 7.5.1。

7.5.1 MAP 使用 SCCP 和 TC 的说明

1. SCCP 的使用

(1) SCCP 业务类别:MAP 仅使用 SCCP 的无连接协议类别 0 或 1。

(2) 对于 MSC/VLR、EIR、HLR/AUC 在信令网中的寻址:

- 国内业务采用 GT、SPC、SSN
- 国际业务采用 GT

SPC 采用 24 bit 编码,与我国 No.7 信令网中的信令点统一编码。

子系统 SSN:

HLR	0000	0110
VLR	0000	0111
MSC	0000	1000
EIR	0000	1001
AUC	0000	1010
CAP	0000	0101

GT:为移动用户的 MSISDN。

SCCP 被叫地址中的路由表示语:

SSN 表示语=1(总是包括 SSN)

全局码表示语=0100(GT 包括翻译类型、编号计划、编码设计、地址性质表示语)

翻译类型字段=00000000(不用)

路由表示语:

在同一移动本地网中,路由表示语=1(按照 MTP 路由标记中的 DPC 和被叫用户地址中的子系统号选路由)。

在不同的移动本地网之间,路由表示语=0(按照全局码选取路由)。

2. TCAP 的使用

MAP 使用事务处理能力 TC 提供的服务。

TC 由成分子层和事务处理子层组成,成分子层提供传送远端操作及响应的协议数据单元和作为任选的对话部分。这些协议数据单元调用操作并报告其结果或差错。可以使用 TC 成分处理原语来访问这些服务。

事务处理子层为其用户提供端到端连接。

作为 TC 的用户,MAP 的通信部分可以由一组应用服务单元构成,这组应用服务单元由操作、差错和一些参数组成,该应用服务由应用进程调用并通过成分子层传送至对等实体。

图 7.5.2 表示在两个系统中 MAP 应用实体之间的逻辑流和实际信息流。MAP 消息是包含在 TC 中的成分协议数据单元中传送的。

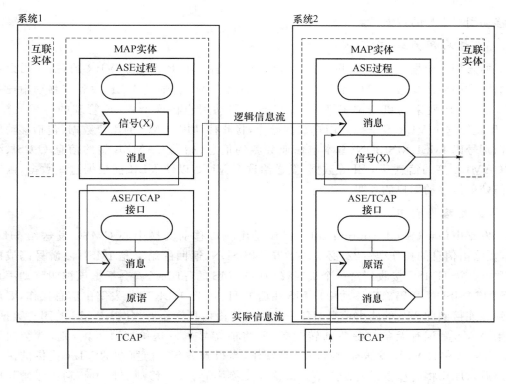

图 7.5.2　两个系统中 MAP 应用实体之间的逻辑流和实际信息流

7.5.2　常用的 MAP 操作

在移动应用部分 MAP 中，将移动交换系统中不同功能实体 MSC/VLR、HLR 之间传送的信息都定义为远端操作及对操作的响应。下面介绍一些常用的 MAP 操作。

1. 更新位置

更新位置（Update Location）操作是由 VLR 发送给 HLR 的，当移动用户在一个新的 VLR 登记（即 VLR 没有该用户的数据）时，该 VLR 将向移动用户 MS 注册的 HLR 发送此操作，通知移动用户注册的 HLR 该 MS 已进入此 VLR 管辖的位置。更新位置的操作码＝2，包含的参数有移动用户 MS 的 IMSI 号码，位置信息和移动用户附着的 VLR 号码，如果更新位置操作成功，在移动用户 MS 注册的 HLR 中存放的位置信息是移动用户附着的 VLR 号码。

2. 删除位置

删除位置（Cancel Location）操作是由 HLR 发送给 VLR 的，删除位置操作的操作码＝3。当移动用户 MS 注册的 HLR 确定该 MS 已在一个新的 VLR 登记，就给该移动用户 MS 原来所在位置的 VLR 发送删除位置操作，要求 MS 原来所在位置的 VLR 删除此移动用户 MS 的数据。

3. 插入用户数据

插入用户数据(Insert Subscriber Data)操作是由 HLR 发送给 VLR 的,插入用户数据的操作码=7,参数是用户数据成分。当移动用户 MS 注册的 HLR 收到该移动用户新进入的 VLR 发来的更新位置请求,如果允许移动用户在这个 VLR 管理的位置漫游,HLR 就给这个 VLR 发送插入用户数据操作,将此移动用户 MS 的用户数据(包括移动用户识别号码 IMSI、MSISDN、基本电信业务签约信息、始发 CAMEL 签约信息 O-CSI、终结 CAMEL 签约信息 T-CSI 等数据)发送给这个 VLR,以便 VLR 能根据这些数据,确定如何处理该移动用户的呼叫。

4. 发路由信息

发路由信息(Send Routing Info)操作是由入口移动交换中心 GMSC 发送给 HLR 的,发路由信息的操作码=22,必选参数是 MSISDN,返回的结果是 IMSI,漫游号码或前转数据。当 GMSC 接收到对一个被叫移动用户 MS 的呼叫时,就会根据该被叫移动用户 MS 的 MSISDN 号码确定移动用户 MS 注册的 HLR,向 HLR 发送发路由信息操作,要求得到能连接到此 MS 的路由信息,HLR 收到发路由信息操作后,分析该 MS 的用户数据,如果该 MS 登记有无条件呼叫前转业务,就将前转号码发送给 GMSC,否则,就会向该 MS 当前所在的 VLR 发送提供漫游号码操作,当得到 MS 当前所在的 VLR 提供的漫游号码后,HLR 将此漫游号码回送给入口移动交换中心,入口移动交换中心利用漫游号码选择路由,将呼叫中继到 MS 当前所在的 MSC/VLR。

5. 提供漫游号码

提供漫游号码(Provide Roaming Number)操作是由 HLR 发送给 VLR 的,提供漫游号码操作的操作码=4,必选参数是被叫移动用户的 IMSI,返回结果是漫游号码。当 HLR 收到入口移动交换中心(GMSC)发来的发路由信息操作后,会向该 MS 当前所在的 VLR 发送提供漫游号码操作,要求 MS 当前所在的 VLR 给此 MS 分配一个漫游号码,MS 当前所在的 VLR 收到提供漫游号码操作后,如果确定此 MS 当前正在本 MSC/VLR 管辖的位置,就会给这个 MS 分配一个漫游号码,并建立这个漫游号码与 MS 的 IMSI(TMSI)之间的关系,在漫游号码中包含有 MS 当前所在的 MSC 的路由信息。

6. 前转移动发送的短消息

前转移动发送的短消息(MO-ForwardSM)操作是由移动用户 MS 当前所在的 MSC 发送给与短消息中心(SMC)相连接的互通 MSC 的,移动用户当前所在的 MSC 在 A 接口收到移动用户发送的短消息后,就向与短消息中心相连接的互通 MSC 发送此操作,以便将短消息发送给短消息中心。MO-ForwardSM 操作的操作码=46,必选参数是前转 MO-SM 变量,前转 MO-SM 变量中包括发送短消息的目的地址 SM-RP-DA、发送短消息的起始地址 SM-RP-OA 和短消息中包含的用户数据 SM-RP-UI。

7. 前转移动终止的短消息

前转移动终止的短消息(MT-ForwardSM)操作是由与短消息中心相连接的互通 MSC 发送给移动用户 MS 当前所在的 MSC 的,与短消息中心相连接的互通 MSC 收到短消息中心发给被叫移动用户短消息后,就向被叫移动用户 MS 当前所在的 MSC 发送此操作,以便将短消息发送给被叫移动用户 MS。MT-ForwardSM 操作的操作码=44,必选参数是前转 MT-SM 变量,前转 MT-SM 变量中包括发送短消息的目的地址 SM-RP-DA 、发送短消息的起始地址 SM-RP-OA 和短消息中包含的用户数据 SM-RP-UI。

8. 为发送短消息提供路由信息

为发送短消息提供路由信息(Send Routing lnfoForSM)操作是由与短消息中心相连接的互通 MSC 发送给移动用户注册的 HLR 的,当与短消息中心相连接的互通 MSC 收到短消息中心发给被叫移动用户的短消息后,就向被叫移动用户注册的 HLR 发送此操作,要求 HLR 提供发送短消息到被叫移动用户的路由信息,为发送短消息提供路由信息操作的操作码=45,必选参数是被叫移动用户的 IMSI,返回信息是被叫移动用户当前所在的 MSC 的号码。

9. 报告 SM 转发状态

报告 SM 转发状态(Report SM-Delivery Status)操作是由与短消息中心相连接的互通发送给移动用户注册的 HLR 的,当与短消息中心相连接的互通 MSC 收到移动用户当前所在的 MSC 关于 MT-ForwardSM 操作失败的响应(如移动台存储器溢出、移动用户不可及),就向被叫移动用户注册的 HLR 发送此操作,要求 HLR 在检测到被叫移动用户有能力接收短消息时,提醒短消息中心。报告 SM 转发状态操作的操作码=47,必选参数是被叫移动用户的 MSISDN 号码和短消息中心的地址。

10. SM 准备好

SM 准备好(Ready For SM)操作是由被叫移动用户当前所在的 MSC/VLR 发送给被叫移动用户注册的 HLR 的,当被叫移动用户当前所在的 MSC/VLR 检测到被叫移动用户出现时(如被叫移动用户发送寻呼响应或进行位置登记),就向被叫移动用户注册的 HLR 发送此操作,报告移动用户已出现,准备好接收短消息。操作的操作码=66,必选参数是被叫移动用户的 IMSI 和提醒原因(MS 出现或存储器可用)。

11. 提醒业务中心

提醒业务中心(Alert Service Centre)操作是由被叫移动用户注册的 HLR 发送给与短消息中心(SMC)相连接的互通 MSC 的,当 HLR 收到被叫移动用户当前所在的 MSC/VLR 发来的"SM 准备好"消息后,就向与短消息中心相连接的互通 MSC 发送此操作,通知短消息中心可向该被叫移动用户发送短消息。操作的操作码=64,必选参数是被叫移动用户的 MSISDN 号码和短消息中心的地址。

7.5.3 移动通信应用部分信令程序

移动通信应用部分(MAP)共定义了移动性程序、操作和维护程序、呼叫处理程序、补充业务程序、短消息业务程序和 GPRS 程序这几类信令程序。

移动性程序包括位置管理程序、切换程序、故障后复位程序。操作和维护程序包括跟踪程序、用户数据管理程序、用户识别程序。呼叫处理程序包括查寻路由信息程序。补充业务程序包括基本补充业务处理、登记程序、删除程序、激活程序、去活程序、询问程序、调用程序、口令登记程序、移动发起 USSD 程序和网络发起的 USSD 程序。短消息业务程序包括移动发起短消息传送程序、移动终止短消息传递程序、短消息提醒程序、SM 转发状态报告程序和短消息部分公共程序。下面介绍一些典型的信令程序。

7.5.4 位置登记和删除

位置登记和删除是支持移动用户实现自动漫游的信令过程。所谓位置登记就是移动用户通过控制信道向移动交换机报告其当前位置。如果移动台从一个移动交换中心 MSC/VLR 管辖的区域进入另一个 MSC/VLR 管辖的区域，就要向归属位置登记器(HLR)报告，使 HLR 能随时登记移动用户的当前位置，从而实现对漫游用户的自动接续。位置登记过程涉及到 MSC-VLR 的 B 接口及 VLR 与 HLR 之间的 D 接口，由于 MSC 与 VLR 一般处于一个物理实体中，MSC 与 VLR 之间的接口就成为设备之间的内部接口。所以，下面主要讨论 MSC/VLR 与 HLR 之间的位置登记和删除过程。

1. 仅涉及 VLR 与 HLR 的位置登记和删除过程

在位置更新过程中，如果移动用户(MS)用其识别码 IMSI 来标识自身时，其位置更新过程只涉及用户新进入区域的 MSC/VLR 及用户注册所在地的 HLR。其信令过程见图 7.5.3。

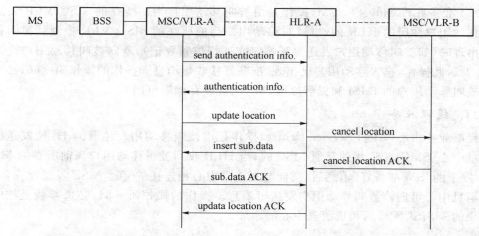

图 7.5.3 仅涉及 VLR 与 HLR 的位置登记和删除

当 MS 进入由 MSC/VLR-A 控制的区域并用其识别码 IMSI 来标识自己时,MSC/VLR-A 能从 IMSI 中确定 MS 注册的 HLR,并可将其转换为该用户的 ISDN 号码 MSIS-DN,用 MSISDN 作为全局码 GT 对 HLR 寻址。在位置更新过程执行前,执行鉴权过程,MSC/VLR-A 发送鉴权请求消息(Send authentication info)要求得到该用户的鉴权参数,HLR 用鉴权响应消息(Authentication info)将鉴权参数回送 MSC/VLR-A。当鉴权通过后,MSC/VLR-A 向 HLR 发送位置更新区消息(Update location),收到位置更新消息后,HLR 将 MS 的当前位置记录在数据库中,同时用插入用户数据消息(Insert sub. data)将 MS 的相关用户数据发送给 MSC/VLR-A,当收到用户数据确认消息(Sub. data ACK)后,HLR 回送接受位置更新消息(Update location ACK),位置更新过程结束。HLR 在完成位置更新时,确定该用户已进入由 MSC/VLR-A 管辖的区域,就向该用户先前所在的 MSC/VLR-B 发送删除位置消息(Cancel location),要求 MSC/VLR-B 删除该用户的用户数据,MSC/VLR-B 完成删除后,发送位置删除确认消息(Cancel location ACK)给 HLR。

2. 涉及前一个 VLR 的位置更新

当 MS 从 MSC/VLR-B 管辖的区域进入 MSC/VLR-A 管辖的区域,在位置登记时,用 MSC/VLR-B 分配给它的临时号码 TMSI 来标识自己时,位置更新/删除过程见图 7.5.4。

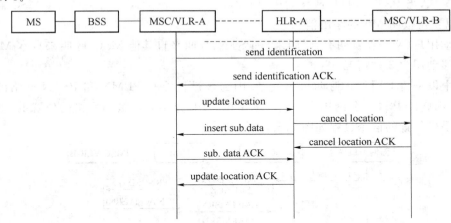

图 7.5.4 当 MS 用其前一个 VLR 中分配的 TMSI 标识自己时的位置更新/删除

由于在位置登记请求中 MS 用其在前一个 VLR(MSC/VLR-B)中分配的 TMSI 来标识自己,而 VLR-A 没有保存关于此用户的任何信息,如果 VLR-A 能够从位置区识别码 LAI 中导出为 MS 分配 TMSI 的 MSC/VLR-B,MSC/VLR-A 需要从 MSC/VLR-B 得到移动用户 MS 的 IMSI 来识别 MS 注册的 HLR。若 IMSI 不能从 MSC/VLR-B 中检索,网络则向 MS 请求 IMSI。当 MSC/VLR-A 从 LAI 中导出 MS 所在的前一个 VLR 是 MSC/VLR-B 时,MSC/VLR-A 就向 MSC/VLR-B 发送识别请求消息(Send identification),要求得到该用户的

IMSI 及鉴权参数组,MSC/VLR-B 用识别响应消息(Send identification ACK)将 MS 的 IMSI 及鉴权参数组发送给 MSC/VLR-A。MSC/VLR-A 鉴权成功后,就给 HLR 发送位置登记请求消息。其后的信令过程与图 7.5.3 所示完全一样。

经过位置更新过程后,管辖 MS 当前所在区域的 VLR 中已存放了该用户主要的用户数据,MS 注册的 HLR 中也已存放了该用户的位置信息(VLR 号码)。MS 原来所在位置的 VLR 已删除该用户的用户数据。

7.5.5 查询被叫移动用户路由信息程序

经过位置更新过程后,管辖 MS 当前所在区域的 VLR 中已存放了 MS 主要的用户数据,MS 注册的 HLR 中,也已存放了该用户的位置信息(管辖 MS 当前所在区域的 VLR 号码)。

当 MS 始发呼叫或终结呼叫时,MSC 都可从 VLR 或 HLR 中获得呼叫所需的有关信息,主要包括以下 3 种情况:

情况一,MS 呼叫时,主叫 MS 所在地的 MSC 可由 VLR 中获取该主叫 MS 的用户参数,在必要时 VLR 还可向 MS 注册的 HLR 发出请求,以获得部分或全部用户参数;

情况二,MS 终结呼叫时,被叫 MS 当前所在区域的 MSC 可从 VLR 或 HLR 中获得该被叫 MS 的用户数据;

情况三,当 PSTN 用户(或移动用户)呼叫 MS 时,作为入口网关局的 GMSC 需询问 HLR,以获得被叫 MS 的路由信息。

移动用户(MS)作被叫有:呼叫来自 PSTN;呼叫来自其他 MSC;呼叫来本 MSC 内的另一移动用户 3 种情况。

其中以来自 PSTN 的呼叫最为复杂,因为该过程涉及 PLMN 和 PSTN 网络的连接过程,下面就以 PSTN 公网用户呼叫移动手机为例,介绍查询被叫手机的位置的过程,查询被叫手机位置的信令过程如图 7.5.5 所示。

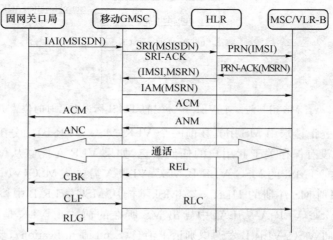

图 7.5.5 查询被叫移动用户路由信息程序

当固定用户呼叫移动用户时,主叫用户拨被叫 MS 的 MSISDN 号码,PSTN 通过关口局接入 GMSC,GMSC 通过分析被叫 MS 的 MSISDN 号码,能确定被叫 MS 注册的 HLR,就向 HLR 发送发路由信息消息(Send Routing info),HLR 检查被叫 MS 的位置信息,知道被叫 MS 当前正处于由 MSC/VLR-B 管辖的区域,就向 VLR-B 发送提供漫游号码消息(Provide Roaming Number),要求为该被叫 MS 分配一个漫游号码 MSRN,VLR-B 收到此消息后,临时为该被叫 MS 分配一个漫游号码,并建立这个漫游号码与该用户的 IMSI 号码的对应关系。然后,发送漫游号码确认消息(Roaming Number ACK),将分配的漫游号码送给 HLR,HLR 收到漫游号码后,给 GMSC 发送路由信息确认消息(Send Routing info ACK),将漫游号码送给 GMSC。GMSC 收到漫游号码后,即可利用此漫游号码完成至被叫 MS 的接续,在图 7.5.5 中,固网关口局发给 GMSC 的 IAI 消息中的被叫号码是被叫 MS 的 MSISDN 号码,GMSC 发给 MSC-B 的 IAM 消息中的被叫地址部分包含的就是漫游号码。

7.5.6　移动用户始发呼叫的信令流程

移动用户作为主叫向固定电话用户发起呼叫时,呼叫建立的信令流程见图 7.5.6,在图中对 MSC 与基站子系统的信令消息进行了简化。

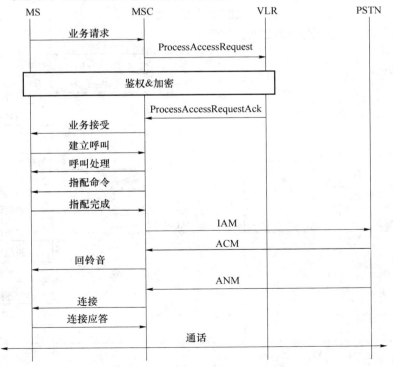

图 7.5.6　MS 发起呼叫的信令流程

移动台通过基站子系统向 MSC 发起业务请求,MSC 向 VLR 发送 MAP 消息 Process Access Request,说明本 MSC 区域内的 MS 请求进行业务接入。MSC、VLR 对 MS 鉴权,鉴权成功后在空中接口部分启动加密处理。VLR 回送 Process Access Request 的应答消息,指示接受业务接入。MSC 向 MS 回送业务接受消息。MS 向 MSC 发送建立呼叫请求消息 SETUP,MSC 回送呼叫处理消息,指示正在处理呼叫。MSC 通过指配命令为 MS 分配业务信道。MSC 通过 ISUP 信令向固定网(PSTN)发送初始地址消息 IAM,当接收到 ACM 消息后,向主叫送回铃音,当被叫用户应答,MSC 收到 ANM 消息后,MSC 向移动台传递连接建立消息,收到 MS 发出的连接应答后,进入通话阶段。

7.5.7 MS 终接呼叫的信令流程

固定电话用户呼叫移动用户的呼叫建立的信令流程见图 7.5.7。

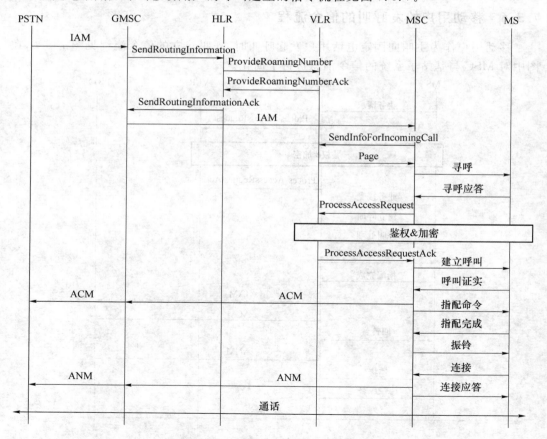

图 7.5.7 MS 终接呼叫的信令流程

移动关口局 GMSC 收到 PSTN 关口局发来的初始地址消息 IAM，根据 IAM 消息中被叫的 ISDN 号码 MSISDN，向被叫 MS 归属的 HLR 发送 MAP 消息（Send Routing Information），询问该 MS 目前的路由信息。HLR 查询该 MS 目前所在区域的 VLR，向该 VLR 发送 MAP 消息"Provide Roaming Number"，该 MS 目前所在区域的 VLR 为 MS 分配漫游号码，通过"Provide Roaming Number"的应答消息回送给该 MS 分配的 MSRN。HLR 将 MSRN 通过"Send Routing Information"的应答消息回送给 GMSC。GMSC 向用户目前所在区域的 MSC 发送 ISUP 消息 IAM，IAM 消息中的被叫号码为漫游号码，要求建立到被叫 MS 的呼叫。MSC 收到 IAM 消息后向 VLR 发送 MAP 消息"Send Info For Incoming Call"，为入呼叫请求信息。VLR 回送 MAP 消息 Page，指示寻呼该 MS。MSC 命令 MS 所在位置区的基站发送广播寻呼消息，MS 回送"寻呼应答"消息，MSC 向 VLR 发送 MAP 消息"Process Access Request"，要求为本 MSC 区域内的 MS 进行业务接入。MSC、VLR 对 MS 进行鉴权，鉴权成功后在空中接口部分启动加密处理。VLR 回送"Process Access Request"的应答消息，指示接受业务接入。MSC 向 MS 发送建立呼叫消息"SETUP"，MS 回送呼叫证实消息，MSC 通过关口局向 PSTN 交换局发送 ACM 消息，同时为 MS 分配业务信道（"指配命令"和"指配完成"），建立到被叫用户的通道，并向被叫振铃，当被叫 MS 应答后，MS 发送"连接"消息，MSC 经 GMSC 向 PSTN 回送应答消息 ANM，并向被叫 MS 回送连接应答消息，进入通话阶段。

7.5.8　短消息业务程序

在数字移动通信网中，支持移动用户 MS 起始和 MS 终接的点对点短消息业务。短消息的发送既可以在 MS 处于呼叫状态时进行（话音通信或数据通信），也可以在空闲状态下进行。当短消息在控制信道内传送时，信息量限制为 140 个字节。短消息的存储和前转功能是由短消息业务中心（SMC）完成的。固定网用户可通过固定网，移动用户通过移动数字网将信息输入至短消息业务中心，由短消息业务中心通过 MSC 与 HLR 将消息发送至指定的移动用户。

1.　与短消息处理有关的网络结构

与短消息处理有关的网络结构图见图 7.5.8 所示。图中 SMS G/IW MSC 简称短消息网关，SMC 是短消息中心，在图所示结构中，短消息网关功能与短消息中心在同一物理实体内。在这种情况下，一般是由短消息中心直接连接 PSTN、PSPDN 的多种应用终端。短消息网关 SMS G/IW MSC 是短消息中心与移动通信网 PLMN 之间的接口，短消息网关 SMS G/IW MSC 采用标准的 MAP 信令与 PLMN 连接。SMS IW MSC 从 PLMN 中接收 MS 发送的短消息，并发送给接收的短消息中心。SMS G MSC 从短消息中心接收短消息，向被叫 MS 所在的 HLR 询问路由信息，并通过被叫 MS 当前所在位置的 MSC

向 MS 转发短消息。

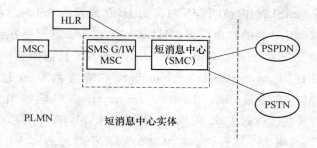

图 7.5.8　与短消息处理有关的网络结构图

点对点短消息业务包括移动台 MS 发起的短消息业务 MO 及移动台终止的短消息业务 MT。点对点短消息的传递与发送由短消息中心(SMC)进行中继。短消息中心的作用像邮局一样,接收来自各方面的邮件,然后对它们进行分拣,再发给各个用户。短消息中心的主要功能是接收、存储和转发用户的短消息。

通过短消息中心,能够更可靠地将信息传送到目的地。如果传送失败,短消息中心保存失败消息直至发送成功为止。短消息业务的另一个突出特点是,即使移动台处于通话状态,仍然可以同时接收短消息。

2. 移动台发送短消息至短消息中心

图 7.5.9 表示移动用户将短消息发送至与短消息中心(SMC)相连接的 MSC 的信令过程。在消息中包含接收用户的 MSISDN 号码。移动始发的短消息,从手机向其所在的 MSC 发送短消息开始,到收到短消息中心发来的发送成功响应为止。手机将短信发送给 MSC,MSC 根据短信中携带的短消息中心的标识号,将短信提交给 IW MSC,由 IW MSC 提交短信中心。短信中心成功收到短消息后,给出传送成功的确认消息,并由 MSC 转发给 MS。

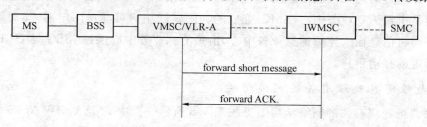

图 7.5.9　短消息发送至 SMC

3. 将短消息发送至指定 MS 的信令过程

图 7.5.10 示出了短消息业务中心将短消息发送至指定移动用户的信令过程。

与短消息业务中心相连接的移动交换中心 MSC-A 收到 SC 发来的短消息后,根据消息中包含的接收用户的 MSISDN 号码,向接收用户所属的 HLR-A 要求有关的路由信息(Send Routing Info For SM),HLR-A 向 MSC-A 发送响应信息,将接收用户的当前所在位置的

MSC-B 的号码发送给 MSC-A，MSC-A 向控制移动用户当前所在区域的 MSC-B 发送短消息（Forward short Message），MSC-B 发现该移动用户无法接通，就在 VLR-B 中置位消息等待标识，同时向 MSC-A 发送缺席用户指示（Absent Subscriber），说明由于移动用户无法接通，所以没有将短消息发送给移动用户。MSC-A 收到消息后即向 HLR-A 发包含被叫用户 MSISDN 号码和 SMC 地址的"报告短消息发送标志（Report SM Delivery Status）"消息。当被叫移动用户 MS 当前所在的 MSC/VLR-B 检测到被叫移动用户 MS 出现时（如被叫移动用户 MS 发送寻呼响应或进行位置登记），就向被叫移动用户 MS 注册的 HLR-A 发送"准备发送短消息（Ready For SM）"，HLR-A 就向 MSC-A 发送"提醒业务中心（Alert Service Center）"消息，MSC-A 通知短消息业务中心（SMC）并接收到 SMC 发送的短消息后，就向 HLR-A 要求有关路由信息（Send Routing Info For SM），HLR-A 用响应消息将移动用户当前位置通知 MSC-A，MSC-A 即向 MSC-B 发送短消息，当消息成功地发送给被叫移动用户后，MSC-B 用响应消息报告 MSC-A，短消息已成功发送至移动用户。

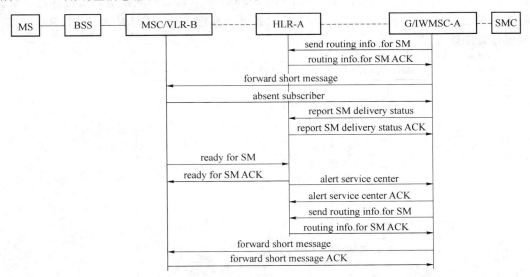

图 7.5.10　发送短消息至移动用户的信令过程

7.5.9　频道切换（转换）

当移动用户在通话过程中从一个小区移动到另一个小区且这两个小区分别由两个 MSC/VLR 控制时，这两个 MSC/VLR 之间要交换有关的信令，以便移动用户能够使用其新进入的小区分配的话音信道进行通话。有关频道切换时的信令过程参见图 7.5.11。

设移动用户在通话过程中从 MSC/VLR-A 控制的区域进入了由 MSC/VLR-B 控制的区域，MSC/VLR-A 向 MSC/VLR-B 发送进行切换（Prepare Handover）消息。MSC/VLR 收到切换请求消息后，就为该呼叫分配并保留一个空闲的无线信道，同时为该次转换分配一个频道转换号码,该号码的作用类似漫游号码,用于建立 MSC-A 至 MAC-B 的中继话路。MSC/VLR-B 用无线信道确认消息(Prepare Handover ACK),将分配的频道转换号码及已分配的无线信道号送给 MSC/VLR-A。MSC/VLR-A 收到此消息后,通过 ISUP 消息建立话路连接,在 IAM 消息中的被叫号码字段中包括的就是频道转换号码。当 MSC-B 接收到从移动台发出的呼叫处理请求时,就用处理接入信息消息(Process Access Signal)将该呼叫处理请求透明地传送给 MSC-A。如果需要,MSC-A 向 MSC-B 发送 forward-access 消息,传送需要透明发送给 MSC-B 的 A 接口所需的呼叫控制和移动管理信息。当话路连接成功后,MSC-A、MSC-B 分别在原信道和新分配信道上,向移动用户发出切换指示。当 MSC-B 收到移动用户环回的证实信号后,即向 MSC-A 发送结束信号(Send End Signal),表示频道切换已经成功。当主叫用户先挂机时,MSC-A 发送释放请求消息"REL(ISUP)",MSC-B 发送释放完成消息"RLC(ISUP)"将话路释放。MSC-A 向 MSC-B 发送结束信号响应消息(Send End Signal ACK),通知此频道切换过程已结束。呼叫结束后,MSC-B 与 HLR-A 之间完成位置更新程序,MSC/VLR-A 与 HLR-A 之间完成位置删除程序。

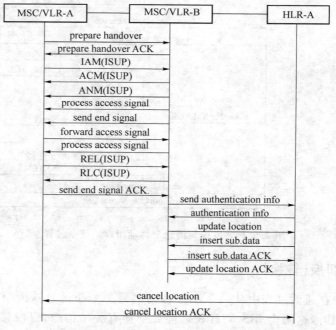

图 7.5.11　频道切换的信令过程

7.5.10　GPRS 业务的基本流程

　　MS 要使用 GPRS 功能,必须首先附着(Attach)到 GPRS 网络上,目的是向 GPRS 网络说明自身所在的位置,其功能类似于电路域中的位置更新。附着到 GPRS 网络上后

（即建立了逻辑连接后），MS才可以进行分组的发送和接收。MS可与一个或多个分组数据协议（PDP，Packet Data Protocol）地址进行数据交互，不同的交互过程可以同时执行，每个数据交互称为一个 PDP 上下文（Context）。

1. MS 附着到 GPRS 网络的流程

图 7.5.12 所示是 MS 附着到 GPRS 网络的基本流程，其中简化了鉴权和加密部分的处理过程。

当具有 GPRS 功能的 MS 进入一个新的位置区后，向管辖当前位置区的新 SGSN 发送附着请求（Attach Request），GPRS 网络对 MS 进行鉴权，鉴权成功后启动加密操作。新 SGSN 向 HLR 发送位置更新（Update Location）消息，通知该 MS 已进入新 SGSN 管辖的位置。HLR 向 MS 原来所在区域的 SGSN（即"旧 SGSN"）发送 Cancel Location 消息，通知该 MS 已离开该 SGSN 管辖的区域，要求该 SGSN 删除这个 MS 的用户数据。HLR 向新 SGSN 发送 Insert Subscriber Data 消息，将该 MS 用户的用户数据发送给新 SGSN。新 SGSN 将该用户的用户数据插入数据库后，回送应答消息（Insert Subscriber Data Ack）。在成功完成旧 SGSN 中用户信息的删除和新 SGSN 中用户数据的插入后，HLR 将该用户的位置信息登记到数据库中，并向新 SGSN 确认位置更新成功。

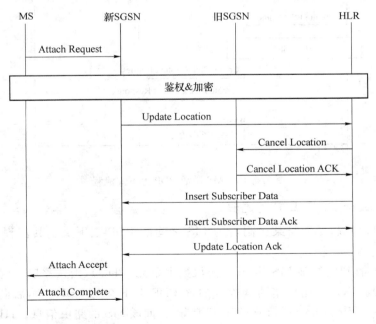

图 7.5.12 GPRS 附着流程

经过 GPRS 附着过程后，管辖 MS 当前所在区域的 SGSN 中已存放了该用户主要的用户数据，MS 注册的 HLR 中也已存放了该用户的位置信息（SGSN 号码）。MS 原来所在位置的 SGSN 已删除该用户的用户数据。

2. MS 成功激活 PDP 上下文的流程

图 7.5.13 是处于附着状态的 MS 成功激活 PDP 上下文的基本流程,通过该流程,移动用户 MS 建立了 PDP 上下文。

当处于附着状态的移动用户需传输数据时,MS 向目前所在区域的 SGSN 发送激活一个 PDP 上下文的请求(Activate PDP Context),其中包含请求上下文的接入点名称(APN,Access Point Name)、服务质量、服务接入点类型、PDP 地址等信息。SGSN 对 MS 进行鉴权,鉴权成功后,启动加密过程。SGSN 根据收到信息中的 APN,找到与该 PDP 上下文相关的外部网络互连的 GGSN,向其发送建立 PDP 上下文的请求(Create PDP Context Request)消息,建立与该 GGSN 之间的隧道。GGSN 确认可建立到 MS 指定外部网络(APN)的连接,向 SGSN 回复应答消息(Create PDP Context Response)。SGSN 向 MS 回送接受 PDP 上下文激活的消息(Activate PDP Context Accept),该 PDP 上下文建立,进入协议数据单元(PDU,Protocol Data Unit)交互过程。

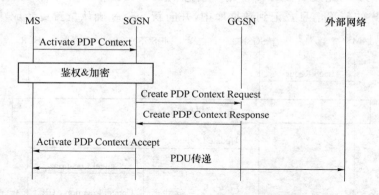

图 7.5.13　MS 激活 PDP 上下文流程

3. 网络激活 PDP 上下文流程

网络也可以发起激活与某已附着的 MS 之间的 PDP 上下文。其流程如图 7.5.14 所示。

当 GGSN 收到发往某 MS 的 PDP 协议数据单元(PDU),确认需启动网络激活 PDP 上下文的流程。GGSN 先存储陆续收到的该 PDP 上下文的 PDU。然后向 MS 归属的 HLR 发送"Send Routing Info for GPRS"消息,查询该 MS 的路由信息。HLR 确认目前可访问该 MS,并返回其路由信息"Send Routing Info for GPRS Ack",在消息中包括目前服务于该 MS 的 SGSN 地址。根据收到信息中的 SGSN 地址,GGSN 向当前服务于该 MS 的 SGSN 发送"PDU Notification Request"消息,通知其收到某 PDP 上下文的数据单元。SGSN 向 GGSN 回复应答消息,通知对端将启动激活 PDP 上下文的流程。SGSN 向

MS 发送请求激活 PDP 上下文的消息"Request PDP Context Activation"，在 MS 和 GGSN 之间启动 PDP 上下文激活流程。PDP 上下文激活后，GGSN 将其缓存的 PDU 发送至 MS。

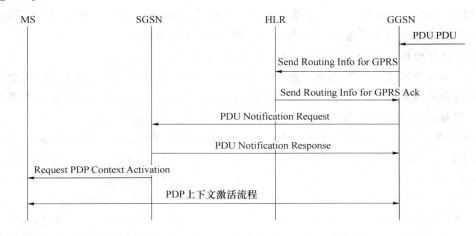

图 7.5.14　网络激活 PDP 上下文流程

小　结

数字蜂窝移动通信网由移动交换子系统（MSS）、基站子系统（BSS）、操作维护中心（OMC）、移动用户设备、中继线路及其传输设备组成。

移动交换子系统（MSS）由移动关口局（GMSC）、移动业务交换中心（MSC）、拜访位置寄存器（VLR）、归属位置寄存器（HLR）、用户鉴权中心（AUC）和设备识别寄存器（EIR）、短消息业务中心（SMSC）、GPRS 服务支持节点 SGSN 及网关 GPRS 支持节点 GGSN 等组成。通常，HLR 与 AUC 合设于一个物理实体中，MSC 与 VLR 合设于一个物理实体中。

基站子系统由基站控制器（BSC）和基站收/发信台（BTS）组成。

Um 接口是用户终端设备 MS 与基站之间的接口。A-bis 接口是基站收/发信机 BTS 与基站控制器（BSC）之间的接口。A 接口是基站控制器与移动业务交换中心之间的信令接口。

MSC 与 VLR 之间的 B 接口、MSC 与 HLR 之间的 C 接口、VLR 与 HLR 之间的 D 接口、MSC 与 EIR 之间的 F 接口、不同的 VLR 之间的 G 接口都采用移动应用规程 MAP 来传送有关信息。不同 MSC 之间的 E 接口在传送两个 MSC 之间的与话路接续有关的局间信令时，采用综合业务数字网用户部分（ISUP）和电话用户部分（TUP）的信令规程。

MSISDN 是主叫用户为呼叫数字公用陆地蜂窝移动用户时所需拨的号码;国际移动用户识别码 IMSI 是在数字公用陆地蜂窝移动通信网中唯一的识别一个移动用户的号码;移动用户漫游号码 MSRN 是当呼叫一个移动用户时,为使网络进行路由再选择,VLR 临时分配给移动用户的一个号码;临时移动用户识别码 TMSI 是为了对 IMSI 保密,VLR 给来访移动用户分配的一个临时号码,它仅在本地使用。

Um 接口的协议可分为物理层、信令链路层、应用层。

Um 接口中的逻辑信道分为业务信道和控制信道两大类,业务信道(TCH)用于传送编码后的话音或数据信息。控制信道(CCH)可分为广播信道、公共控制信道和专用控制信道。广播信道分为频率校正信道、同步信道、广播控制信道,用于向移动台广播不同的信息,包括移动台在系统中登记所必要的信息。公共控制信道包括寻呼信道、随机接入信道、允许接入信道 3 种。寻呼信道(PCH)用于寻呼移动台,随机接入信道(RACH)是点对点上行信道,用于移动台向系统申请专用控制信道,允许接入信道(AGCH)是点对点下行信道,用于向移动台发送系统分配给该移动台的专用信道号并通知移动台允许接入。专用控制信道包括独立专用控制信道(SDCCH)、慢速随路控制信道(SACCH)、快速随路控制信道(FACCH),专用控制信道是点对点双向信道,用于在 MS 与系统之间传送各种控制信息。

Um 接口中的第二层协议称为 LAPDm,它是在 ISDN 的 LAPD 协议基础上作少量修改形成的。用于完成不同节点之间数据链路的建立,以支持 RR、MM、CM 功能的执行。

第三层是收发和处理信令消息的实体,由连接管理功能 CM、移动性管理功能 MM 和无线资源管理 RR 3 个子层组成。

RR 管理涉及多个接口和实体用于支持无线连接处理和测量报告处理。MM 完成移动性和安全性管理功能。CM 是通信管理功能,其功能是应用户要求,在用户之间建立连接,维持和释放呼叫(包含呼叫控制、附加业务管理和短消息业务)。BTS 和 BSC 不对 MM 和 CM 消息进行处理,涉及到 MM 和 CM 的设备主要是移动台以及 HLR 和 MSC/VLR。

教材中介绍了 Um 接口通信的一些典型的信令过程,应认真掌握。

A 接口是基站控制器 BSC 与移动交换中心 MSC 之间的信令接口。A 接口采用 No.7 信令作为消息传送协议,分为 3 层结构:物理层 MTP-1(64 kbit/s 链路),MTP2/3＋SCCP 作为第二层,负责消息的可靠传送,MTP-3 主要用其信令消息处理功能。由于是点到点传输,因此 SCCP 的全局名翻译功能基本不用。传送某一特定事务(如呼叫)的消息序列和操作维护消息序列采用 SCCP 面向连接服务功能(类别 2);适用于整个基站系统,与特定事务无关的全局消息则采用 SCCP 无连接服务功能(类别 0)。并利用 SCCP 子系统号可识别多个第三层应用实体。

应用层作为信令的第三层,称为基站系统应用部分(BSSAP),包括 BSSMAP 和 DTAP 两部分。

232

BSS 管理应用部分(BSSMAP)用于对 BSS 的资源使用、调配和负荷进行控制和监视。消息的源点和终点为 BSS 和 MSC,消息均和 RR 相关。某些 BSSMAP 过程将直接引发 RR 消息,反之,RR 消息也可能触发某些 BSSMAP 过程。GSM 标准共定义了 18 个 BSSMAP 信令过程。

直接传送应用部分(DTAP)用于透明传送 MSC 和 MS 间的消息,这些消息主要是 CM 和 MM 协议消息。RR 协议消息终接于 BSS,不再发往 MSC。

移动应用部分(MAP)是 No.7 信令系统的应用层协议。MAP 是在事务处理能力 TC 及信令连接控制部分 SCCP 支持下传送有关的协议数据单元的,MAP 的协议数据单元是在 TC 的成分子层中传送的。

移动通信应用部分共定义了移动性程序、操作和维护程序、呼叫处理程序、补充业务程序、短消息业务程序和 GPRS 程序这几类信令程序。

请读者认真学习位置登记及查寻路由信息程序这两类信令过程,从而理解信令系统是怎样支持移动用户自动漫游的,并认真理解短消息发送程序。

思考题和习题

1. 简要说明数字移动通信系统的基本组成及各部分作用。

2. 简要说明数字移动通信系统的信令接口及各个接口使用的信令规程。

3. 简要说明漫游号码的编码及作用。

4. 简要说明基站子系统信令的分层结构。

5. 说明图 7.2.14 Um 接口 MS 被叫呼叫建立的信令流程。

6. 简要说明教材中,图 7.5.5 所示的信令程序,在该信令程序中,固网关口局发出的 IAI 消息中的被叫用户号码是什么?GMSC 发出的 IAM 消息中的被叫用户号码又是什么?

7. 简要说明 MAP 与 TCAP 及 SCCP 之间的关系。

8. 简要说明仅涉及 VLR 和 HLR 的位置更新与删除的信令过程。当该信令过程成功完成后,图 7.5.3 中的 MSC/VLR-A、HLR-A 以及 MSC/VLR-B 中的数据有何变化?

9. 简要说明 MS 发送短消息的信令流程。

10. 简要说明 MS 接收短消息的信令流程。

第8章

智能网应用部分

学习指导

    本章首先说明了智能网的基本概念,介绍了智能网概念模型,说明了我国固定智能网的结构、固定电话网的智能化改造,移动智能网的结构和智能业务触发机制,INAP 和 CAP 中定义的主要操作的功能及典型的智能业务的信令流程。

    通过本章的学习,应掌握智能网的基本概念,了解智能网概念模型中的各个平面。掌握固定电话网智能化改造后的结构,移动智能网的结构和智能业务触发机制,INAP 和 CAP 中定义的主要操作的功能及典型的智能业务的信令流程。

8.1 智能网概述

8.1.1 智能网基本概念

    智能网(IN,Intelligent Network)是在原有通信网络的基础上设置的一种附加网络结构,其目的是在多厂商环境下快速引入新业务,并能安全加载到现有的电信网上运行。其基本思想是将呼叫控制与业务控制分离,即交换机只完成基本的呼叫控制功能,在电信网中设置一些新的功能节点:业务交换点(SSP)、业务控制点(SCP)、智能外设(IP)、业务管理系统(SMS)等,智能业务由这些功能节点协同原来的交换机共同完成。

    新业务功能也可以在程控交换机中实现。在程控交换机中已经开放了一些新业务,例如,虚拟用户交换机、缩位拨号、遇忙回叫、呼叫转移等。要在程控交换机上增加新的业务功能,就要对程控交换机中的软件进行修改。虽然程控交换机中的软件都采用模块化结构,但修改软件并不容易,修改时间较长,难以做到新业务的快速引入。另外,智能网业务主要是基于网络范围的业务,一般不会局限在一个程控交换机或一个本地网范围之内。如果要修改网内所有的程控交换机的软件来开放新业务,而这些程控交换机又是多厂商的产品,要实现是非常困难的。

    当新业务是单独由程控交换机完成时,完成呼叫控制功能和业务控制功能的软件都存储在同一交换机中。而按照智能网方法来实现新业务时,则将呼叫控制逻辑与业务控制逻辑相分离,程控交换机仅完成基本的呼叫控制功能,业务控制逻辑由专门的业务控制点 SCP 来完成。原有的程控交换机如果能够与 SCP 配合工作,就称为业务交换点。

当用户使用某种智能网业务时,具有 SSP 功能的程控交换机识别到是智能网业务呼叫时,就暂停对呼叫的处理,通过 No.7 信令网向业务控制点发出询问请求,在业务控制点运行与该智能业务相关的控制程序,查询相关的业务数据后,再由 SCP 向 SSP 下达控制命令,控制 SSP 完成相应的智能网业务。

当业务交换逻辑与业务控制逻辑分离后,引入新业务只需修改 SCP 中的软件。由于 SCP 的数量与程控交换机数量相比是很少的,仅修改 SCP 中的软件影响面较小,这就为快速引入新业务创造了条件。

8.1.2 智能网概念模型

ITU-T 定义了分层的智能网概念模型,用来设计和描述 IN 体系的框架。智能网概念模型如图 8.1.1 所示。

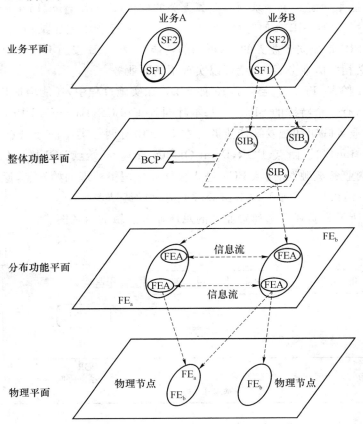

SF: 业务属性; BCP: 基本呼叫处理; SIB: 与业务无关的构成块;
FE: 功能实体; FEA: 功能实体动作。

图 8.1.1 智能网概念模型

根据不同的抽象层次,智能网概念模型分为 4 个平面:业务平面、整体功能平面、分布功能平面、物理平面。

1. 业务平面

业务平面(Service Plate)从业务使用者的角度来描述智能业务,只说明某种智能业务所具有的业务属性,而与业务的具体实现无关。

每一种智能业务都可以独立地提供,其特性由其所包含的业务属性决定。每种业务包含的业务属性可分为核心的业务属性和任选的业务属性。核心的业务属性是必须具备的业务属性,每种业务至少要包含一个,任选的业务属性可以按需选用,用来进一步增强其业务性能。

2. 整体功能平面

整体功能平面(Global Function Plane)面向业务设计者。

在整体功能平面定义了一系列与业务无关的构件(SIB,Service Independent Building Block),并描述一系列 SIB 如何链接,并按一定顺序执行以便完成某种业务,即整体业务逻辑(GSL)。SIB 是独立于业务的、可再用的功能块,将 SIB 按照不同的组合及次序链接在一起,并定义相关的业务数据,就可以实现不同的业务。

在 INCS-1 阶段,ITU-T 定义了 13 种 SIB。在实施过程中,还能增加相应的 SIB。在众多的 SIB 中,有一个特殊的 SIB——基本呼叫处理(BCP,Basic Call Process)。BCP 用来处理普通的业务呼叫和触发智能业务。在 BCP 中有两种类型的接口点:起始点(POI,Point Of Initiation)和返回点(POR,Point Of Return)。起始点 POI 描述了在呼叫处理过程中,当智能网业务被触发时,从 BCP 进入整体业务逻辑处理的始发点,返回点(POR)则是在 GSL 处理结束后,返回到 BCP 继续呼叫处理的终结点。

图 8.1.2 所示为实现可选计费业务的总体业务逻辑的示意图。

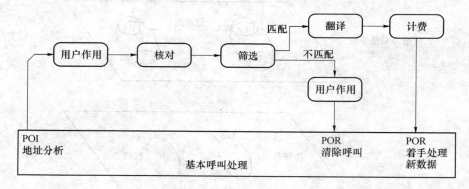

图 8.1.2　实现可选计费业务的总体业务逻辑

3. 分布功能平面

在分布功能平面(Distribution Function Plane)上描述了智能网的功能结构,说明了智能网由哪些功能实体(如业务控制功能、业务交换功能)组成,并描述了每个 SIB 的功能如何完成,将每个 SIB 分解为若干个功能实体的动作(FEA,Function Entity Action),并描述这些功能实体动作如何分布在相应的功能实体(FE,Function Entity)中,以及这些功能实体之间应交换的信息流(IF,Information Flow)。

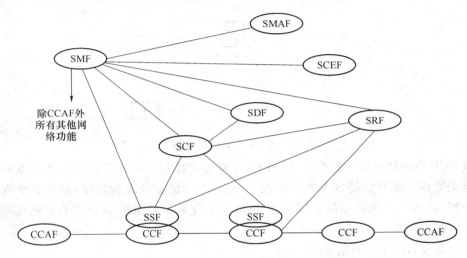

图 8.1.3　分布功能平面模型

ITU-T 定义的分布功能平面模型如图 8.1.3 所示。图中,椭圆代表各功能实体,实体间的连线代表它们之间的交互关系,即消息流。由图可见,在分布功能平面中包含的功能实体有:呼叫控制接入功能(CCAF)、呼叫控制功能(CCF)、业务交换功能(SSF)、业务控制功能(SCF)、业务数据功能(SDF)、专用资源功能(SRF)、业务管理功能(SMF)、业务管理接入功能(SMAF)、业务生成环境功能(SCEF)。

4. 物理平面

物理平面面向网络运营者和设备提供者。物理平面描述了如何将分布功能平面上的各个功能实体映射到实际的物理设备上。在每一个物理设备中可以包括一个或多个功能实体。在分布功能平面中的各功能实体间传送的信息流,转换到物理平面上就是各物理设备之间的信令规程——智能网应用规程(INAP)。智能网的物理结构见图 8.1.4。

常见的物理实体:

(1)业务交换点

业务交换点(SSP)一般包含业务交换功能(SSF)和呼叫控制功能(CCF),有时也包含特殊资源功能(SRF)。

SSP 具有检测智能业务呼叫的能力,在检测到智能业务时,向业务控制点报告,并能根据 SCP 发来的控制命令进行呼叫接续,从而完成智能业务。

(2)业务控制点

业务控制点(SCP)通常包含 SCF 功能和业务数据功能(SDF)。

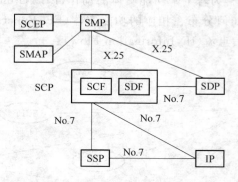

图 8.1.4　智能网的物理结构

在 SCP 中存储有业务逻辑程序(SLP)及为完成智能业务所需的相关客户数据及网络的有关数据。SCP 接受 SSP 发来的报告,运行相应的业务逻辑程序,根据需要查询有关的数据,向 SSP 发布有关的控制命令,控制 SSP 完成相应动作,从而实现智能业务。

(3)智能外设

智能外设(IP)主要包括 SRF 功能。

IP 提供专门的资源,支持在用户和网络间灵活的信息交互功能。IP 中最典型的资源是语音通知设备和接收用户信息的 DTMF 数字接收器。其他的资源还有语音识别设备、合成语音设备或各种信号音发生器、电话会议桥等。智能外设可以单独设置,也可与 SSP 合设在同一物理实体中。

(4)业务管理点

业务管理点(SMP)主要包含 SMF 功能,也可包含 SMAF 和 SCEF 功能。

SMP 的主要功能是接受 SCEF 生成的业务逻辑,将业务逻辑加载到 SCF 和 SDF,并修改和查询 SCF 和 SDF 中的客户数据,处理话务统计记录及计费数据。

(5)业务生成环境节点

业务生成环境节点(SCEP)的功能是业务逻辑的生成、验证和模拟运行,将经过验证的业务逻辑和业务数据传送给 SMP。

8.1.3　几种典型的智能业务

下面简要介绍在我国移动电话网和固定电话网中开放的几种典型的智能业务。

1. 被叫集中付费业务

（1）业务含义

被叫集中付费业务是一种体现在计费性能方面的业务,其主要特征是对该业务用户的呼叫由被叫支付电话费用,而主叫不付电话费。当一个商业、企业部门作为一个业务用户申请开放该业务时,则对该业务用户的呼叫的费用由业务用户支付。由于这些呼叫对主叫是免费的,通常称为免费电话。该业务的接入码为800。

（2）业务特征

本业务除了具有由业务用户支付话费的特征外,还具有以下特征:

- 惟一号码:业务用户具有多个公用电话号码时,可以只登记一个惟一的被叫集中付费的电话号码,对这一电话号码的呼叫,可根据业务用户的要求接至不同的目的地;
- 可选的遇忙/无应答呼叫前转;
- 呼叫阻截:业务用户可以限制某些地区用户对它的呼叫,业务用户可登记限制(使用)码来实现这一动作;
- 按时间选择目的地:业务用户对它的来话可按不同的时间,即节假日、星期或小时来选择目的码;
- 按照发话位置选择目的地:对业务用户的呼叫可以依主叫用户所在地理位置选择路由;
- 呼叫分配:业务用户可将对它的呼叫按一定的比例分配至不同的目的码;
- 同时呼叫某一目的地次数的限制;
- 呼叫该800业务用户次数的限制。

另外,还具有话音提示、密码接入这两个可选特征。

2. 记账卡呼叫业务

（1）业务含义

记账卡业务允许用户在任一电话机（DTMF话机）上进行呼叫,并把费用记在规定的账号上。使用记账卡业务的用户,必须有一个惟一的个人卡号。该业务的接入码为300（200）,用户使用本业务时,按规定输入接入码、卡号、密码,当网路对输入的卡号、密码进行确认并向用户发出确认指示后,持卡用户可像正常通话一样拨被叫号码进行呼叫,呼叫的费用记在记账卡的账号上。

（2）业务特征

本业务除了具有将呼叫的费用记在记账卡的账号上外,还有以下特征:

- 依目的码进行限制;
- 限值指示:当通话的费用余额达到规定的最低限额前,允许通话1 min时,给用户发出通知,当到达时限时中断通话;

- 密码设置及修改；
- 卡号和密码输入次数的限制；
- 防止欺骗：对连续呼叫进行检验，当一天内，连续呼叫超过一定费用或次数后（费用或次数由用户指定），拒绝接收卡号和密码，中断试呼并向用户送录音通知；
- 语言提示和收集信息：即向用户发出提示信息和收集用户发出信息的能力。

此外，还有连续进行呼叫、查询余额、缩位拨号等特征。

3. 虚拟专用网业务

（1）业务含义

虚拟专用网业务是利用公用网的资源向某些机关、企业提供一个逻辑上的专用网。

（2）业务特征

- 网内呼叫：允许一个 VPN 用户对同一个 VPN 内的其他用户发出呼叫；
- 网外呼叫：允许一个 VPN 用户对本 VPN 范围外的用户发出呼叫；
- 远端接入：允许从非本 VPN 的任一话机上向该 VPN 用户发出呼叫；
- 可选的网外呼叫阻截；
- 可选的网内呼叫阻截；
- 按时间选择目的地；
- 闭合用户群：将 VPN 内的用户划分为若干闭合用户群，每个闭合用户群内的用户只允许在群内通信。

其他还有鉴权码、缩位拨号、呼叫话务员等业务特征。

4. 个人通信业务

（1）业务含义

个人通信业务也叫一号通业务，使用该业务的用户拥有一个惟一的个人号码，对该个人号码的呼叫将接入用户指定的终端，用户也可在任一终端上利用此个人号码发出呼叫，呼叫费用记入该个人号码的账户。

（2）业务特征

- 按时间表转移：对该个人号码的入呼，可根据节假日、星期或每天不同的时间接入用户指定的终端；
- 来话筛选：根据用户规定的条件，筛选掉某些对该个人号码的入呼；
- 来话密码：用户可登记和修改自己的来话密码，在不同时间段呼叫该个人号码的电话，必须在正确输入与该时间段对应的来话密码时，才能接通用户指定的终编；
- 去话呼叫和去话密码：用户可以登记和修改去话密码。用户可在任一双音多频话机中通过输入其个人电话号码和去话密码后发出呼叫，该呼叫的费用记在此个人号码的账户上；
- 呼叫限额：用户可设定本个人号码的来话呼叫限额（呼叫转移费用），去话呼叫限额、日呼叫最大限额和月呼叫最大限额；

- 黑名单处理：当利用该个人号码发呼时，如果连续 30 次未通过密码检查，则该个人号码列入黑名单，去话呼叫受到限制，来话呼叫不受影响；
- 跟我转移：用户可在任一部双音多频话机上登记临时转移号码。

5．彩铃业务

（1）业务含义

彩铃业务是一项由被叫用户定制，为主叫用户提供一段悦耳的音乐或一句问候语或一段定制者自行录制合成的一段提示语音来替代普通回铃音的业务。用户申请开通彩铃业务之后，可以自行设定个性化回铃音，在做被叫时，为主叫用户播放个性化定制的音乐或录音，来代替普通的回铃音。

（2）彩铃业务功能

（a）系统默认彩铃

用户开户后，系统自动为用户分配一个默认彩铃音（由运营商定制），用户可以更改此默认彩铃音设置。当主叫用户没有被彩铃用户设置成为播放其他特定彩铃时，系统将向该主叫用户播放默认彩铃音。

（b）为不同的主叫播放不同的彩铃

彩铃用户可以为某些单独的主叫号码设置特定的彩铃。当这些主叫用户呼叫彩铃用户时，将听到彩铃用户为其设置的特定彩铃。

（c）为不同的群组播放不同的彩铃

彩铃用户可以事先为一些特殊的主叫号码建立群组，并设置各群组对应的彩铃音。当这些群组中的用户做主叫呼叫彩铃用户时，将听到彩铃用户为相应群组所设置的彩铃音。

（d）针对不同的时段播放不同的彩铃

彩铃用户可以针对默认彩铃、特殊主叫彩铃和群组彩铃设置彩铃的播放时段。

（e）设置彩铃的播放时期

彩铃用户可以针对默认彩铃、特殊主叫彩铃和群组彩铃设置彩铃的播放时期。

（f）铃音随机轮选功能

彩铃用户可以设置一组铃音为铃音轮，并将该铃音轮设置为默认彩铃、特殊主叫彩铃或群组彩铃，并设置时间段和播放时期，那么在如上述（a）、（b）、（c）、（d）、（e）情况下，主叫用户将听到该铃音轮中随机抽出播放的铃音。

（g）彩铃业务 ON/OFF 功能

彩铃用户可以通过语音管理流程和 WEB 方式设置个人彩铃业务的暂停和恢复。当彩铃业务暂停时，系统将播放正常的回铃音。暂停之后，彩铃用户可以执行恢复操作要求系统重新为主叫用户播放相应的彩铃。

6．预付费业务

由于用户使用预付费业务无须进行身份认证，便于控制话费支出，充值方便。而对运营者则可以避免欠费现象,加速资金周转,可以充分利用各类分销渠道。因此该业务成为了包括我国在内的全球范围内应用最成功的智能业务。

(1) 业务含义

预付费业务(PPS)是一种实时计费类业务。使用该业务的用户需首先在自己的账户中存储一定数量的金额。预付费业务用户发出或接收呼叫时,智能网系统将判断用户是否有呼叫权限及用户账户中的金额是否可进行通话。在呼叫过程中,系统对通话进行实时计费并实时修改用户预付的金额。通话过程中用户余额不足时,向用户播放相应的录音通知,并在规定的时间内终止呼叫。

(2) 业务特征

- 用户预先缴纳通话费用;
- 当用户账户资金不足或为零时,禁止用户呼入或呼出;
- 用户可在本地、省内及省际漫游;
- 采用多种话音提示方式;
- 可提供多种费率,并实现实时的打折及计费;
- 用户账户资金不足时,可就近随时充值;
- 用户可采取灵活的充值方式:可用固定电话、普通手机、预付费手机充值,也可在营业厅充值或用信用卡充值;
- 黑名单功能,当用户充值时,输入充值卡密码的次数是有一定限制的,输入错误超过门限值,则将该充值卡列入黑名单不得进行充值,用户只有通过联系运营商,提供有效的身份证明(如手机密码等)才能解除黑名单,从而防止用户的充值卡被恶意盗用;
- 用户可进行手机的挂失/解挂失操作;
- 灵活的挂失/解挂失方式:可用固定电话、普通手机挂失/解挂失,也可在营业厅挂失/解挂失;
- 用户可随时随地进行余额查询;
- 灵活的余额查询方式:可用固定电话、普通手机、预付费手机查询,也可在营业厅查询。

8.2 固定智能网的结构和智能网应用部分

8.2.1 固定智能网的物理结构

图 8.2.1 表示固定智能网的基本物理结构。由图可见,智能网由业务交换点(SSP)、智能外设(IP)、业务控制点(SCP)、业务管理点(SMP)、业务数据点、业务开发环境(SCEP)等组成。SCP 通过 No.7 信令网与 SSP 和 IP 相连,通过 X.25 或 DDN 与 SMS

相连。业务数据功能可集成在业务控制点 SCP 中,也可单独设置为业务数据点 SDP。用户通过端局及汇接局接入 SSP。

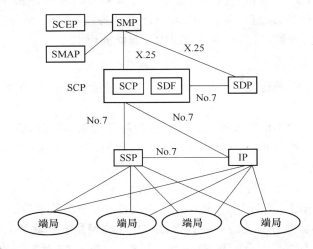

图 8.2.1　固定智能网的物理结构

1. 业务交换点

业务交换点(SSP)通常包括呼叫控制功能(CCF)和业务交换功能(SSF),也可包括专用资源功能(SRF)。SSP 是公用电话网(PSTN)、综合业务数字网(ISDN)及移动电话网与智能网的连接点,它可检测智能业务呼叫,当检测到智能业务时,向业务控制点(SCP)报告,并根据 SCP 的命令完成对智能业务的处理。SSP 是对由原来的程控交换机的软、硬件进行改造后得到,SSP 可单独设置,也可与汇接局设置在同一物理实体。SSP 主要包括以下功能:

(1) 呼叫控制功能

(a) 基本的呼叫控制功能

这部分功能与原来程控交换机中的呼叫控制功能类似。

(b) 智能网附加功能

• 在基本呼叫处理中增加检测点,检出智能网为控制呼叫需了解的各种事件;

• 可根据 SCP 发来的控制命令改变呼叫处理的流程。

(2) 业务交换功能

(a) 检测点触发机制:依据检测点触发标准对 CCF 上报的事件进行检查,将符合检测点触发标准的事件报告给 SCF,并根据 SCP 发来的控制命令修改呼叫/连接处理功能;

(b) 对 CLF 与 SCF 之间的信令进行处理,将交换机内的消息格式与标准的 INAP 消息格式进行转换;

(c) 根据 SCP 发来的命令,完成对智能业务呼叫的流量控制。

2. 专用资源功能(智能外设 IP)

专用资源功能(SRF)提供在实施智能业务时所需要的专用资源,用来完成与用户的交互,如 DTMF 接收器、录音通知设备、语音合成设备及语音识别设备等。SRF 可设置在 SSP 中,也可单独设置,当其单独设置时称为智能外设 IP。

3. 业务控制点

业务控制点(SCP)是智能网的核心。SCP 通常包括业务控制功能(SCF)和业务数据功能(SDF)。

SCF 接收从 SSF/CCF 发来的,对 IN 业务的触发请求,运行相应的业务逻辑程序,向业务数据功能(SDF)查询相关的业务数据和用户数据,向 SSF/CCF、SRF 发送相应的呼叫控制命令,控制完成有关的智能业务。

SCP 通过 No.7 信令网(包括 STP 转接或直联)或通过 No.7 信令网和 SSP 的转接功能与智能外设(IP)相连,控制 IP 向用户播放录音通知和搜集数字等。

SDF 存储与智能业务有关的业务数据、用户数据、网络数据和资费数据,可根据 SCF 的要求实时存取以上数据。也能与 SMS 相互通信,接受 SMS 对数据的管理,包括数据的加载、更改、删除以及对数据的一致性检查。

SCF 也能与业务管理系统 SMS 相互通信,从 SMS 加载新的业务逻辑,接受 SMF 的管理和修改命令,向 SMS 报告有关系统、业务和呼叫的统计、告警和计费信息。

4. 业务管理点

业务管理点(SMP)通常包括业务管理功能(SMF)和业务管理接入功能(SMAF)这两个功能实体。

SMP 主要包括业务管理、网络管理和接入管理这 3 个功能。

业务管理功能包括业务的配置管理,业务数据和用户数据的管理、对业务的测量和统计管理、业务运行中的故障监视管理及计费管理。

对业务配置的管理是在智能网设备上配置业务,将业务执行逻辑程序及业务数据加载到业务控制点,将业务触发信息加载至相关的 SSP,将有关的通知音加载至智能外设(IP)。

对业务数据的管理包括对业务数据的管理及对业务用户数据的管理。

业务数据是指业务中的共同数据,这些数据对同一业务的所有业务都是相同的。

业务用户数据是指与业务用户相关的数据,如用户编号、账号、付费方式及所申请的业务等。对业务用户数据的管理包括登记新的业务用户数据及修改、删除、查询业务用户数据。

对业务的测量和统计管理是指 SMP 可命令 SCP 收集相关的业务运行数据或业务用户数据,并将收集到的数据送到 SMS,SMS 可对收集到的数据进行计算、汇总,形成测量/统计报告。

SMP 还能监视运行中出现的故障,存储并显示从智能网设备上收集到的故障报告信息。出现故障时,SMP 应能及时进行处理,以便维持网络的正常运行。

SMP 还能管理智能网中的全部计费功能,确定对各种智能业务的费率,附加费及计费调整率,对智能业务账单进行管理。

网络管理功能包括对网络运行情况的监视,对网络故障的管理、对网络配置的管理及对网络安全的管理。

接入管理功能对申请进入 SMP 的用户的权限进行检查,确认其进入的合法性,并根据登记的用户权限执行或拒绝用户申请的操作。

5. 业务开发环境

业务开发环境(SCEP)的功能是根据客户的需求生成新的业务逻辑。SCE 为业务设计者提供友好的图形编辑界面。业务设计者可以通过图形界面方便地用与业务无关的积木式组件(SIB)来设计出新业务的业务逻辑,并为之定义相应的业务数据。业务设计好后,需要首先通过严格的验证和模拟测试,以保证其不会给电信网已有业务造成不良影响。此后,SCE 将新生成业务的业务逻辑传送给 SMP,再由 SMP 加载到 SCP 上运行。

8.2.2　智能网应用部分

智能网应用部分(INAP)是用来在智能网各功能实体间传送有关信息流,以便各功能实体协同完成智能业务。

智能网应用部分主要给出了业务交换点(SSP)与业务控制点(SCP)之间,SCP 与智能外设(IP)之间、业务控制点(SCP)与业务数据点(SDP)之间,业务交换点(SSP)与智能外设(IP)之间的接口规范。

1. 智能网应用部分的体系结构

INAP 是在以事务处理能力应用部分(TCAP)和信令连接控制部分(SCCP)为基础的 No.7 信令网上传送的。

INAP 是一种远程操作服务要素(ROSE)用户规程。该 ROSE 规程是包含在 TCAP 成分子层中传送的。

INAP 应用规程体系结构如图 8.2.2 所示。

图 8.2.2 中,SACF(Single Association Control Function)是单相关控制功能。当一个物理实体与其他物理实体单独交互作用时,由 SACF 使用一套 ASE 来提供一种协调功能。MACF(Multiple Association Control Function)是多相关控制功能。在多个物理实体交互作用时,由 MACF 在几套 ASE 之间提供协调功能。ASE(Application Service Element)是应用服务单元,每一个 ASE 支持一个或多个操作。INAP 是所有智能网应用服务单元(ASE)的规定的总和。智能网应用服务单元称为 TC 用户。SAO(Single Association Object)是单个相关体。

由图 8.2.2 可见,智能网应用部分是由 TCAP 和 SCCP 支持的。智能网中各实体之间传送的操作包含在 TCAP 成分子层中,并作为单位数据消息 UDT 在 SCCP 中传送。

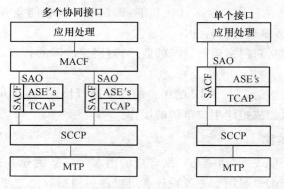

图 8.2.2   INAP 应用规程体系

(1) INAP 使用 SCCP 的说明

INAP 使用 SCCP 的无连接业务。

INAP 利用 SCCP 全局码 GT 和 MTP 的信令点编码(SPC)和子系统编码(SSN)完成寻址的目的。

SCCP 的地址格式可参见图 5.4.2,地址表示语格式参见图 5.4.3。

国内 INAP 的子系统编码为 11111110。

在智能网应用中,全局码(CT)采用 0100,当 CT 表示语为 0100 时,全局码的格式见图 5.4.5。

(2) 应用上下文考虑

应用上下文(TCAP AC)是对话启动者或对话响应者建议的应用上下文识别,表示应用实体(AE)应该包含的应用服务单元(ASE)的数量和种类。

TCAP 应用上下文商议规则要求,如果对话启动者所建议的 AC 可以接收,对话响应者就要在第一个后向发送的消息中返回。

如果所提供的 AC 不可以接收,并且 TC 用户不希望继续对话,可以提供另外一个 AC 去开始一个新的对话。

TCAP AC 商议方式只适用于 SCF 接口。

(3) 操作的串/并执行

在某些情况下,需要区分操作是串行还是并行完成。所谓"串行完成"是指某一个操作必须在其他操作进行到一定程度,或者完成以后才可以执行,并行操作是指某一操作可以和其他操作同步执行。

在 INAP 中,操作的串、并完成应遵循以下规则:

• 计费操作可以和其他操作并行完成;

• 需要同步执行的操作要放在同一消息中,不能同步执行的操作,要放在不同的消息中;

- 但不是放在同一消息中所有操作都要同步执行。

2. 智能网应用部分操作

在上一节中曾提到,为了完成智能业务,智能网的各个功能实体间需要交换信息流,在 INAP 规程中,将有关的信息流都抽象为操作和对操作的响应。在 1997 年原邮电部颁布的 INAP 规程中,基于智能网能力集 1（CS-1）及开放业务的需要,定义了 35 种操作。在信息产业部 2002 年颁布的基于智能网能力集 2（CS-2）INAP 规程中,定义了 48 种操作。信息产业部 2002 年颁布的基于智能网能力集 1（CS-1）智能网应用规程（INAP）补充规定中增加了 SCF 和 SDF 互通所需的操作。

这些操作分为 4 种类别:类别 1:成功和失败都要报告;类别 2:仅报告失败;类别 3:仅报告成功;类别 4:成功和失败都不报告。

下面简要说明主要操作的功能:

(1) 启动 DP(Initial DP IDP)

当业务交换点(SSP)中的基本呼叫控制模块(BCSM)在呼叫处理过程中检测到一个触发请求点 TDP-R 后,SSP 就发送此操作给业务控制点(SCP),请求 SCP 给出完成此智能业务的指令。

启动 DP 操作的主要参数有:

- 惟一地识别一个 IN 业务的业务键;
- 用户所拨的数字、主叫电话号码、主叫用户类别、被叫用户号码、主叫用户所属商业集团识别码;
- 指示由哪一个配置的 BCSM 检测点事件导致发送启动 DP 操作的 BCSM 事件类型。

除了上述主要参数,启动 DP 操作还有很多其他参数。根据触发事件类型的不同,SSP 在该操作中会发送尽可能多的参数给 SCP。

如果检测到的事件配置为触发检测点——请求(TDP-R),SSP 将暂停对该呼叫的处理,SSF 有限状态机转向等待指令状态,等待 SCP 发来的指令后再恢复对该呼叫的处理。

SCP 收到启动 DP 操作后,根据业务键参数,启动一个业务逻辑程序进程实例(SLPI)来处理相应的启动 DP 操作,SCP 可以根据启动的业务逻辑,向 SSF 发送有关操作指令,影响基本呼叫的处理。

根据不同的业务逻辑,作为对接收到的启动 DP 操作的响应,SCP 会发出下述操作命令或若干个操作的组合:连接、收集信息、继续、选择设备、释放呼叫、连接到资源、建立临时连接、请求报告 BCSM 事件、请求通知计费事件、重设定时器、提供计费信息、申请计费、呼叫信息请求、发送计费信息、取消。其中前面 7 个操作会使悬置的呼叫的状态发生转移。

(2) 连接(Connect)

本操作是由 SCP 传送至 SSP 的。SCP 通过此操作要求 SSF 根据本操作参数中给出的信息将呼叫接续到规定的目的地去。

在本操作中,包含目的地路由地址、振铃模式或路由清单等参数。

(3) 请求报告 BCSM 事件操作(RRBE,Request Report BCSM Event)

该操作是由 SCP 发送至 SSP 的,要求 SSP 监视与呼叫有关的事件,当检测到相关事件后向 SCP 报告。

(4) BCSM 事件报告(ERB,Event Report BCSM)

该操作是由 SSF 传送给 SCF 的。SSF 用此操作报告 SCF 发生了一个与呼叫相关的事件,这个事件是 SCF 先前在请求报告 BCSM 事件操作中请求监视的。

(5) 连接到资源(CTR,Connect To Resource)

本操作是由 SCF 传送至 SSF 的,要求 SSF 将一呼叫由 SSF 连接至指定的资源。在本操作的参数中,给出识别专用资源功能 SRF 的物理位置及建立到 SRF 连接的路由地址等。

(6) 提示并收集用户信息(PCTI,Prompt and Collect user Information)

该操作是由 SCF 发送至 SRF 的。当 SCF 决定要从终端用户收集信息并且已经建立了用户至 SRF 的连接后发出的。SCF 发送本操作要求 SRF 向用户发出提示信息并收集从终端用户发出的相关信息。SRF 在接收到终端用户发出的相关信息后将接收到的信息作为本操作的返回结果送给 SCF(注意:本操作是一类操作)。

(7) 申请计费(AC,Apply Charging)

该操作是由 SCF 发送至 SSF 的,SCF 用此操作提供给 SSF 与计费相关的信息和通过申请计费报告操作向 SCF 报告计费结果的条件。本操作的参数有 ACH 账单计费特性,该次呼叫的计费方(主叫或被叫或规定的目标号码或规定的计费号码)是否要将计费结果报告给 SCF,在对卡号计费的情况下,还包括呼叫可持续的最大时长。

(8) 申请计费报告(ACR,Apply Charging Report)

该操作是由 SSF 发送至 SCF 的,SSF 用本操作向 SCF 报告 SCF 在前面申请计费操作中所请求的与计费相关的信息。

(9) 释放呼叫(RC,Release Call)

本操作是由 SCF 传送至 SSF 的。SCF 用本操作通知 SSF 释放现有的一个呼叫中在任何阶段的所有呼叫方。

本操作的参数是释放原因。SSF 根据释放原因可以给不同的呼叫方播送不同的信号音。

(10) 搜索(Search)

搜索操作是由 SCF 发送给 SDF 的,SCF 通过此操作要求得到存储在 SDF 中的数据。该操作是一类操作。该操作包括如下参数:

(a) 数据库键

说明数据存放的数据库的标识码,具体值根据业务需要,由发送方和接收方协商确定。

（b）业务数据接入单元清单

说明需得到的数据的 ID。

返回结果中包括的参数是检索到的数据值。

（11）修改（Modify）

修改操作是 SCF 发送给 SDF 的，SCF 通过发送此操作说明由于业务逻辑处理的结果，SCF 要求 SDF 更新在数据库中存储的数据项。该操作是一类操作。该操作包括如下参数：

（a）数据库键

说明数据存放的数据库的标识码，具体值根据业务需要，由发送方和接收方协商确定。

（b）修改申请清单

修改申请清单说明需修改的数据项。

返回结果中包括修改结果清单参数。

对应修改操作中的修改申请清单中的每个修改申请都包括一个修改结果，每个修改结果对应一个修改请求，修改结果按照与修改申请清单中相同的顺序包含在修改结果清单中。

3. 典型的信令流程

下面简要介绍被叫集中付费业务（800 号）、呼叫卡业务和彩铃业务呼叫时的处理流程。

（1）800 业务信令发送顺序

图 8.2.3 表示固定用户呼叫 800 业务用户时的信令发送顺序。当主叫用户所在的端局收到用户拨发的 800 业务用户号码 $800KN_1N_2ABCD$ 后，用初始地址消息（IAM）将 800 业务用户的号码及主叫用户号码等相关信息发送给业务交换点（SSP），SSP 收到 IAM 消息后，识别到是智能业务，就暂停对该呼叫的处理，用启动 DP 操作将相关信息报告给业务控制点（SCP）。SCP 运行相应业务逻辑，根据主叫用户所在位置及呼叫时间，将 800 业务用户的号码翻译为相应的目的地号码，然后向 SSP 发送连接操作及申请计费操作，指示 SSP 按照翻译后的目的地号码完成接续及对该次呼叫应如何计费。SSP 收到此命令后，按照 SCP 指示的号码选择路由，将该呼叫接续至 800 业务号码所对应的终端局，当主叫用户挂机后，SSP 将该次呼叫所需的计费费用用申请计费报告操作报告给 SCP。注意，在主叫用户所在的端局发给业务交换点（SSP）的初始地址消息（IAM）中，被叫号码是用户拨的 800 业务用户的号码，而在业务交换点（SSP）发送给终端局的 IAM 消息中，被叫号码是经过翻译后得到的 800 业务号码所对应的目的地号码（例如该 800 业务号码所对

应的公司的一个销售点的号码)。

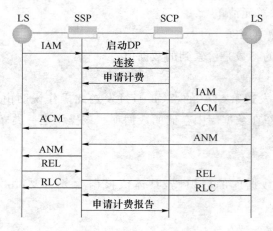

图 8.2.3　固定用户呼叫 800 业务用户时的信令发送顺序

(2) 卡号业务信令发送顺序

卡号业务呼叫的信令发送顺序见图 8.2.4。主叫用户可在任一个 DTMF 话机上使用呼叫卡(如 200、300)业务,当主叫所在端局收到主叫用户拨的呼叫卡业务的接入码,如190300KN_1N_2(注:190 是中国电信的运营商标识码,KN_1N_2 表示使用该业务的卡号属哪个数据库),就将呼叫接至 SSP(设 SSP 设在长途局),SSP 识别到这是呼叫卡业务,就给发端局发送 ACM 消息和应答消息 ANM,将用户接至 SSP。同时 SSP 用启动 DP 操作将相应信息报告 SCP,SCP 运行相应业务控制逻辑,向 SSP 发送连接至资源操作及提示并收集用户信息操作,SSP 收到以上命令后,将该呼叫接至智能外设(IP)(注:在该例中 IP与 SSP 在同一实体中),向用户发送录音通知,提示用户通过 DTMF 信号将卡号、密码及被叫用户号码送给 SSP,SSP 将收集到的信息用提示并收集用户信息操作的返回结果回送给 SCP(注意:提示并收集用户信息是 1 类操作),SCP 检查卡号及密码的有效性,通过检查后,给 SSP 发送连接及申请计费操作,命令 SSP 将该呼叫接通至用户指定的被叫,说明该次呼叫对用户卡号计费,并根据该次呼叫单位时间的费用及用户卡号内的金额,将其折算为可允许的最大通话时间,要求 SSP 对此时间进行监视,防止用户透支。收到连接命令后,SSP 将呼叫接续至用户指定的被叫,当通话结束后,SSP 用申请计费报告将该次呼叫的计费结果送给 SCP。

(3) 彩铃业务呼叫时的处理流程

在彩铃业务开展初期,一般采用被叫端局触发的方式,被叫端局触发彩铃业务的处理流程见图 8.2.5。

下面以 PSTN 用户 A 呼叫彩铃用户 B 为例说明彩铃呼叫流程:

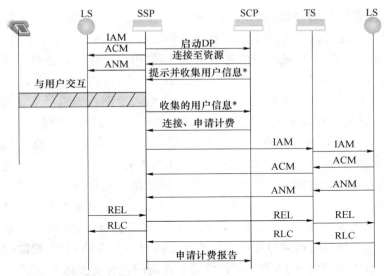

注：加*号的消息可能出现多次。

图 8.2.4　卡号业务呼叫的信令发送顺序

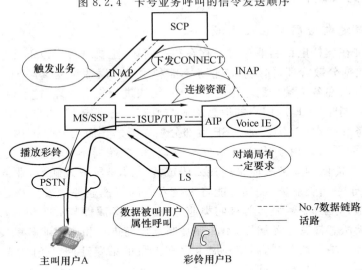

图 8.2.5　被叫端局触发彩铃业务的处理流程

A 拨打 B 的电话号码,汇接局/SSP 将呼叫转接到被叫端局,被叫端局(LS)根据被叫号码属性进行彩铃业务触发,将呼叫加接入码后转接到汇接局(SSP)。SSP 根据被叫的接入码触发智能业务到 SCP。SCP 执行与彩铃业务有关的业务逻辑,下发连接(Connect)命令给 SSP,要求 SSP 向被叫端局(LS)和彩铃平台发起呼叫,并建立这两个呼叫的对应关系。SSP 收到消息后再向被叫端局(LS)发起呼叫(此时要求端局能够防止二次触发)。当 SSP 接收到 LS 返回的 ACM 信息时,将判断被叫用户状态,如果被叫用户状态"空闲",则 SSP 悬置当前呼叫,并以特定接入码向彩铃平台 AIP 发起彩铃呼叫,彩铃平台处理呼叫,返回 ACM,并根据呼叫信息中主、被叫号码以及呼叫到达时间等信息确定并播放用户 B 定制的彩铃音。SSP 在接收到 AIP 的 ACM 后,将 LS 返回的 ACM 信息发送给主叫局,然后 SSP 桥接主叫和彩铃平台通路,让主叫用户 A 听彩铃音。当被叫用户 B 摘机应答后,SSP 需要桥接主被叫用户,并拆除和彩铃平台之间的呼叫。

由于固定智能网采用的是叠加网的结构,用户是通过端局接入 SSP 触发智能业务的,所以一般只能通过接入码(如 200、300、800)来触发智能业务,而要实现通过用户特性来触发的智能业务则比较困难。例如,上例中的彩铃业务就是一个与被叫特性有关的智能业务,在实现该业务时,对被叫所在端局有一定要求,要求被叫所在端局具有特殊号码变换和防止重复触发功能,同时在实现过程中出现了话路迁回,降低了中继电路的利用率。为了解决固定智能网能通过用户特性来触发的智能业务的问题,我国的固定电话网在最近几年进行了智能化改造,有关固网智能化改造的内容请参见下一节。

8.2.3 固网的智能化改造

1. 目前固定电话网存在的问题

固定电话网在支持电话新业务时还存在很多问题,主要表现在以下几个方面:

(1) 用户数据分散管理,固定智能业务不能利用用户属性触发

用户数据分散在各个端局的本地数据库中,无法进行集中管理,这就制约了增值新业务的快速开展。同时,本地网用户的信息资源与原有设备绑定,无法充分实现共享。很多端局不支持业务交换点(SSP)功能,SSP 大部分独立新建叠加在 PSTN 内,使智能业务触发点高,电路迁回严重。由于用户数据分散管理,很多端局不支持业务交换点(SSP)功能,使传统固定智能网的业务只能采用接入码或固定号码段方式触发,业务开展不便,用户操作复杂,对于主叫类业务,端局不能将无接入码的智能业务触发上来,导致固定预付费业务难以实施;对于同振、彩铃等被叫类业务,由于业务属性与被叫相关,发话局以及中间接续交换机无法感知其业务属性,不能在呼叫落地前进行相应的业务触发与处理,使得被叫类智能业务基本无法开展,即使开展也存在大量的话路迁回,对于一号通业务,必须靠固定号码段触发,号码资源分配不灵活。

(2) 机型多、版本杂,业务能力差异大

我国电话网的交换机机型多、版本杂,不同交换机间的业务提供能力和后续的业务开发能力存在很大差异,端局功能参差不齐,业务的实现对设备的依赖性太强,且业务支持能力差别大,导致业务发展协调非常困难。每次引入新业务,需各厂家做补丁、升级版本,并且工程实施的投入费用较高,周期长。部分厂家已退出固话交换机领域,对于新的业务需求已不再继续开发,同时大多数端局交换机不具备详细计费功能。由于机型多、版本杂,要将所有的交换机升级为 SSP 且具备详细计费功能非常困难。

（3）网络结构不合理

目前的固定电话网的端局数量过多,汇接局容量小、数量大,导致网络资源利用率和运行效率都较低。另外,端局之间不完全的网状网连接以及部分端局和汇接局合一的现象造成网络层次不清,路由复杂,使得维护管理较为困难。

由于以上原因,现有 PSTN 的业务提供能力较弱,已无法适应业务发展和市场竞争的需求。急需对其进行改造。

2. 本地网智能化改造后网络的一般结构

固网智能化的目的是通过对 PSTN 的优化改造,实现固网用户的移动化、智能化和个性化,从而创造更多的增值业务。其改造的核心思想是用户数据集中管理,并在每次呼叫接续前增加用户业务属性查询机制,使网络实现对用户签约智能业务的自动识别和自动触发。本地网智能化改造后网络的一般结构见图 8.2.6。

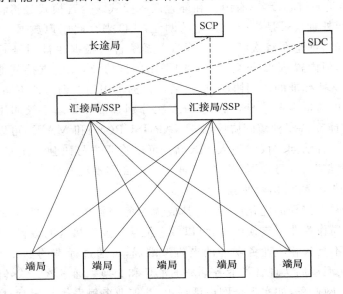

图 8.2.6　本地网智能化改造后网络的一般结构

由图 8.2.6 可见,本地网智能化改造后,所有端局之间的直达中继电路全部取消,所有的端局都以负荷分担的方式接入两个独立汇接局/SSP,独立汇接局/SSP 通过信令链路接入固网 HLR(SDC(用户数据中心))和业务控制点(SCP)。在固网智能化改造后,在本地网中建立了用户数据中心、业务交换中心和智能业务中心。

（1）用户数据中心

本地网智能化改造前,PSTN 的用户数据存储在各个交换局的本地数据库中,固网的封闭性以及终端的固定化很难对新的业务需求作出快速反应,难以根据用户的特性为用户创造需求。借鉴移动网的成功经验,在固网中引入集中的用户业务属性数据库,称为固网 HLR 或 SDC(用户数据中心),用来保存本地网中所有用户的逻辑号码、地址号码、业务接入码及用户增值业务签约信息等数据。

逻辑号码又称业务号码或用户号码,是运营商分配给用户的惟一号码,也是用户对外公布的号码,为被叫方显示的主叫号码或主叫方所拨的被叫号码,同时也是运营商识别用户并计费的号码。地址号码又称物理号码或路由号码,是运营商内部分配的路由号码,用于网络内部寻址,该号码不对外公布。业务接入码是由运营商分配,用于指示交换设备路由或触发业务的引示号码。该接入码可由用户拨打、交换设备自动加插或 SDC 下发。通过与 PSTN 网络中的独立汇接局/SSP 交互,完成主、被叫用户号码信息及增值业务信息的查询功能。同时,SDC 具有平滑演进能力,支持今后的补充业务数据在 SDC 中的存储和查询。

在设置 SDC(用户数据中心)后,只需修改 SDC 中的用户数据就可以快速提供业务。SDC 是网络智能化的核心设备,有内置和外置两种模式。内置模式是指将用户数据库内置于汇接局中,而外置模式是指引入独立的网元 SDC 来存储用户数据。无论哪种模式,实现机制是一样的,都是在每次呼叫接续前,由系统首先根据主被叫号码查询 SDC。内置模式组网简单,但内置 SDC 与交换机之间采用内部协议,无法支持其他网络设备对其访问;外置 SDC 支持标准的访问协议,更灵活。根据采用的查询协议不同,可以一次查询完成主被叫签约的智能业务信息,也可以分多次分别查询和处理主被叫用户签约的智能业务。SDC 通常能支持多种访问协议(如 INAP、ISUP(+)和 MAP),可以根据网络具体情况采用其中的一种访问协议。引入 SDC 后,可以将用户号码独立出来,这样就能很方便地实现"号码携带"、"一号通"等业务,并便于运营商实现混合放号。

(2)改造汇接交换机,构建业务交换中心

通过对本地网汇接局的优化改造,使其成为业务交换中心,并具备 SSP 功能。采用大容量独立汇接局作为业务交换中心,可以减少汇接局及汇接区的数目,从而降低网络的复杂度。而对于不具备相应业务功能的老机型端局,可通过标准的 No.7 信令电路与汇接局相连,由独立汇接局实现各类业务话务的汇聚和交换。通过该方式,降低了全网改造难度,便于开展全网业务,如实现全网市话详单、智能业务触发等。同时,也延长了老机型的生命周期,提高了设备的利用率。

(3)智能业务中心

业务控制点(SCP)是本地网的智能业务中心。SCP 通常包括业务控制功能(SCF)和业务数据功能(SDF)。SCF 接收从 SSF/CCF 发来的对 IN 业务的触发请求,运行相应的业务逻辑程序,向业务数据功能 SDF 查询相关的业务数据和用户数据,向 SSF/CCF、SRF 发送相应的呼叫控制命令,控制完成有关的智能业务。SDF 存储与智能业务有关的业务数据、用户数据、网络数据和资费数据,可根据 SCF 的要求实时存取以上数据,也能与 SMS 相互通信,接受 SMS 对数据的管理,包括数据的加载、更改、删除以及对数据的一致性检查。

在建立智能业务中心后,只需修改业务控制点 SCP 的业务控制逻辑、业务数据和用户数据,就可开放各种新的智能业务。

业务控制点(SCP)也可提供与 NGN 中应用服务器的连接,通过开放的 API 为第三方服务提供商开发业务创造条件。

3. 本地网智能化改造后,呼叫处理的一般流程

本地网智能化改造后,呼叫处理的一般流程如下:端局将所有呼叫(不包括本局内的虚拟网用户之间的呼叫)发送至汇接局;汇接局采用 ISUP(+)或 MAP 访问 SDC,查询用户注册的签约业务;SDC 将查询结果返回汇接局,如果用户有智能业务则加插业务接入码,发送给 SSP,由 SSP 触发用户智能业务;如果是普通呼叫,汇接局负责接续被叫。

4. 固网智能化业务种类

实施固网智能化后,能灵活方便地在现网上提供更多的增值业务,用户可以跨网络享受 PSTN、软交换、PHS 等网络提供的业务。

目前固网智能化后,能提供的业务可分为 3 类:

(1) 号码携带类业务,例如混合放号、移机不改号等。

(2) 基于用户属性触发类业务:主叫属性触发类业务,例如预付费业务;被叫属性触发类业务,例如彩铃、一号通;多重嵌套类业务,主被叫可申请多种业务。

(3) 跨网融合类业务,SDC 利用其丰富的外部接口,集中统一的数据存储功能向多个网络(GSM/NGN/PHS)提供共享查询,以提供跨网络的融合型业务。

5. 固网智能化业务处理流程

下面介绍固网智能化改造后实现典型智能业务的处理流程。

(1) 混合放号业务(移机不改号业务)

混合放号业务可针对本地网内包括固网、PHS 网络的用户,以便进行号码资源统筹规划,使用户拨打电话使用的号码 DN 与业务网络、局归属没有直接关系,同一号首的不同号码可以在 PHS 网、固网中任意使用。

对于目前号码资源越来越紧张和珍贵的状况,随着混合放号业务的开展,号码利用率将会有所上升,可以减少号段资源利用不充分的问题。同时一些企业、公司用户对特殊号码、吉祥号码具有浓厚兴趣,在目前情况下,不属于本局的号段无法使用,限制了个性化号码业务的开展,混合放号业务将有效解决这一问题,用户可以任意选择满足需要的个性号码,体现企业自身的实力和宣传效益。对于运营商来说,个性号码业务将吸引大量的商务客户,提高用户忠诚度,同时获得高额的业务收益。

混合放号业务(移机不改号业务)的用户数据一般在 SDC 中进行维护,逻辑号码(DN)(或 MSISDN)跟随用户固定不变,物理号码(LRN)依据实际的网络位置进行更新。

设"287"号码段参与混合放号,逻辑号码(DN)为 2871000 的用户的物理号码是 2561234(B 局),逻辑号码(DN)为 2871001 的用户的物理号码是 4561234(D 局),在用户

数据中心(SDC)中存放了这些用户的逻辑号码和物理号码的对应关系。下面以 2871000 呼叫 2871001 为例来介绍业务实现流程。实现该呼叫的信令流程见图 8.2.7。

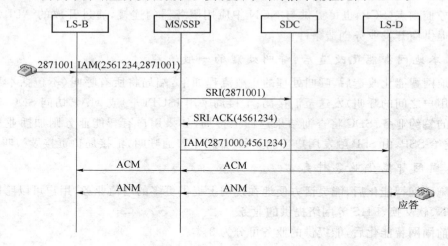

图 8.2.7　混合放号业务信令流程

当固定交换局 B(LS-B)上的用户(对外公开的逻辑号码为 2871000,物理号码为 2561234)拨"2871001",LS-B 将此呼叫转接至 MS/SSP,初始地址消息 IAM 中,传送的主叫号码为 2561234,传送的被叫号码为 2871001。

MS/SSP 接收到 IAM 消息后进行主叫和被叫分析。MS/SSP 通过 MAP 信令向 SDC 发送发送路由信息消息(SRI),以确定被叫用户的物理号码和主叫用户的逻辑号码。SDC 收到 MS/SSP 来的路由寻址消息(SRI),根据被叫的逻辑号码(2871001)得到被叫用户的物理号码 4561234,根据主叫的物理号码(2561234)得到主叫用户的逻辑号码为 2871000,然后以 SRI ACK 消息将主叫用户的逻辑号码 2871000,被叫用户的物理号码 4561234 发送给 MS/SSP。

MS/SSP 收到被叫的物理号码 4561234 后,重新进行号码分析,将呼叫接至被叫用户所在的端局 LS-D,在 MS/SSP 发给端局 LS-D 的初始地址消息(IAM)中传送的主叫号码为 2871000,传送的被叫号码为 4561234。后面同正常的呼叫流程,LS-D 返回 ACM 给 MS/SSP,MS/SSP 返回 ACM 给发端交换局(LS-B),这时,被叫振铃,主叫听回铃音。一旦被叫应答,通路接通,在 MS/SSP 完成计费。

(2) 预付费业务

预付费业务是指用户在开户时,预先在自己的账户中注入一定的资金或通过购买有固定面值的充值卡充值等方式,在自己的账户中注入一定的资金,在呼叫建立时,SCP 基于用户的账户决定是否接受或拒绝呼叫,呼叫过程中进行实时计费并在用户账户中扣除通话话费。当用户余额不足时,播放相应的录音通知提示用户进行充值。

传统方式需要主叫用户拨打预付费业务的接入码,或要求主叫交换机能够识别主叫用户为预付费用户,从而在主叫拨打的被叫号码前,自动添加预付费业务的接入码。采用SDC后,主叫交换机可以方便地触发预付费业务(包括主叫和被叫预付费业务)。

预付费业务可以和号码携带业务结合,适用于流动客户,一方面方便了用户的使用,另一方面,电信运营商也避免了用户恶意欠费的风险。

固网智能化后,实现预付费业务的信令流程如图8.2.8所示。

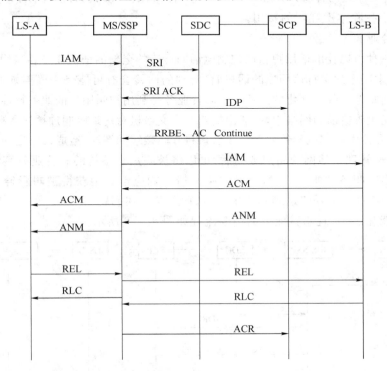

图 8.2.8　预付费业务信令流程

以 2871000 呼叫 2871006 为例介绍业务实现流程,其中,2871000 为预付费用户。

固定交换局 A(LS-A)上号码为 2871000 的用户拨普通用户 2871006,LS-A 将此呼叫转接至 MS/SSP,IAM 消息中传送的主叫号码为 2871000,传送的被叫号码为2871006。MS/SSP 收到 IAM 消息后,通过 SRI 消息向 SDC 查询用户的特性,SDC 经过分析,得到主叫用户的逻辑号码为 2871000 的用户是预付费用户,SDC 用 SRI ACK 消息将主叫用户的业务特性发送给 MS/SSP。

MS/SSP 收到 SRI ACK 消息后,触发智能业务呼叫,向 SCP 发送 IDP 消息,SCP 收到 IDP 消息后,先分析主叫用户账户,然后根据被叫号码确定主叫费率,并将余额折算成通话时长,发送请求报告 BCSM 事件操作 RRBE 消息,要求监视有关呼叫事件。申请计费消息 AC,通知 MS/SSP 这次呼叫对用户账户计费,并说明这次呼叫允许的最大时长;

发送 Continue 消息,要求 MS/SSP 按照原来的被叫号码完成接续。

MS/SSP 收到 Continue 消息后、按照原来的被叫号码 2871006 接续,向被叫所在端局 LSB 发送 IAM 消息,消息中的主叫号码是 2871000,被叫号码是 2871006。以后按照正常的呼叫流程完成呼叫,当呼叫释放后,MS/SSP 向 SCP 发送申请计费报告消息(ACR),将本次呼叫的计费结果报告 SCP,SCP 保留该次呼叫的计费结果,并在主叫用户的账户余额中扣除本次呼叫的费用。

(3) 彩铃业务

彩铃是一种可以让电话用户自己定制电话回铃音的全新的增值业务。当用户申请了这项服务以后,主叫用户拨打该用户的话机时,听到的回铃音有可能是一段美妙的音乐、一句主人温暖的问候等一些人性化的回铃声。彩铃业务是利用被叫用户的业务特性触发的智能业务。在智能化改造前的网络中,一般由被叫所在交换机对落地呼叫加插接入码,然后接续到彩铃中心,彩铃中心完成彩铃业务接续后再将呼叫接续回端局,造成话路迂回。

由 SDC 来管理本地网的用户数据后,可以将被叫用户签约的彩铃业务签约信息存储在 SDC 中,当呼叫该被叫用户时,可以在路由请求响应消息中获得被叫彩铃业务签约信息,由 MS/SSP 直接将呼叫送到彩铃中心,从而避免上述问题。

固网智能化后,实现彩铃业务的信令流程如图 8.2.9 所示。

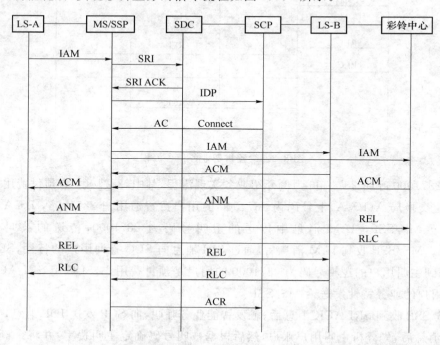

图 8.2.9　彩铃业务信令流程

以 2871000 呼叫 2871001 为例,介绍业务实现流程,其中 2871001 具有彩铃业务。

固定交换局 A(LS-A)上用户号码为 2871000 的用户拨具有彩铃业务的用户 2871001,LS-A 将此呼叫转接至 MS/SSP,MS/SSP 收到 IAM 消息后,通过 SRI 消息向 SDC 查询用户的特性,SDC 经过分析,得到被叫用户是具有彩铃业务的用户,SDC 用 SRI ACK 消息将被叫用户业务特性发送给 MS/SSP。

MS/SSP 收到 SRI ACK 消息后,触发智能业务呼叫,向 SCP 发送 IDP 消息,SCP 收到 IDP 消息后,执行与彩铃业务有关的业务逻辑,向 MS/SSP 发送 Connect 消息,在 Connect 消息中包含被叫号码和彩铃中心的接入号码,要求 MS/SSP 按照被叫号码和彩铃中心的号码进行接续。

MS/SSP 收到 Connect 消息后,按照原来的被叫号码 2871001 接续,向被叫所在端局 LS-B 发送 IAM 消息,消息中的被叫号码是 2871001,在收到 LS-B 局发送的 ACM 消息,确定被叫用户空闲后,向彩铃中心发起呼叫,在发送给彩铃中心的 IAM 消息中,被叫号码是彩铃中心的接入号码＋2871001,主叫用户号码为 2871000,彩铃中心收到 IAM 消息后,根据被叫号码和主叫号码确定用户定制的回铃音,向 MS/SSP 回送 ACM 消息,并播放回铃音。MS/SSP 收到彩铃中心回送的 ACM 消息后,向 LS-A 局发送 ACM 消息,并将 LS-A 到 MS/SSP 的话路与 MS/SSP 到彩铃中心的话路连接,主叫用户听到用户定制的回铃音。当被叫用户摘机后,LS-B 局发送应答消息 ANM,MS/SSP 收到 ANM 消息后,断开 LS-A 到 MS/SSP 的话路与 MS/SSP 到彩铃中心话路的连接,同时将 LS-A 到 MS/SSP 的话路与 MS/SSP 到 LS-B 的话路接通,接通主叫用户与被叫用户,呼叫进入通话阶段。同时,MS/SSP 向彩铃中心发送拆线消息(REL),彩铃中心回送拆线完成消息 (RLC),释放 MS/SSP 与彩铃中心的话路连接。

8.3 移动智能网和 CAP

8.3.1 移动智能网的物理结构

移动智能网的结构见图 8.3.1。移动智能网在 GSM 网络中增加了以下几个功能实体:业务交换功能(gsmSSF)、专用资源功能(gsmSRF)、业务控制功能(gsmSCF)。其中,gsmSCF 与 gsmSSF、gsmSRF 之间,采用 CAP Phase2 协议接口,CAP(CAMEL Application Part)是移动网络增强逻辑的客户化应用协议(CAMEL,Customised Applications for Mobile network Enhanced Logic)的应用部分,它基于智能网的 INAP 协议。CAP 协议描述了移动智能网中各个功能实体之间的标准通信规程。HLR 与 MSC/VLR、SCP、GMSC 之间的接口采用 MAP Phase2＋接口。业务管理点(SMP)与业务开发环境 (SCEP)之间,业务管理点(SMP)与业务控制点(SCP)之间采用数据链路连接,采用的是厂家内部的通信协议。

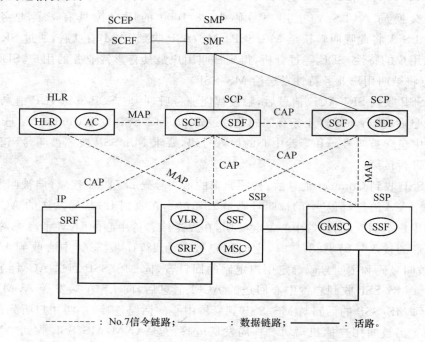

$$\cdots\cdots : \text{No.7信令链路;} \quad \text{———} : \text{数据链路;} \quad \text{————} : \text{话路。}$$

图 8.3.1 移动智能网的结构

1. 归属位置寄存器

归属位置寄存器(HLR)是管理部门用于移动用户管理的数据库。每个移动用户都应在某个归属位置寄存器注册登记。HLR 中主要存储两类信息:一是用户的用户数据,包括移动用户识别号码 IMSI、MSISDN、基本电信业务签约信息、业务限制(例如限制漫游)和始发 CAMEL 签约信息O-CSI、终结 CAMEL 签约信息 T-CSI 等数据;二是有关用户目前所处位置(当前所在的 MSC、VLR 地址)的信息,以便建立至移动台的呼叫路由。

鉴权中心(AC)属于 HLR 的一个功能单元部分,专门用于 GSM 系统的安全性管理。鉴权中心产生移动用户的鉴权三参数组(随机数 RAND、符号响应 SRES、加密键 Kc),用来鉴权用户身份的合法性以及对无线接口上的话音、数据、信令信号进行加密,防止无权用户接入和保证移动用户通信的安全。通常,HLR、AUC 合设于一个物理实体中。

HLR 和 SCP 之间具有 MAP 信令接口,SCP 可以利用任何时间查询(Any Timer Interrogation)操作来获取 CAMEL 用户的位置信息和用户状态。

2. 移动关口交换中心(**GMSC /SSP**)

GMSC 包含 MSC 和 SSF 两个功能实体,在移动智能网中,GMSC 可实现 MT 智能呼叫的触发。当 GMSC 从 HLR 返回的取路由信息(SendRoutingInfo)响应中得到被叫用户的 T-CSI 数据,GMSC 根据用户的 T-CSI 数据触发相应的智能业务,向 SCP 报告当前的呼叫状态,按 SCP 发来的控制命令修改 GMSC 中的呼叫连接处理功能,在 SCP 控制下去处理智能呼叫。

3. 移动交换中心

移动交换中心(MSC/SSP)包含 MSC、SSF、VLR 功能,也可包含特殊资源功能。

VLR 是一个数据库,用来存储所有当前在其管理区域活动的移动台有关数据:IM-SI、MSISDN、TMSI、MS 登记所在的位置区、补充业务参数、始发 CAMEL 签约信息 O-CSI、终结 CAMEL 签约信息 T-CSI 等。VLR 是一个动态用户数据库,当一个移动用户(MS)进入 VLR 管辖的范围时,VLR 从移动用户的归属位置寄存器(HLR)处获取并存贮必要的数据,一旦移动用户离开该 VLR 的控制区域,在另一个 VLR 登记,原 VLR 将取消该移动用户的数据记录。

MSC/SSP 实现 MO 智能呼叫的触发。MSC/SSP 收到 CAMEL 用户的 MO 呼叫请求时,根据 VLR 中的 CAMEL 用户的 O-CSI 数据来决定是否触发 MO 智能呼叫流程,向 SCP 报告当前的呼叫状态,按 SCP 的命令修改 MSC/VLR 中的呼叫连接处理功能,在 SCP 控制下,去处理智能呼叫。

4. GSM 业务控制点

GSM 业务控制点(SCP)存储了智能业务的业务控制逻辑,实现对移动智能业务的灵活控制。SCP 一般包含业务控制功能和业务数据功能。

5. 智能外设

智能外设(IP)包括专用资源提供功能(SRF),提供在实施智能业务时,所需要的专用资源。

8.3.2 CAP 协议和 MAP 协议

CAMEL 业务采用智能网的原理,通过增加智能网的功能模块,使得即使当用户漫游出归属 PLMN,网络运营者也可以为用户提供运营者特定的业务。CAMEL 业务的引入,在原有 GSM 功能结构基础上,增加了与 CAMEL 业务相关的功能实体——gsmSSF、gsmSCF、gsmSRF。同时也增加了这几个功能实体之间的信令规程 CAMEL 应用部分(CAP),并在移动应用部分(MAP)中增加了与 CAP 配合的操作和信息单元。

1. CAP 协议

CAP(CAMEL,Application Part)是移动网络增强逻辑的客户化应用协议(CAMEL,Customised Applications for Mobile network Enhanced Logic)的应用部分,它基于智能网的 INAP 协议。在信息产业部关于《900/1800MHz TDMA 数字蜂窝移动通信网 CAMEL 应用部分(CAP)技术规范》中共定义了 22 条 CAP 操作,见表 8.3.1。这些操作的功能与 INAP 中的操作功能基本类似,并根据移动通信的特点,对某些参数进行了补充和修改。

表 8.3.1 CAMEL 应用部分(CAP)技术规范中定义的操作

英 文	中 文
Activity Test	激活测试
Apply Charging	申请计费
Appply Charging Report	申请计费报告
Assist Request Instructions	辅助请求指示
Call In Pormation Report	呼叫信息报告
Call In Pormation Request	呼叫信息请求
Cancel	取消
Connect	连接
Connect to Resource	连接到资源
Continue	继续
Disconnect Forward Connection	切断前向连接
Establish Temporary Connection	建立临时连接
Event Report BCSM	BCSM 事件报告
Furnish Charging Information	提供计费信息
Initial DP	启动 DP
Play Announcement	播放通知
Rromptand Collect User Information	提供并采集用户信息
Release Call	释放呼叫
Request Report BCSM Event	请求报告 BCSM 事件
Reset Timer	重置定时器
Send Charging Information	发送计费信息
Specialized Resource Report	专用资源报告

在 2003 年,信息产业部颁布了《900/1800MHz TDMA 数字蜂窝移动通信网 CAM-EL 应用部分(CAP)技术要求(CAMEL3)》的技术规范,在 CAMEL3 中,主要增加了对与分组域 GPRS 有关的智能业务、与短信相关的智能业务的支持和控制,对原有的电路域的功能作了以下方面的增强:拨号业务触发能力,移动事件的处理能力(例如不可及、漫游等情况下的控制),位置相关的控制,补充业务调用的控制等。并增加了拥塞控制机制,可以允许 SCP 根据业务需求进行拥塞控制。

2. 与 CAMEL 处理相关的 MAP 操作

MAP 协议的主要操作在本书的 7.5 节中已予以说明,下面只简单介绍与 CAMEL 处理相关的 MAP 操作。包括 HLR 与 gsmSCF 之间、MSC 与 gsmSCF 之间、HLR 与

VLR 之间、HLR 与 GMSC 之间以及 GMSC 与 MSC 之间的 MAP 操作。由于 MSC 和 VLR 通常合设,因此这里就不介绍 VLR 与 MSC 之间的相关操作。

(1) 任何时间查询(Any Timer Interrogation)操作

该操作的传送方向是由业务控制功能 gsmSCF 发送给归属位置寄存器 HLR 的,该操作的功能是在任意时间向 HLR 请求用户的有关信息(位置及状态)。参数包括 gsmSCF 的地址、所请求 MS 的标识及请求的信息类型(位置,状态),HLR 在该操作的返回结果中回送所请求的用户信息。

(2) 插入用户数据(Insert Subscriber Data)操作

插入用户数据操作是由 HLR 发送给 VLR 的,插入用户数据的操作码=7,参数是用户数据成分。当移动用户 MS 注册的 HLR 收到该移动用户新进入的 VLR 发来的更新位置请求,如果允许移动用户在这个 VLR 管理的位置漫游,HLR 就给这个 VLR 发送插入用户数据操作,将此移动用户(MS)的用户数据(包括移动用户识别号码 IMSI、MSISDN、基本电信业务签约信息、和始发 CAMEL 签约信息 O-CSI、终结 CAMEL 签约信息 T-CSI 等数据)发送给这个 VLR,以便 VLR 能根据这些数据确定如何处理该移动用户的呼叫。

(3) 发路由信息(Send Routing Info)

发路由信息操作是由入口移动交换中心(GMSC)发送给 HLR 的,发路由信息的操作码=22,必选参数是 MSISDN,返回的结果是 IMSI,漫游号码或前转数据。当 GMSC 接收到对一个被叫移动用户(MS)的呼叫时,就会根据该被叫移动用户(MS)的 MSISDN 号码确定移动用户(MS)注册的 HLR,向 HLR 发送发路由信息操作,要求得到能连接到此 MS 的路由信息,HLR 收到发路由信息操作后,分析该 MS 的用户数据,如果该 MS 登记有无条件呼叫前转业务,就将前转号码发送给 GMSC。否则,就会向该 MS 当前所在的 VLR 发送提供漫游号码操作,当得到 MS 当前所在的 VLR 提供的漫游号码后,HLR 将此漫游号码回送给入口移动交换中心(GMSC),入口移动交换中心(GMSC)利用漫游号码选择路由,将呼叫中继到 MS 当前所在的 MSC/VLR。

为支持 CAMEL 业务,对该操作的功能予以扩展,当 HLR 收到发路由信息操作后,分析该 MS 的用户数据,如果该用户登记有智能业务,HLR 在发路由信息操作的响应信息中首先向 GMSC 发送该用户的终结 CAMEL 签约信息 T-CSI 等数据,以便 GMSC 根据用户的签约信息 T-CSI 触发与被叫用户有关的智能业务。

8.3.3 移动智能网中智能业务的触发

在中国移动的 GSM 网络中,已经将所有的 MSC 升级为 SSP,这样的结构一般称为目标网,在目标网中,智能业务的触发根据用户数据中的 CSI 数据进行。CAMEL 签约信息包括始发 CAMEL 签约信息 O-CSI 和终结 CAMEL 签约信息 T-CSI。

1. CAMEL 签约信息 O/T-CSI

O/T-CSI 包括以下内容:

（1）SCP 地址：该地址为 E.164 号码，用来路由寻址到某个特定用户所登记的 SCP。

（2）业务键：被 SCP 用来确定需要采用的业务逻辑。

（3）默认呼叫处理：当 SSP 与 SCP 之间的对话出现差错时，默认呼叫处理指示出对呼叫应予释放还是继续。

（4）触发 DP(TDP,Trigger DP)清单：TDP 清单指示智能呼叫发起/接收时，所应触发的 DP。O-CSI 仅采用 DP2，T-CSI 仅采用 DP12。DP 称为检出点，是在呼叫处理中检出呼叫和连接事件的点。

（5）DP 标准：DP 标准指示 SSP 是否应向 SCP 请求指令。

（6）CAMEL 能力处理：指示 SCP 所要求的 CAMEL 业务阶段。

2. 始发呼叫 MO 的触发

对于始发呼叫 MO，在发生呼叫建立请求时，MSC/SSF 由 VLR 获得 O-CSI，触发 DP2，MSC/SSF 将呼叫悬置，向 SCP 报告发现的智能业务，在 SCP 运行相应的业务逻辑，查询相关的业务数据，然后向 MSC/SSP 发送如何完成智能业务的命令，MSC/SSP 将根据 SCP 的指示，完成相应的计费动作，激活呼叫的其他控制业务事件，并将根据 SCP 的指示做相应的处理：或允许呼叫处理继续进行，或将呼叫释放，或根据 SCP 修改的目的地路由地址进行呼叫接续。

3. 终结呼叫 MT 的触发

对于终结呼叫 MT，当发生来话请求时，GMSC/SSP 由 HLR 得到用户的 T-CSI，触发 DP12，GMSC/SSP 将呼叫处理悬置，向 SCP 报告发现的智能业务，在 SCP 运行相应的业务逻辑，查询相关的业务数据，然后向 GMSC/SSP 发送如何完成智能业务的命令，GMSC/SSP 将根据 SCP 的指示，完成相应的计费动作，激活呼叫的其他控制业务事件，并将根据 SCP 的指示做相应的处理：或允许呼叫处理继续进行，或将呼叫释放，或根据 SCP 修改的目的地路由地址进行呼叫接续。

8.3.4 移动智能网中典型的智能业务信令流程

下面介绍移动智能网中几个典型的智能业务呼叫的信令流程。

1. 预付费业务的信令流程

预付费业务 PPS(Pre-Paid Service)是移动智能网中使用得最广泛的智能业务，预付费业务 PPS 是指移动用户只需预先缴纳一定数目的金额或通过购买有固定面值的资金卡（如充值卡、储值卡、续值卡）等方式，即可在系统中建立账户，作为自己的通话费用。在呼叫建立时，基于用户账户的金额决定接受或拒绝呼叫，在呼叫过程中，实时计费并减少用户账户上已预付的金额，为其呼叫和使用其他业务使用其预先支付费用。中国移动将预付费业务 PPS 称为神州行，中国联合通信公司将预付费业务 PPS 称为如意通。

（1）预付费用户呼叫固定电话网用户的信令流程

下面介绍预付费用户呼叫固定电话网（PSTN）用户的信令流程，并将其作为发端

CAMEL业务的基本流程示例。预付费用户呼叫固定电话网(PSTN)用户的信令流程见图8.3.2。

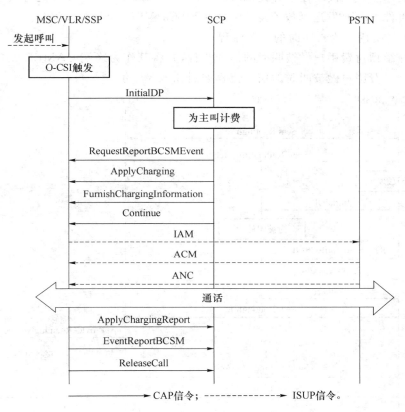

图8.3.2 预付费用户呼叫固定电话网(PSTN)用户的信令流程

MSC/VLR/SSP 收到预付费用户 A 发出的呼叫,根据主叫的签约信息 O-CSI 触发业务,向主叫用户的 SCP 发送 IDP 消息,并将 MSC/VLR/SSP 所在位置的长途区号,放在 IDP 消息中的 Location Number 参数中。SCP 根据主叫位置和被叫号码确定主叫用户的费率,并折算成通话时长,向 MSC/VLR/SSP 发送请求报告 BCSM 事件消息(RRBE)、RRBE 消息要求 MSC/VLR/SSP 监视呼叫中发生的事件,向 MSC/VLR/SSP 发送申请计费消息(AC),申请计费消息命令 MSC/VLR/SSP 对用户 A 的账户计费,并根据用户 A 账户中的剩余金额说明允许用户 A 通话的最大时长,SCP 发送 Furnish-ChargingInformation 消息到 MSC/VLR/SSP,要求为本次呼叫生成计费逻辑记录。向 MSC/VLR/SSP 发送继续消息(Continue),命令 MSC/VLR/SSP 按照原来的被叫号码继续完成呼叫。

MSC/VLR/SSP 收到 Continue 消息后,向 PSTN 关口局发送 IAM 消息,如果被叫空闲,PSTN 关口局回送 ACM 消息,当被叫用户摘机应答后,PSTN 关口局回送 ANC 消息,进入通话状态。

当通话停止,主、被叫任一方挂机时,MSCa/VLR/SSP 向 SCPa 发送计费报告消息并报告挂机事件。SCP 发送释放消息 RC 命令 MSCa/VLR/SSP 释放呼叫。

(2) 预付费用户为被叫时的信令流程

下面介绍预付费用户做被叫时的信令流程,并将其作为终端 CAMEL 业务的基本流程示例。预付费用户做被叫时的信令流程如图 8.3.3 所示。

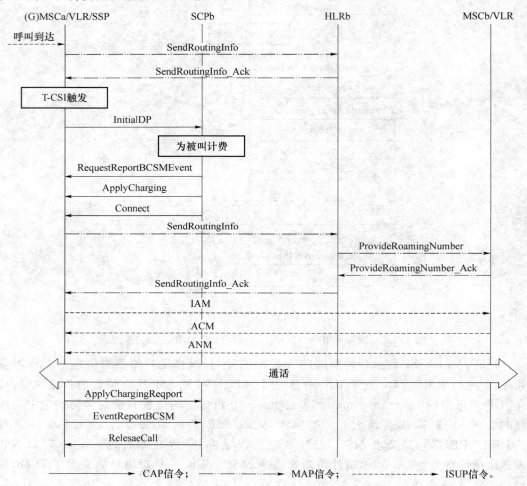

图 8.3.3　预付费用户为被叫时的信令流程

(G)MSCa/VLR/SSP 收到 PSTN 或 GSM 用户发起的呼叫,根据被叫用户的 MSIS-DN 号码向被叫用户归属的 HLRb 发送发送路由(SendRoutingInfo)消息。由于被叫用户为预付费用户,在 HLRb 中有其签约信息。HLRb 回送 SendRoutingInfo 的应答消息,其中含有被叫用户的 O-CSI 和 T-CSI 信息。

(G)MSCa/VLR/SSP 收到被叫用户签约信息,根据其 T-CSI 触发业务,向管理被叫用户智能业务的 SCPb 发送 InitialDP 消息,将(G)MSCaNLR/SSP 所在位置的长途区号放在 InitialDP 消息中的位置号码(LocationNumber)参数中,将从 SendRoutingInfo 应答消息中收到的用户当前所在区域的 VLR 号码放在 InitialDP 消息中的位置信息(LocationlInformation)参数中,呼叫处理挂起。

SCPb 收到 InitialDP 消息后,启动 PPS 被叫业务逻辑。首先分析被叫用户账户,若账户有效,则向(G)MSCa/VLR/SSP 发送 RequestReportBCSMEvent 消息,要求监视呼叫中发生的事件,并确定被叫计费的费率,将用户账户余额折算成通话时长,发送 ApplyCharging 到(G)MSCa/VLR/SSP,MSC/VLR/SSP 对用户 A 的账户计费,并根据用户 A 账户中的剩余金额说明允许用户 A 通话的最大时长,向(G)MSCa/VLR/SSP 发送 Connect 消息,指示进行呼叫接续。

(G)MSCa/VLR/SSP 收到 Connect 消息,再次向 HLRb 发送 SendRoutingInfo 消息,本消息中将设置相关参数抑制用户的 T-CSI,以请求被叫用户的当前路由信息。HLRb 向被叫用户当前所在区域的 MSCb/VLR 发送消息 Provide RoamingNumber,询问被叫用户的当前漫游号码(MSRN),在 MSCb/VLR 回送消息的应答消息中收到该 MSRN,并通过 SendRoutingInfo 消息的应答消息回送给(G)MSCa/VLR/SSP。

(G)MSCa/VLR/SSP 根据收到的 MSRN 号码建立主被叫用户之间的连接,向被叫当前所在的 MSCb/VLR 发送 IAM 消息,在 IAM 消息中的被叫地址是漫游号码(MSRN),如果被叫空闲,MSCb/VLR 回送 ACM 消息,当被叫用户摘机应答后,MSCb/VLR 回送 ANC 消息,进入通话状态。

通话一段时间后,如果主、被叫中一方挂机。(G)MSCa/VLR/SSP 检测到挂机事件,向 SCPb 发送相应的 EventReportBCSM 消息(DPl7),并发送 ApplyChargingReport 消息。SCPb 发送 ReleaseCall 消息命令释放呼叫,业务处理结束。

从上例可看到,对于终端 CAMEL 业务,(G)MSC/VLR/SSP 是在发生来话请求时,在发送路由(SendRoutingInfo)消息的响应中,从 HLR 得到被叫用户的 T-CSI,从而触发智能业务。

2. 虚拟专用网 VPMN 的信令流程

移动虚拟专用网 VPMN 业务是利用移动网的资源向某些机关、企业提供一个逻辑上的专用网,以供这些机关、企业等集团在该专用网内开放业务。用户在虚拟专用网内部可以实现 4 位或更少位的拨号,拨打专用网内部电话可以灵活地实现计费优惠,并且可以通过对网外呼叫的阻截,有效控制虚拟专用网内用户的网外呼叫。同时,通过虚拟专用网内的记账卡功能,还可以控制网内用户的话费支出。

(1) 移动虚拟专用网业务的业务特征

移动虚拟专用网业务的主要业务特征:

- 灵活的号码编制:企业或集团申请了 VPMN 业务后,可以根据集团(企业)的特点制定自己内部的短号码编号方案。短号码可以标识惟一的一个集团成员。各个

VPMN 集团可以灵活设置自己的编号方案,互不影响。

- 网内呼叫:一个 VPMN 用户可以对同属于一个 VPMN 集团内的其他用户发出呼叫,用户在进行网内呼叫时,既可以拨打被叫用户的短号码,也可以拨打被叫用户的真实号码;系统提供显示主叫短号码的功能,网内呼叫话费有一定的优惠。

- 网外号码组:VPMN 集团可以设置若干个网外号码,这组号码称为该集团的网外号码组。当 VPMN 用户和网外号码组内的号码进行通话时,VPMN 用户将享受优惠(不包括长途话费)。集团管理员可以通过 WWW 终端对本集团及集团内用户的网外号码组进行管理。

- 网外号码组呼叫:VPMN 集团可以通过权限设置允许或禁止 VPMN 用户拨打网外号码组号码。呼叫网外号码组号码时,用户直接拨打被叫号码,并享受一定的优惠;VPMN 集团可以通过权限设置允许或禁止 VPMN 用户接受网外号码组用户的呼叫;号码组用户直接拨叫 VPMN 用户的真实号码时,被叫可享受一定的优惠。

- 网外呼叫:网外呼叫指 VPMN 用户与集团以外的固定、移动用户之间的电话呼叫。VPMN 集团可以通过权限设置允许或禁止 VPMN 用户拨打或接收网外呼叫。

- 记账呼叫:允许一个 VPMN 用户把呼叫记在规定的账号上,可控制用户的通话费用。

- 灵活的计费方式:可根据集团的具体情况,对指定集团设定不同的折扣费;可对主、被叫实施不同的计费;可对基本费、漫游费、长途费实施不同的优惠;可将 VPMN 集团内的有特殊号码段的固定电话纳入网内优惠的范围。

- 灵活的付费方式:集团用户可以自行设定网内用户的呼叫话费是集团付费还是个人付费。

- 呼叫前转:允许一个 VPMN 用户把呼叫前转至本 VPMN 集团的另一个号码。每个用户最多可以登记一个遇忙前转号码和一个无应答前转号码。这两个号码可以不同,也可以相同。

- 缩位拨号:一个 VPMN 用户呼叫网外用户可以采用缩位拨号,缩位号码为一位。具有缩位拨号功能的用户一定是有权进行网外呼叫的 VPMN 用户,对网内用户不采用缩位拨号。缩位拨号表可以是整个 VPMN 群共用一个,也可以是每个 VPMN 成员定义一个自己的缩位拨号表。

- 呼叫限制:集团用户可对用户设定时间段呼叫权限,规定用户在何时间段享有何种呼叫权限。

- 呼叫阻截:集团可对每一用户设定特殊号码阻截,控制集团话费。

- 集团封锁:运营部门可以根据集团的缴费情况,设定集团为封锁状态,提高运营商的安全性。

- 话音查询、管理功能:VPMN 用户可通过话音查询用户信息。

这样,用户在虚拟专用网内部可以实现真正的 4 位或更少位的拨号,拨打专用网内部电话可以灵活地实现计费优惠,并且可以通过网外呼叫阻截,有效控制虚拟专用网内用户的网外呼叫。同时,通过虚拟专用网内的记账卡功能,还可以控制网内用户的话费支出。

（2）VPMN 网内呼叫的信令流程

VPMN 网内呼叫的信令流程如图 8.3.4 所示,并将其作为既包含发端 CAMEL 业务,也包含终端 CAMEL 业务的基本流程示例。

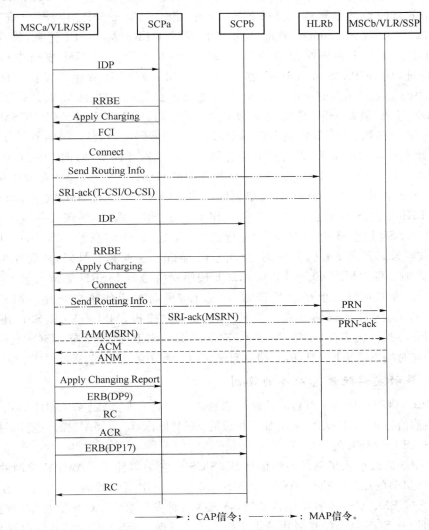

图 8.3.4　VPMN 网内呼叫的信令流程

MSCa/VLR/SSP 收到主叫拨打被叫短号码的呼叫后,根据主叫的签约信息 O-CSI 触发业务,向主叫用户所属的业务控制点 SCPa 发送 IDP 消息,并将 MSCa/VLR/SSP 所在位置长途区号放在 IDP 消息中的 Location Number(主叫拜访地)中,IDP 中主要信息还有主叫的 ISDN 号码、被叫短号码、触发 MSC 地址、主叫所在 VLR 号码、VPMN 的业务码、BCSM 触发点号码 DP=2 等参数。SCPa 收到 SSP 上报的 IDP 消息后,根据业务键执行 VPMN 业务逻辑程序,根据被叫的短号码查表得到被叫的 MSISDN 号码,并得到该 VPMN 网内呼叫的计费信息,然后向 MSCa/VLR/SSP 发送 RRBE 消息,要求 SSP 监视有关事件,发送 AC、FCI 消息,说明对该 VPMN 网内呼叫如何计费,发送 Connect 消息,消息中的目的地址是被叫的 MSISDN 号码,指示 MSCa/SSP 对该号码进行接续。MSCa/VLR/SSP 收到 Connect 消息,向被叫所属的 HLRb 发送 SRI 消息,被叫 HLRb 返回签约信息 T-CSI 和被叫位置信息。MSCa/VLR/SSP 由 T-CSI 数据中得到被叫 SCPb 的地址,向 SCPb 发送 IDP 消息,并将始发 MSCa/VLR 所在位置长途区号放在 IDP 消息中的 Location Number 中,IDP 中的主要信息还有主叫的 MSISDN 号码、被叫的 MSISDN 号码、触发 MSC 地址、被叫所在 VLR 号码、VPMN 的业务码、BCSM 触发点号码 DP=12 等参数。SCPb 收到 IDP 消息后,先进行号码前缀处理、被叫号码分析,根据被叫归属地和被叫实际位置,以及拟定的折扣率确定本次呼叫费率,向 MSCa/VLR/SSP 发送 RRBE、AC、Connect 操作,在 Connect 操作中的 Generic Number 中存放主叫用户的特殊号码 60+主叫真实号码(60 为话单剔除标志)。MSCa/VLR/SSP 收到 Connect 后,向被叫 HLRb 发送 SRI 消息,HLR 再向 MSCb 发送 PRN 消息,得到漫游号码 MSRN。MSCa/VLR/SSP 根据被叫的 MSRN 进行接续,发送 IAM 消息给 MSCb,在 ISUP 的 IAM 中,被叫号码是漫游号码 MSRN,主叫号码为 60+主叫真实号码,从而在被叫话单的主叫号码加上剔除标志 60。叫端局 MSCb 按照漫游号码 MSRN 完成对被叫的呼叫,并将 IAM 中的主叫号码前的特殊前缀 60 去掉,再向被叫作来电显示。MSCb 回送 ACM、ANM 消息,进入通话状态。当其中任意一方挂机,MSCa/VLR/SSP 还分别向 SCPa、SCPb 上报挂机事件,发送 ACR 和 ERB 消息。SCPa、SCPb 向 MSCa 发送 RC 消息,MSCa 向对端发送 REL 消息,对端再回送 RLC(释放完成)消息释放呼叫。

3. 对移动发端短消息业务的控制

CAMEL3 规范中增加了对移动发端短消息进行控制的业务,定义了相应的状态模型、触发点、签约信息和 CAP 操作,并增加了相应的 MAP 操作,对原 MAP 操作进行了扩充。

(1) SMS CAMEL 签约信息

CAMEL3 阶段引入了新的签约信息 SMS-CSI。它为需使用 CAMLE 控制的发端短消息(MO SMS)的用户提供相关信息,SMS-CSI 存储于用户归属的 HLR 中。在用户发生位置改变或 SMS-CSI 内容发生改变时,将这些信息发送给 VLR(短消息采用电路交换方式传递时)或 SGSN(短消息采用分组交换方式传递时)。SMS-CSI 的具体内容与 O-CSI 基本相同,包括 gsmSCF 地址、业务键和 TDP 列表等信息。

(2) 与短消息发送有关的 CAP 操作

在 CAMEL3 中,规定了 8 条与移动发端短消息业务有关的 CAP 操作。下面介绍几条主要操作的功能。

（a）Initial DP SMS

该操作由 gprsSSF/gsmSSF 发送给 gsmSCF，当 MSC/SSF 已收到了移动用户发来的短消息并分析该用户的 SMS-CSI，表明用户登记了与短消息发送有关的新业务时，SSF 可暂停对短消息的发送，向 SCF 发送此操作，请求 SCF 确定如何处理该用户发送的短消息。

（b）Request Report SMS Event

该操作是 gsmSCF 发送给 gprsSSF/gsmSSF 的操作，要求 gprsSSF/gsmSSF 监视某些事件，并在检测到这些事件时通过 Event Report SMS 向 gsmSCF 报告。

（c）Event Report SMS

该操作由 gprsSSF/gsmSSF 发送给 gsmSCF，当 MSC/SSF 已检测到了在 Request Report SMS Event 操作中要求监视的事件时，就向 gsmSCF 报告发生的事件。

（d）Connect SMS

该操作是 gsmSCF 发送给 gprsSSF/gsmSSF 的操作。gsmSCF 通过此操作要求 gprsSSF/gsmSSF 用本消息中的信息，修改本短消息的目的地地址，将短消息发送到修改后的目的地。

（e）Continue SMS

该操作是 gsmSCF 发送给 gprsSSF/gsmSSF 的操作。要求 gprsSSF/gsmSSF 从挂起等待 gsmSCF 指令的点继续执行，不修改任何信息。

（f）Furnish Charging Information SMS

该操作是 gsmSCF 发送给 gprsSSF/gsmSSF 的操作。要求 gprsSSF/gsmSSF 在 CAMEL 特定的 MO SMS 记录中包含本信息流中携带的计费信息。

（g）Release SMS

该操作是 gsmSCF 发送给 gprsSSF/gsmSSF 的操作。要求 gprsSSF/gsmSSF 清除一个 SMS 传输。

（3）CAMEL 控制 MO SMS 的基本业务流程

图 8.3.5 是 CAMEL 控制 MO SMS 的基本业务流程。该流程主要说明了 SSF 与 SCF 之间控制 MO SMS 的基本信令程序及 CAP 消息的应用。

移动用户发起短消息发送请求，当 MSC/SSF 收到了移动用户发来的短消息并分析该用户的 SMS-CSI，表明用户登记了与短消息发送有关的智能业务时，SSF 暂停对短消息的发送，向 SCF 发送 Initial DP SMS 操作，请求 SCF 确定如何处理该用户发送的短消息。gsmSCF 回送 RequestReportSMSEvent 消息，请求设置 EDP 点，对短消息的发送进行监视。gsmSCF 向 gprsSSF 或 gsmSSF 发送 FurnishChargingInformationSMS，其中包含与短消息的发送如何计费有关的信息。gsmSCF 向 gprsSSF/gsmSSF 发送 Continue SMS 操作，指示按照用户给出的地址将短消息发送给短信中心。gprsSSF/SGSN 或

gsmSSF/SSF 根据 SCF 的命令向 SMSC 提交用户要发送的短消息,当 gprsSSF/SGSN 或 gsmSSF/MSC 收到 SMSC 回送的提交确认消息时,将提交结果发送给 MS,并向 gsmSCF 发送 EventReportSMS 消息,报告短消息已成功发送。gsmSCF 发送 Release SMS 消息,指示结束本次 SMS 传送。

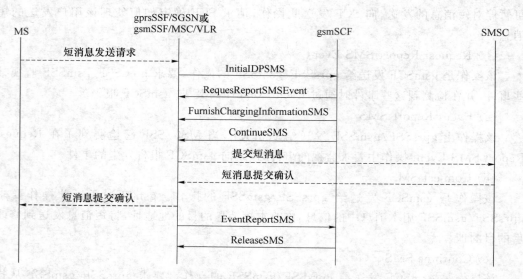

图 8.3.5 CAMEL 控制 MO SMS 的基本业务流程

4. 对 GPRS 业务的控制

(1) CAMEL3 阶段与 GPRS 互通的体系结构简介

CAMEL3 阶段与 GPRS 互通的体系结构如图 8.3.6 所示,GPRS 是叠加在 GSM 网络之上的分组数据网络,它在 GSM 电路上叠加了一个基于分组的无线接口,同时也在 GSM 核心网络基础上,增加用于分组数据交换和传输的网络实体(称为"GPRS 网络实体"),形成新的 GSM/GPRS 网络体系结构。

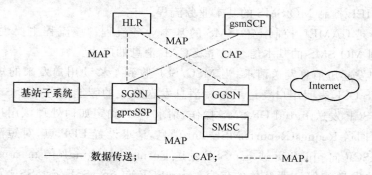

图 8.3.6 CAMEL3 阶段与 GPRS 互通的体系结构

GPRS 服务支持节点 SGSN 在分组交换域中提供移动性管理、安全性、接入控制及分组的路由寻址和转发等功能,为用户提供 GPRS 服务,与 MSC/VLR 在电路交互域中的位置和功能类似,为支持智能业务,SGSN 应具备 SSF 功能。业务控制功能 SCF 完成对分组域中智能业务的控制。

(2) CAMEL3 阶段与 GPRS 互通有关的信令接口

有关的信令接口:

(a) Gr 接口:Gr 接口是 SGSN 和 HLR 之间的接口。与 VLR 与 HLR 之间的 D 接口类似,主要用于 SGSN 向 HLR 提供用户当前所在位置信息及向 HLR 查询用户签约信息。采用 MAP 协议。

(b) Gc 接口:Gc 接口是 GGSN 与 HLR 之间的接口。在由外部网络发起 GPRS 会话的情况下,GGSN 通过 Gc 接口向 HLR 查询当前为 GPRS MS 服务的 SGSN。采用 MAP 协议。

(c) Gd 接口:Gd 接口是 SGSN 和 SMS-GMSC/SMS-IWMSC 之间的接口。短消息中心通过此接口完成向 GPRS 用户提供发送和接收短消息的功能。采用 MAP 协议。

(d) SGSN/SSF 与 SCF 之间的接口:SSP 通过 No.7 信令网与 SCP 相连,采用 CAMEL 应用部分(CAP)规程进行相应的 CAP 对话。短消息中心通过 MAP 信令与 SGSN 相连接。

智能业务用户发起 GPRS 附着请求或进行 SGSN 之间的路由区更新时,SGSN 从 HLR 中接收到 GPRS-CSI,SGSN 监视 GPRS 事件并通知 gprsSSF,gprsSSF 可以将该 GPRS 事件悬置,采用 CAP 规程向 SCP 请求指示,SCP 根据运营者特定业务的 CAMEL 业务逻辑,指示 gprsSSF 控制 GPRS 业务或单个 PDP 上下文的处理。

SGSN 从 HLR 中接收用户的 SMS-CSI。以便 SGSN 根据业务逻辑监视短消息的业务逻辑并通知 gprsSSF,SSP 采用 CAP 规程向 SCP 请求指示,SCP 根据运营者特定业务的 CAMEL 业务逻辑,指示 gprsSSF 控制短消息业务的进行。

(3) GPRS CAMEL 签约信息

CAMEL3 阶段引入了新的签约信息——GPRS CAMEL 签约信息(GPRS-CSI)。它为需使用 CAMLE 控制的 GPRS 业务的用户提供相关信息,存储于用户归属的 HLR 中。在用户向一 SGSN 提出附着要求时,由 HLR 发送到 SGSN。GPRS-CSI 的具体内容与 O-CSI 基本相同,包括 gsmSCF 地址、业务键和 TDP 列表等信息。

(4) 与 GPRS 控制有关的 CAP 操作

在 CAMEL3 中规定了 14 条用于 gsmSCF 与 gprsSSF 之间交互的 CAP 操作:

(a) InitialDPGPRS

该操作是由 gprsSSF 发送给 gsmSCF 的。当 gprsSSF 检测到 TDP-R 时,gprsSSF 向 gsmSCF 发送此操作,请求 gsmSCF 给出完成此 GPRS 对话的命令。

（b）ConnectGPRS

该操作是由 gprsSCF 发送给 gsmSSF 的，在建立 PDP 上下文时，gsmSCF 要求 gprsSSF 用本操作中的信息修改该上下文的 APN 信息。将用户接入修改后的 APN。

（c）Continue GPRS

该操作是由 gprsSCF 发送给 gsmSSF 的。SCF 要求 gprsSSF 从挂起等待 gsmSCF 指令的点继续执行，不修改任何信息。

（d）RequestReportGPRSEvent

该操作是由 gprsSCF 发送给 gsmSSF 的。SCF 要求 gprsSSF 监视某些事件，并在检测到这些事件时通过 EventReportGPRS 向 gsmSCF 报告。

（e）EventReportGPRS

该操作是由 gprsSSF 发送给 gsmSCF 的。当 gprsSSF 检测到 gsmSCF 在前面的 RequestReportGPRSEvent 消息中，要求监视的 GPRS 事件发生时，向 gsmSCF 报告发生的事件。

（f）ApplyChargingGPRS

该操作是由 gprsSCF 发送给 gsmSSF 的。SCF 通过此操作与 gprsSSF 中的计费机制交互，用于控制对 GPRS 会话或 PDP 上下文的计费。

（g）ApplyChargingReportGPRS

该操作是由 gprsSSF 发送给 gsmSCF 的，SSF 用此操作向 gsmSCF 传送它在 Apply-ChargingGPRS 中要求的计费信息。

（h）ReleaseGPRS

该操作是由 gprsSCF 发送给 gsmSSF 的。SCF 通过此操作，在任意阶段，清除已存在的 GPRS 会话或 PDP 上下文。

（5）GPRS 控制流程

（a）CAMEL 控制 GPRS 会话的业务流程

CAMEL 控制 GPRS 会话的基本信令流程见图 8.3.7。

用户接入 GPRS 网络时，用户发起附着到 SGSN 的请求（GPRSAttach），gprsSSF/SGSN 从 HLR 处获得该用户的 GPRS-CSI 信息，其中的 TDP 列表中包含 DP Attach，gprsSSF 向 gsmSCF 发送 InitialDPGPRS，建立并打开 CAMEL 控制关系。

gsmSCF 回送 RequestReportGPRSEvent 消息，请求设置 EDP 点。要求对发生的事件进行监视，并向 gprsSSF 发送 ApplyChargingGPRS，给出 SSF 如何对 GPRS 会话进行计费的相关信息。gsmSCF 向 gprsSSF 发送 ContinueGPRS 消息，指示处理继续进行。

用户发起建立 PDP 上下文请求（PDPContextEstablishment），gprsSSF 检测到 EDP 点 DP-Context Establishment，向 gsmSCF 发送 EventReport GPRS 消息，SGSN 收到 GGSN 回送的上下文建立确认应答消息（PDPContextEstablishmentAck）后，gprsSSF 检测到 EDP 点 DP-Context-Establishment-Acknowlegement，向 gsmSCF 发送 EventReportGPRS 消息。PDP 上下文结束,用户请求拆除该上下文(PDP Context Disconnection),gprsSSF 检测到 EDP 点 DP ContextDisconnection,向 gsmSCF 发送 EventReportGPRS 消息。gprsSSF 根据以前收到的 ApplyCharging GPRS 消息的规定,向 gsmSCF 回送 Apply Charging Report GPRS 消息。报告计费信息。

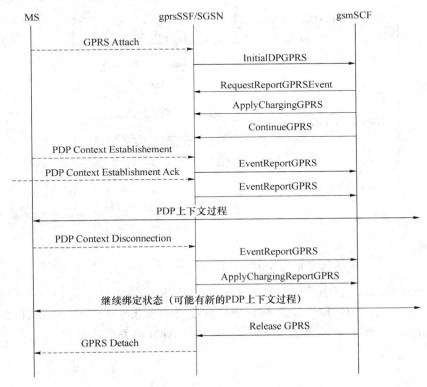

图 8.3.7 CAMEL 控制 GPRS 会话的业务流程

　　用户继续处于附着状态(此过程中可能仍有 PDP 上下文创建等操作),由于限定时间到等原因,gsmSCF 决定终止本次 GPRS 会话,向 gprsSSF 发送 ReleaseGPRS 消息,gprsSSF 分离用户(GPRSDetach),终止本次会话,关闭本 CAMEL 控制关系。

　　(b) CAMEL 控制 PDP 上下文的业务过程

　　CAMEL 控制 PDP 上下文的基本信令过程见图 8.3.8。

　　处于附着状态的用户发起建立 PDP 上下文的请求,gprsSSF/SGSN 检测到 DP-Context Establishment,gprsSSF 向 gsmSCF 发送 InitialDPGPRS,建立并打开 CAMEL 控制关系。

　　gsmSCF 回送 RequestReportGPRSEvent 消息,请求设置 EDP 点,对相关的 GPRS 事件进行监视。gsmSCF 向 gprsSSF 发送 ApplyChargingGPRS,其中包含指示 SSF 对 PDP 上下文如何计费。gsmSCF 向 gprsSSF 发送 ConnectGPRS 消息,指示按消息中给

定的 APN 建立 PDP 上下文。SGSN 根据 gsmSCF 的要求建立上下文,收到 GGSN 回送的上下文建立确认消息时,检测到 EDP 点 DP Context Establishment-Acknowlegement,向 gsmSCF 发送 EventReportGPRS 消息。PDP 上下文结束,用户请求拆除该上下文。

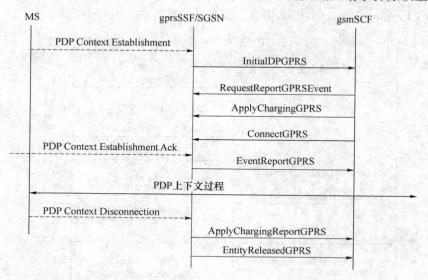

图 8.3.8 CAMEL 控制 PDP 上下文的业务过程

gprsSSF 根据以前收到的 ApplyChargingGPRS 消息的规定,向 gsmSCF 回送 ApplyChargingReportGPRS消息。将计费信息报告 SCF,gprsSSF 向 gsmSCF 发送 EntityReleasedGPRS 消息,指示本次上下文拆除。本 CAMEL 关系关闭。

小 结

智能网是在原有通信网络的基础上,设置的一种附加网络结构,其目的是在多厂商环境下快速引入新业务并安全加载到现有的电信网上运行。

智能网的基本思想是将交换功能与业务控制功能分离。交换机只完成基本的接续功能,业务逻辑控制功能由业务控制点来完成。

当用户使用智能业务时,当具有业务交换功能 SSP 的程控交换机识别是智能呼叫时,就向业务控制点 SCP 报告,SCP 运行有关的业务逻辑,向 SSP 发送有关控制命令,控制 SSP 完成现有的智能业务。

智能网概念模型是用来设计和描述智能网体现结构的框架。根据不同的抽象层次,智能网概念模型分为业务平面、整体功能平面、分布功能平面和物理平面。

业务平面从业务使用者的角度来描述智能业务,用来说明某种智能业务所具有的业务属性,而不涉及业务的具体实现。

整体功能平面面向业务设计者。在整体功能平面上,定义了一系列与业务无关的可再用的构件 SIB,并描述一系列 SIB 如何链接并按一定顺序执行以便完成某种业务,即整体业务逻辑 GSL。将 SIB 按照不同的组合及次序链接在一起,可以实现不同的业务。

在分布功能实体中,SIB 被分解为一系列功能实体动作,并描述这些功能实体动作如何分布在不同的功能实体中,各种不同的功能实体为完成所需的 SIB 的功能就必须交换信息,这些在不同功能实体中交换的信息被称为信息流。

在物理平面上,描述了如何将分布功能实体映射到实际的物理实体上。在分布功能平面上各功能实体间传送的信息流,转换到物理平面上就是各物理实体之间的信令规程——智能网应用规程 INAP。

常见的物理实体有业务交换点 SSP、业务控制点 SCP 和智能外设 IP。

智能网应用规程用来在智能网各功能实体间传送有关信息流。我国原邮电部指定的《智能网应用规程》主要给出了 SSP 与 SCP 之间及 SCP 与 SDP 之间的接口规范。

INAP 是在以事务处理能力应用部分(TCAP)和信令连接控制部分(SCCP)为基础的 No.7 信令网上传送的。INAP 是一种远程操作用户规程。在 INAP 中,将各功能实体间的信息流抽象为操作或操作结果。

在教材中,介绍了一些常用操作的基本功能和几种典型业务的信令发送顺序,分析了固定智能网存在的问题,说明了固网智能化改造的必要性。

固网智能化的目的是通过对 PSTN 的优化改造实现固网用户的移动化、智能化和个性化,从而创造更多的增值业务。其改造的核心思想是用户数据集中管理,并在每次呼叫接续前,增加用户业务属性查询机制,使网络实现对用户签约智能业务的自动识别和自动触发。在固网智能化改造后,在本地网中建立了用户数据中心、业务交换中心和智能业务中心。

在 GSM 网络中,通过增加了 gsmSSF(业务交换功能)、gsmSRF(专用资源功能)、gsmSCF(业务控制功能)实现移动智能网。其中,gsmSCF 与 gsmSSF、gsmSRF 之间,采用 CAP Phase2 协议接口,CAP(CAMEL Application Part)是移动网络增强逻辑的客户化应用协议(CAMEL,Customised Applications for Mobile network Enhanced Logic)的应用部分,它基于智能网的 INAP 协议。CAP 协议描述了移动智能网中各个功能实体之间的标准通信规程。其他接口采用 MAP Phase2+接口。

由于在移动智能网中用户数据由 HLR 集中管理,所有的 MSC 都具有 SSP 功能,在移动智能网中的智能业务可根据主叫用户和被叫用户的签约数据来触发,从而在移动智能网中开发及使用智能业务十分方便。

教材中介绍了预付费业务、虚拟专用网 VPMN 业务呼叫的信令流程并说明了移动智能网对短消息业务和 GPRS 业务的控制方式。

思考题和习题

1. 简要说明智能网的基本概念。

2. 在智能网概念模型中共有哪几个平面？对各个平面进行简要说明。

3. 请对 SIB 及整体业务逻辑 GSL 进行简要说明。

4. 在分布功能平面上，主要有哪些功能实体？简要说明这些功能实体的基本功能。

5. 在物理平面上，主要有哪几种物理实体？这些物理实体包含哪些功能实体？

6. 画出说明固定电话网智能化改造后的基本拓扑结构图，并说明固定电话网智能化改造后呼叫处理的一般流程。

7. 简要说明"启动 DP"操作的类别、传送方向及主要功能。

8. 简要说明"连接"操作的类别、传送方向及主要功能。

9. 请简要说明卡号业务的信令流程。

10. 说明固定电话网智能化改造后彩铃业务的信令流程。

11. 说明移动智能网的结构。

12. 说明移动智能网中智能业务的触发机制。

13. 说明移动智能网中呼叫预付费用户的信令流程。

14. 说明移动智能网中虚拟专用网 VPMN 业务呼叫的信令流程。

第 9 章

下一代网络的信令

学习指导

本章首先说明下一代网络的概念以及以软交换为核心的下一代网络的分层结构,然后着重介绍下一代网络中使用的标准协议,包括信令传输协议(SIGTRAN)、会话初始化协议(SIP)和媒体网关控制协议 H.248。首先介绍这些协议的功能和模型,然后介绍协议消息的格式及常用命令,最后介绍相应的呼叫信令流程。

通过本章的学习,应该掌握下一代网络的概念以及以软交换为核心的下一代网络的分层结构、信令传输协议(SIGTRAN)的结构、SIP 协议和 H.248 协议的功能,能读懂典型的信令流程。

现有的通信网络可分为传统的电路交换网和以 IP 为基础的分组数据网。电路交换网包括固定电话网和移动网,主要提供传统的语音业务。在今后几年内,传统电话业务仍将是电信市场的主业。另外,以 IP 为基础的分组数据网发展迅速,数据通信特别是 IP 业务已经或者即将成为电信市场的主导业务。为了能有效地支持这种突发型的数据业务,同时保持现有的语音业务的收益,需要构建一个可持续发展的网络,即下一代网络。下一代网络技术的发展使得电路交换网与 IP 网将按各自的最佳方向独立演进、融合发展,最终形成一个统一的、融合的、主要是以 IP 为基础的分组化网。这个融合的过程需要 20 年,甚至更长的时间。因此,下一代网络中的信令必须考虑支持电路交换网与下一代网业务的互通。

9.1 以软交换为核心的下一代网络的分层结构

9.1.1 下一代网络的概念

下一代网络(NGN,Next Generation Network)是通信界从 20 世纪末至今的热门话题。广义的下一代网络泛指一个不同于现有网络,大量采用当前业界公认的新技术,可以提供语音、数据及多媒体业务,能够实现各网络终端用户之间的业务互通及共享的融合网络。ITU-T 对 NGN 的定义是:NGN 是基于分组的网络,能够提供电信业务;NGN 利用多种宽带能力和 QoS 保证的传送技术,其业务相关功能与其传送技术相独立;NGN 使用户可以自由接入到不同的业务提供商;NGN 支持通用移动性。

实际上,下一代网络在不同的领域可以有不同的含义。例如对于数据网,下一代网络指下一代互联网;对于移动网,下一代网络指 3G 网和 4G 网;对于传送网,下一代网络指下一代传送网 ASON。

由于经过几年的探索,大多数人已经认同采用软交换技术是完成电路交换网向下一代网络过渡的较好的策略,因此在电信领域,狭义的下一代网络特指以软交换设备为控制核心,能够实现业务与控制、呼叫与承载彼此分离,各功能部件之间采用标准的协议进行互通,兼容了各业务网技术,提供丰富的用户接入手段,支持标准的业务开发接口,采用统一的分组网络进行传送,能够实现语音、数据和多媒体业务的开放的分层体系架构。

9.1.2　下一代网络的分层结构

下一代网络是可以提供包括话音、数据和多媒体等各种业务的综合开放的网络构架,在功能上可分为媒体/接入层、传输层、控制层和业务/应用层 4 层,其结构见图 9.1.1。

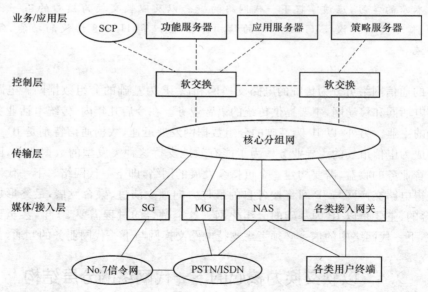

图 9.1.1　下一代网络的分层结构

接入层利用各种接入设备实现不同用户的接入,并实现不同信息格式之间的转换。接入层的设备都没有呼叫控制的功能,它必须和控制层设备相配合,才能完成所需要的操作。接入层的设备主要有中继网关、接入网关和信令网关,中继网关和接入网关统称媒体网关。

- 中继网关(TG,Trunking Gateway):一侧通过电路与传统电话网的交换局连接,一侧与分组网连接,通过与控制层设备的配合,实现 PSTN 与 IP 网络的互通。
- 接入网关(AG,Access Gateway):接入网关的电路侧提供了比中继网关更为丰富的接口,负责各种用户或者各种接入网络的综合接入,如普通模拟电话用户(POTS)接入、ISDN 用户接入、ADSL 接入、以太网用户接入或 PSTN/ISDN 网络接入、V5 接入和无线用户接入等。
- 信令网关(SG,Signaling Gateway):通过其适配层功能将电路交换网信令转换为可以在分组网上传送的信令,并传递给控制层设备进行处理,从而完成电路交换网信令消息与 IP 网中信令消息的互通。

传输层主要完成数据流(媒体流和信令流)的传送。传输层要求是一个高带宽的,有一定 QoS 保证的分组网络,目前一般为 IP 或 ATM 网络。

控制层是下一代网络的控制核心,该层设备一般被称为软交换设备或媒体网关控制器(MGC,Media Gateway Controller)。软交换设备主要完成呼叫控制功能、业务提供功能、业务交换功能、协议转换功能、互联互通功能、资源管理功能、计费功能、认证与授权功能、地址解析功能和语音处理控制功能。

业务/应用层在呼叫建立的基础上提供额外的服务。

9.1.3　下一代网络中的协议

下一代网络的各个网元之间使用标准的接口和协议,从而使得各部件在物理上得以自由分离、独立发展,运营商可以根据需要自由组合各部分的功能产品来组建网络,实现各种异构网络的互通。

下一代网络的主要接口和协议包括:

(1) 软交换设备与媒体网关之间的接口,用于软交换设备对媒体网关进行承载控制、资源控制和管理,此接口可采用媒体网关控制协议 MGCP 或者 H.248。

(2) 软交换设备与信令网关之间的接口,完成下一代网络与信令网之间的信令信息传递,此接口可使用信令传输协议 SIGTRAN。

(3) 软交换设备之间的接口,主要实现不同软交换设备之间的交互,此接口可使用与承载无关的呼叫控制协议(BICC)、会话初始协议 SIP 或 SIP-T/SIP-I 协议。

(4) 软交换设备与智能网的 SCP 之间的接口,实现对智能网业务的支持,此接口使用智能网应用协议(INAP)。

(5) 软交换设备与应用服务器之间的接口,提供对第三方应用和各种增值业务的支持,此接口可使用 SIP 协议或者开放的 API,例如 Parlay。

9.2 信令传输协议

信令传输协议(SIGTRAN)是目前公认的在 IP 网中传递电路交换网信令的协议栈。

9.2.1 信令传输协议的结构

1. SIGTRAN 的标准化进程

SIGTRAN 协议的相关标准目前仍在不断制定和完善之中,IETF 的 SIGTRAN 工作组已经制定出 SIGTRAN 框架协议和 SCTP 的 RFC,分别为 RFC2719 和 RFC2960。M3UA、M2UA、M2PA、SUA、IUA、V5UA 等协议的草案也在不断地完善。

在国内,信息产业部也已制定相关标准:2001 年,依据 IETF 和 ITU-T 相关建议制订了《No.7 信令与 IP 互通的技术要求》,并在此后的几年中,相继制订出电路交换网信令与 IP 互通适配层技术规范,包括《消息传递部分第三级用户适配层(M3UA)》和《消息传递部分第二级对等适配层(M2PA)》、《消息传递部分第二级用户适配层(M2UA)》、《ISDN 信令与 IP 互通用户适配层技术要求(IUA)》和《接入网与 IP 互通 V5.2 用户适配层技术要求(V5UA)》。这些技术规范的提出,为电路交换网信令消息与 IP 网中信令消息的互通提供了依据。

2. SIGTRAN 的结构

SIGTRAN 的构架如图 9.2.1 所示,包括 3 个部分:用户适配层、信令传输层和 IP 协议层。用户适配层提供了多种适配协议,包括针对 No.7 信令的 M3UA、M2UA、M2PA 和 SUA 协议,针对 ISDN 用户信令的 IUA 协议以及针对 V5 接口信令的 V5UA 协议等。信令传输层支持信令传送所需的一组通用的可靠传送功能,主要指 SCTP 协议。IP 协议层实现标准的互联网协议(IPv4、IPv6)。

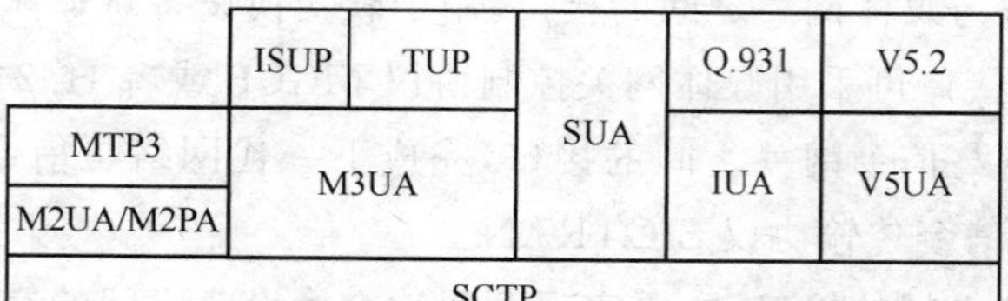

ISUP	TUP		Q.931	V5.2
MTP3	M3UA	SUA	IUA	V5UA
M2UA/M2PA				
SCTP				
IP				

图 9.2.1 SIGTRAN 的构架

对图 9.2.1 中各部分的名称和功能简介如下:

SCTP (Stream Control Transmission Protocol):流控制传输协议,是一个面向连接

的传输层协议,它在对等的 SCTP 用户之间提供可靠的面向用户消息的传输服务。

M2UA(MTP2-User Adaptation Layer):MTP 第二级用户的适配层协议,该协议允许信令网关向对等的 IP 信令节点(IPSP)传送 MTP3 消息,为 No.7 信令网和 IP 网提供无缝的网管互通功能。

M2PA(MTP2-User Peer to Peer Adaptation Layer):MTP 第二级用户的对等适配层协议,该协议允许信令网关向 IP 信令节点传送 MTP3 的消息,并提供 No.7 信令网网管功能。

M3UA(MTP3-User Adaptation Layer):MTP 第三级用户的适配层协议,该协议允许信令网关向媒体网关控制器或 IP 数据库传送 MTP3 的用户信息(如 ISUP/SCCP 消息),为 No.7 信令网和 IP 网提供无缝的网管互通功能。

SUA(SCCP-User Adaptation Layer):SCCP 用户的适配层协议,它的主要功能是适配传送 SCCP 的用户信息给 IP 数据库,提供 SCCP 的网管互通功能。

IUA(ISDN Q.921-User Adaptation Layer):ISDN Q.921 用户适配层协议,完成 Q.931信令数据在媒体网关和软交换设备之间的传送。

V5UA(V5.2-User Adaptation Layer):V5.2 用户的适配层协议,完成 V5.2 信令数据在媒体网关和软交换设备之间的传送。

3. No.7 信令网关对 SIGTRAN 的应用

信令网关主要用于实现 No.7 信令网与 IP 网的互通,应支持信令传输协议 SIGT-RAN。No.7 信令网的节点通过信令网关与 IP 网的软交换设备互通时,可以在信令网关使用 SIGTRAN 不同的适配子层:M3UA、M2UA、M2PA 或 SUA,以支持不同的应用场合,如图 9.2.2 至图 9.2.4 所示。

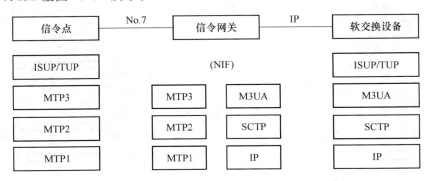

图 9.2.2　信令网关使用 M3UA 实现 No.7 信令网节点与软交换设备的互通

图 9.2.2 中,信令网关使用 M3UA 实现 No.7 信令网节点与 IP 网的软交换设备互通。信令网关接收到来自 No.7 信令网的消息后,对消息中的 No.7 信令地址(DPC、OPC 等)和信令网关所设置的选路关键字进行比较,确定 IP 网中的应用服务器进程,从而找到

目的地的用户。在这种结构中,信令网关既可以作为一个信令转接点,分配单独的信令点编码,也可与软交换设备共享同一个信令点编码。当信令网关与软交换设备共享一个信令点编码时,信令网关只能与一个软交换设备进行连接。

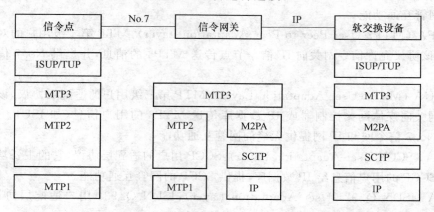

图 9.2.3 信令网关使用 M2PA 实现 No.7 信令网节点与软交换设备的互通

图 9.2.3 中,信令网关使用 M2PA 实现 No.7 信令网节点与 IP 网的软交换设备互通。在这种结构下,信令网关就像 No.7 信令网中的信令转接点一样,具有 MTP3 的功能,只是信令网关与软交换设备之间的链路不再是传统的 No.7 信令链路,而是基于 IP 的链路。信令网关接收到消息之后,MTP3 根据消息的 DPC 选择出局链路,如果出局链路是 IP 网的链路,则在 M2PA 层完成链路和 SCTP 偶联的对应。在这种结构下,信令网关要分配一个独立的信令点编码。

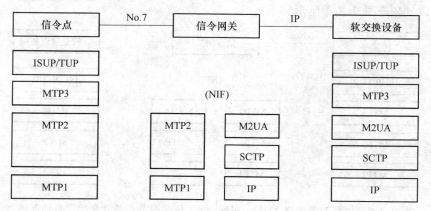

图 9.2.4 信令网关使用 M2UA 实现 No.7 信令网节点与软交换设备的互通

图 9.2.4 中,信令网关使用 M2UA 实现 No.7 信令网节点与 IP 网的软交换设备互通。它一般用于信令网关和媒体网关综合在一个物理设备而软交换设备采用单独的物理设备的情况下。No.7 信令网的信令点和软交换设备采用直联链路相连,这样 No.7 信令

网的消息经信令网关透明地传送到信令网关与软交换设备之间的 IP 链路上。从逻辑上 No.7 信令网的信令点与软交换设备之间是一条 No.7 信令链路,只是这条链路由两部分组成,在信令点与信令网关之间是传统的 No.7 信令链路,而在信令网关与软交换设备之间是 SIGTRAN 结构,由信令网关完成链路这两部分信息的对应。这种结构下信令网关没有信令点编码,而软交换设备要分配一个信令点编码。

　　此外,No.7 信令网节点还可以通过信令网关访问 IP 网中的智能节点,例如,IP SCP 或 IP HLR。此时可以采用 M3UA、M2PA 或 SUA,如图 9.2.5 和图 9.2.6 所示。

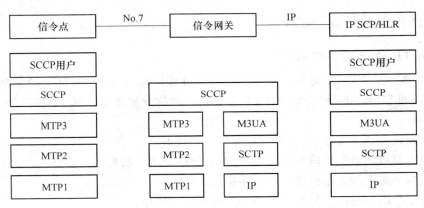

图 9.2.5　信令网关使用 M3UA 实现 No.7 信令网节点与 IP 智能节点的互通

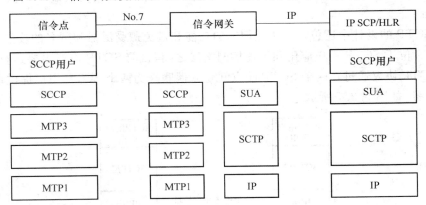

图 9.2.6　信令网关使用 SUA 实现 No.7 信令网节点与 IP 智能节点的互通

　　图 9.2.5 中,信令网关采用 M3UA 实现 No.7 信令网节点与 IP 智能节点的互通。信令网关的 SCCP 功能是作为任选。如果支持 SCCP,则信令网关具备根据 GT 选路的功能。

　　图 9.2.6 中,信令网关采用 SUA 实现 No.7 信令网节点与 IP 智能节点的互通。SCCP 与 SUA 之间的互通实现用户消息及管理消息的传送。

在以上两种应用中,根据网络组织的不同,信令网关可以作为 IP 智能节点的代理信令点或者信令转接点。信令网关如果作为 IP 智能节点的代理信令点,则无连接的 SCCP 消息将根据 DPC 和 SSN 进行选路,SSN 定义的子系统和选路上下文在信令网关只具有本地意义。信令网关如果作为 IP 智能节点的信令转接点,则在消息的目的点被确定前,应首先在信令网关进行 GT 翻译。GT 翻译产生一个存在于 IP 智能节点的 SCCP 实体,而 IP 智能节点的选择基于 SCCP 被叫用户号码。

由于 M3UA 是信令网关的主导技术,所以图 9.2.2 和图 9.2.5 所示结构使用较多。

9.2.2 流控传输协议(SCTP)

1. SCTP 的功能和结构

SCTP 既能增强 UDP 业务并提供数据报的可靠传输,又能克服 TCP 的某些局限,因此可以在不可靠传递的分组网络(IP 网)上提供可靠的数据传输。SCTP 主要能完成以下功能:

- 在确认方式下无差错、无重复地传送用户数据;
- 根据通道的最大传输单元(MTU)的限制进行用户数据的分段;
- 在多个流上保证用户消息的顺序递交;
- 将多个用户的消息复用到一个 SCTP 的数据块中;
- 利用 SCTP 偶联的机制在偶联的一端或两端提供多归属的机制来提供网络级保证;
- SCTP 的设计中还包含了避免拥塞的功能和避免遭受泛播和匿名的攻击。

SCTP 位于 SCTP 用户应用和无连接网络层之间,目前 SCTP 协议主要运行在 IP 网络上。SCTP 协议通过在两个 SCTP 端点间建立偶联来为两个 SCTP 用户提供可靠的消息传送业务,如图 9.2.7 所示。

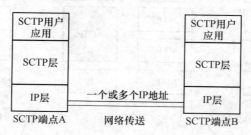

图 9.2.7 SCTP 的层次结构

SCTP 端点是 SCTP 中逻辑的接收方或发送方。SCTP 端点用传送地址(IP 地址 + SCTP 端口号)来唯一识别。SCTP 偶联实际上是在两个 SCTP 端点间的一个对应关系,它包括了两个 SCTP 端点以及包括验证标签和传送顺序号码等信息在内的协议状态信息。在任何时候,两个 SCTP 端点间都不会有多于一个的偶联。偶联的概念要比 TCP 的连接具有更广泛的概念,一个 SCTP 偶联可以包含多个可能的起源/目的地地址的组合,这些组合包含在每个端点的传送地址列表中。

2. SCTP 分组的格式及常用消息的功能

在 SCTP 偶联的两个端点的对等层之间,通过发送 SCTP 分组来传送 SCTP 高层的信息及 SCTP 端点之间的控制信息。SCTP 分组封装在 IP 数据包的数据区中传送。

(1) SCTP 分组格式

SCTP 分组由公共的分组头和若干数据块组成。每个数据块中既可以包含控制信息,也可以包含用户数据。除了 INIT、INIT ACK 和 SHUTDOWN COMPLETE 数据块外,其他类型的多个数据块可以被捆绑在一个 SCTP 分组中。如果一个用户消息不能放在一个 SCTP 分组中,则这个消息可以被分成若干个数据块。SCTP 分组的格式如图 9.2.8 所示。

图 9.2.8　SCTP 分组的格式

(a) SCTP 公共分组头字段的格式

SCTP 公共分组头字段的格式如图 9.2.9 所示。

图 9.2.9　SCTP 公共分组头字段的格式

其中:

- 起源端口号:16 bit 的无符号整数,该端口号用来识别 SCTP 发送方的端口号码。
- 目的端口号:16 bit 的无符号整数,该端口号用来确定 SCTP 分组的去向。接收方主机将利用该端口号把 SCTP 分组解复用到正确的接收端点或应用。

接收方使用起源端口号和起源 IP 地址以及目的地端口号和可能的目的地 IP 地址来识别属于某个偶联的分组。

- 分组有效性验证标签：32 bit 的无符号整数，SCTP 分组的接收方使用分组有效性验证标签来判别分组的有效性。除了一些特殊情况外，发送方必须将该标签设置为在偶联启动阶段从对端点收到的启动标签的值。
- 校验码：32 bit 的无符号整数，该字段用来传送 SCTP 分组的校验码。

（b）数据块字段的一般格式

SCTP 分组中数据块字段的格式如图 9.2.10 所示，每个数据块中都包括数据块类型字段、数据块特定的标志位字段、数据块长度字段和数据块内容字段。

图 9.2.10　SCTP 分组中数据块字段的格式

其中：

- 数据块类型：8 bit 无符号整数，该字段用来确定数据块中的内容字段的信息类型。数据块类型字段的编码分配如表 9.2.1 所示。

表 9.2.1　数据块类型字段的编码

类型编码	含义	类型编码	含义
0	净荷数据 DATA	12	为明确拥塞通知响应 ECNE 预留
1	启动 INIT	13	为降低拥塞窗口 CWR 预留
2	启动证实 INIT ACK	14	关闭完成（SHUTDOWN COMPLETE）
3	选择证实 SACK	15～62	IETF 预留
4	Heartbeat 请求（HEARTBEAT）	63	IETF 定义的数据块扩展
5	Heartbeat 证实（HEARTBEAT ACK）	64～126	IETF 预留
6	终止（ABORT）	127	IETF 定义的数据块扩展
7	关闭（SHUTDOWN）	128～190	IETF 预留
8	关闭证实（SHUTDOWN ACK）	191	IETF 定义的数据块扩展
9	操作差错（ERROR）	192～254	IETF 预留
10	状态 Cookie（COOKIE ECHO）	255	IETF 定义的数据块扩展
11	Cookie 证实（COOKIE ACK）		

- 数据块标志位：8 bit，这些比特的使用，根据数据块类型的取值确定，除非特殊规

288

定,这个字段设置为 0,并在接收方忽略。

- 数据块长度:16 bit 的无符号整数,该值用来表示包含数据块类型字段、数据块标志位字段、数据块长度字段和内容字段在内的字节数。数据块长度字段不包含该数据块中最后一个参数中包含的填充字节的长度。
- 数据块内容:可变长度,数据块内容字段包含在该数据块中传送的信息,该字段的使用和格式取决于数据块类型。

(c) 净荷数据数据块的格式

净荷数据(DATA)数据块用来传送 SCTP 高层用户的信息,是使用得最广泛的数据块。净荷数据(DATA)数据块的格式如图 9.2.11 所示。

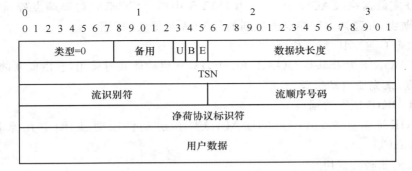

图 9.2.11　净荷数据数据块的格式

其中:

- U 比特:称为非顺序比特。如果该比特设置为 1,指示这是一个非顺序的 DATA 数据块,不需要给该数据块分配流顺序号码。如果一个非顺序的用户消息被分段,则消息的每个分段中的 U 比特必须被设置为 1。
- B 比特:分段开始比特,该比特被设置则指示这是用户消息的第一个分段。
- E 比特:分段结束比特,该比特被设置则指示这是用户消息的最后一个分段。
- TSN:32 bit 无符号整数,该值表示该数据块的传送顺序号。
- 流识别符:16 bit 无符号整数,该值识别用户数据属于的流。
- 流顺序号码:16 bit 无符号整数,该值识别用户数据在流中的顺序号码。
- 净荷协议标识符:32 bit 无符号整数,该值表示一个应用或上层协议特定的协议标识符。例如,M3UA 协议净荷使用编码 3。
- 用户数据:可变长度,用于携带用户数据净荷,必须被填充为 4 字节的整数倍。

(2) 几种常用的数据块的功能

(a) 启动数据块

启动数据块(INIT)用来启动两个 SCTP 端点间的一个偶联。INIT 数据块中的定长必选参数包括启动标签、通告的接收方窗口信用值、输出流数量、输入流数量和初始的

TSN。其中,启动标签是发送消息的 SCTP 端点为该偶联分配的标签值,INIT 消息的接收方应记录这个启动标签参数的值,在 INIT 消息的接收方发送的与该偶联相关的每个 SCTP 分组中的验证标签字段的值必须与这个标签值相同。

（b）启动证实数据块

启动证实数据块（INIT ACK）用来确认 SCTP 偶联的启动。

（c）净荷数据数据块

净荷数据数据块（DATA）用来传送 SCTP 高层用户的信息,是使用得最广泛的数据块。

（d）选择证实数据块

选择证实数据块（SACK）通过使用 DATA 中的 TSN 来向对等端点确认接收到的 DATA 数据块,并通知对等端点所收到的 DATA 数据块的间隔。

（e）状态 COOKIE 数据块

状态 COOKIE 数据块（COOKIE ECHO）只在启动偶联时使用,它由偶联的发起者发送到对端点,来完成启动过程。

（f）COOKIE 证实数据块

COOKIE 证实数据块（COOKIE ACK）只在启动偶联时使用,它用来证实收到 COOKIE EHCO。

（g）关闭偶联数据块

偶联的端点可以使用关闭偶联数据块（SHUTDOWN）来启动对该偶联的正常关闭程序。

（h）关闭证实数据块

在接收到的 SHUTDOWN 并完成了关闭程序后,对端必须使用关闭证实数据块（SHUTDOWN ACK）来确认。

（i）关闭完成数据块

关闭完成数据块（SHUTDOWN COMPILETE）在完成关闭程序后,用来确认收到的 SHUTDOWN ACK 数据块。

3. 典型的 SCTP 程序

SCTP 的程序包括偶联的建立、数据的传递、拥塞控制、故障管理和偶联关闭等部分。

图 9.2.12 为一个 SCTP 典型的程序,假设 SCTP 端点 A 启动偶联建立,并向 SCTP 端点 B 发送一个用户消息,随后 SCTP 端点 B 向 SCTP 端点 A 发送两个用户消息,而且这些消息没有捆绑和分段。

（1）端点 A 的 SCTP 向端点 B 的 SCTP 发送 INIT 数据块

端点 A 的 SCTP 收到用户建立偶联的请求后,根据相关参数的内容向端点 B 的 SCTP 发送 INIT 数据块。在 INIT 数据块中,包含有 A 端点为该偶联分配的启动标签 Tag-A、为偶联预留的接收的窗口容量、建议的输出流的数量、输入流的数量和在该偶联上发送数据的初始的 TSN 号码等必备参数和 IP 地址参数、防止 Cookie 过期参数、主机名地址参数和支持的地址类型参数等可选参数。A 在发送了 INIT 后,启动 T1-INIT 定时器并进入 COOKIE WAIT 状态。

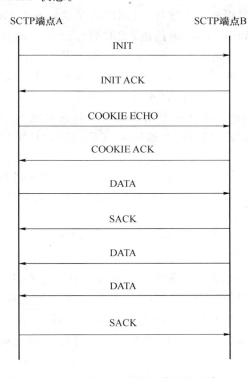

图 9.2.12 一个 SCTP 典型的程序

(2) 端点 B 的 SCTP 发送 INIT ACK 数据块

端点 B 的 SCTP 在收到 INIT 数据块后,应立即用 INIT ACK 数据块响应。INIT ACK 数据块中的目的地 IP 地址,必须设置成接收到的 INIT 数据块的起源 IP 地址。在这个响应数据块中,除了填写其他参数外,端点 B 必须将消息中 SCTP 公共分组头字段的分组有效性验证标签字段的值设置为 Tag-A,将端点 B 自己的启动标签字段置成 Tag-B,并且创建一个状态 COOKIE。在该状态 COOKIE 中,应当包含消息鉴权码、状态 COOKIE 创建的时间标记、状态 COOKIE 的寿命以及建立该偶联所需的信息,并且,在 INIT ACK 数据块中的状态 COOKIE 参数中,将其发送给端点 A。在发送了包含状态 COOKIE 参数的 INIT ACK 后,B 端点应当删除与该偶联有关的任何本地资源,这样可以避免资源被恶意占用。

(3) 端点 A 的 SCTP 发送 COOKIE ECHO 数据块

当端点 A 收到带有状态 COOKIE 参数的 INIT ACK 数据块后,需要停止 T1-INIT 定时器并离开 COOKIE WAIT 状态,然后端点 A 把从 INIT ACK 数据块中收到的状态

COOKIE 取出来,并在 COOKIE ECHO 数据块中发送给端点 B,然后启动 T1-COOKIE 定时器后进入 COOKIE-ECHOED 状态。

如果定时器超时了,则端点 A 应当重新传送 COOKIE ECHO 数据块并重新启动 T1-COOKIE 定时器。这个过程将一直重复,直到端点接收到一个 COOKIE ACK 数据块或者是到达了 Max. Init. Retransmits 的门限,此时应标记端点 B 为不可达,并使该偶联进入关闭 CLOSED 状态。

(4) 端点 B 发送 COOKIE ACK 数据块并通知用户偶联成功建立

当端点 B 收到了端点 A 发来 COOKIE ECHO 数据块后,根据收到的 COOKIE ECHO 数据块,端点 B 创建该偶联的控制块(TCB)后转移至 ESTABLISH 状态,然后向端点 A 发送 COOKIE ACK 数据块,并通知端点 B 的 SCTP 用户偶联已成功建立,可以在该偶联上传送数据。

由以上过程可看出,SCTP 偶联的建立采用的是 4 次握手过程。

(5) 端点 A 的 SCTP 向端点 B 的 SCTP 发送 DATA 数据块

端点 A 的 SCTP 用 DATA 数据块来传送高层用户的消息。在 DATA 数据块中,包含了端点 A 的 SCTP 为该数据块分配的 TSN 号码 TSN-A、流识别符和流顺序号等参数。A 在发送了 DATA 后,启动 T3-rtx 定时器。

(6) 端点 B 的 SCTP 向端点 A 的 SCTP 发送 SACK 数据块

端点 B 的 SCTP 收到 DATA 数据块后,用 SACK 进行确认,通过设置累积的 TSN ACK 字段,可以指示最后接收到的连续的有效数据块的 TSN。在该 SACK 数据块中,TSN ACK 的值设置为 TSN-A,间隔块的值为 0。端点 A 收到确认后将停止 T3-rtx 定时器。

(7) 端点 B 的 SCTP 向端点 A 的 SCTP 发送第一个 DATA 数据块

端点 B 的 SCTP 用 DATA 数据块来传送高层用户的消息。在 DATA 数据块中,TSN 初始化为 TSN-B。

(8) 端点 B 的 SCTP 向端点 A 的 SCTP 发送第二个 DATA 数据块

在 DATA 数据块中,TSN 的值为 TSN-B+1。

(9) 端点 A 的 SCTP 向端点 B 的 SCTP 发送 SACK 数据块

端点 A 的 SCTP 收到 2 个 DATA 数据块后,用 SACK 进行确认。在 SACK 数据块中,TSN ACK 的值设置为 TSN-B+1,间隔块的值为 0。

9.2.3 信令适配协议(M3UA)

信令适配层协议完成 No.7 信令高层信息在 IP 网上传送时的适配功能,采用的协议主要有 M2UA、M2PA、M3UA 和 SUA。由于 M3UA 将是信令网关的主导技术,在这里介绍 M3UA。

292

1. M3UA 的体系结构和功能

首先介绍几个相关的术语：

（1）应用服务器（AS）：处理 No.7 信令高层用户消息的逻辑实体，可以是 MGC、IP SCP 或 IP HLR。

（2）应用服务器进程（ASP）：应用服务器的激活或备用进程。

（3）IP 服务器进程（IPSP）：基于 IP 应用的进程实例，本质上 IPSP 与 ASP 相同，只是 IPSP 使用点到点的 M3UA，而不使用信令网关的业务。

（4）信令网关进程（SGP）：信令网关的激活、备用或负荷分担进程。

（5）选路关键字：描述一组 No.7 信令参数和参数值，唯一地定义了由特定应用服务器处理的信令业务。

图 9.2.13 显示了 M3UA 协议的体系结构。从图中可以看出，M3UA 的用户是 MTP3 用户，它向 MTP3 用户提供标准的 MTP3 接口；M3UA 的低层协议是 SCTP，由 SCTP 为 M3UA 提供偶联服务；M3UA 还有专门的层管理（LM）为其提供管理服务。

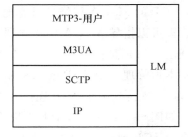

M3UA 对等层之间通过传送 M3UA 消息来相互通信，M3UA 消息封装在 SCTP 分组的 DATA 数据块的用户数据字段中传送。

图 9.2.13　M3UA 协议的体系结构

由 M3UA 协议的体系结构可知，M3UA 用来模拟 No.7 信令网中消息传递部分 MTP 第三层的功能。M3UA 有 3 种应用结构，除了本节第 2 部分图 9.2.2 和图 9.2.5 所示的两种应用结构，M3UA 还可以应用于两个 IPSP 间 MTP 用户（例如 RANAP 或 TCAP）信息的直接交换，而不需要与 No.7 信令网互通。如图 9.2.14 所示。

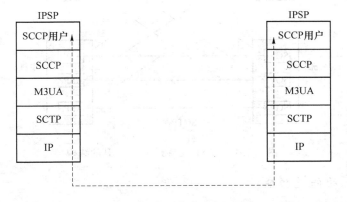

图 9.2.14　M3UA 在两个 IPSP 间的应用结构

M3UA 的主要功能包括：

（1）支持传送 MTP3-用户消息

通过 SGP 和 ASP 或两个 IPSP 间建立的 SCTP 偶联，M3UA 层传递 MTP-TRANS-FER 原语。

（2）本地管理功能

M3UA 提供能力指出与接收 M3UA 消息有关的差错，并通告给本地管理/或对等的 M3UA。

（3）与 MTP3 网络管理功能的互通

SGP 的 M3UA 提供与 MTP3 管理功能的互通，从而支持对 No.7 信令和 IP 域的信令应用的无缝操作。

（4）支持 SGP 和 ASP 间 SCTP 偶联的管理

SGP 的 M3UA 层维护所有配置的远端 ASP 的可用性状态、激活/去活拥塞状态。本地管理可以指导 M3UA 层建立到对等 M3UA 节点的 SCTP 偶联，也可以从 M3UA 层请求低层 SCTP 偶联的状态。M3UA 可以向本地管理报告释放 SCTP 偶联的原因，也可以通知本地管理关于 ASP 或 AS 的状态变化。

（5）支持到多个 SGP 连接的管理

如图 9.2.15 所示，ASP 可以连接到多个 SGP。这样一个 No.7 信令的目的地可以通过多个 SGP 到达，即经过多个路由。

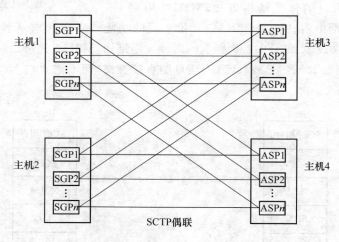

图 9.2.15　ASP 支持到多个 SGP 的结构

2. M3UA 的传送功能

可以利用 M3UA 定义的 DATA 消息，在 SGP 和 ASP 之间传送 No.7 信令系统高层用户数据。图 9.2.16 是一个正常呼叫连接建立和释放时在 SGP 和 ASP 之间利用

M3UA 传送 No.7 信令 ISUP 消息的实例。

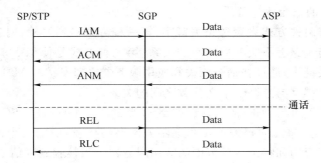

图 9.2.16　在 SGP 和 ASP 之间利用 M3UA 传送 No.7 信令高层用户数据

3. M3UA 的路由选择功能

如图 9.2.17 所示,如果 AS 与 SG 都有独立的信令点编码,则一个 ASP 可以连接到多个 SG,一个 SG 也为多个 ASP 服务。在这种情况下,一个信令目的地就可以通过多个路由到达。SG 需要为来自 No.7 信令网的消息选择路由,将其发送到 IP 域中的一组 ASP,同样,IP 域中的 ASP 也需要为去往 No.7 信令网的消息选择适当的 SG。

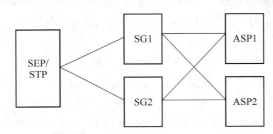

9.2.17　多个 ASP 与多个 SG 之间的连接

SG 和 ASP 间 No.7 信令消息的路由由选路关键字和相关的选路上下文确定。

选路关键字是用于匹配 No.7 信令消息必要的一组 No.7 信令参数。构成选路关键字条目的 No.7 信令地址/选路信息包括 MTP3 路由标记中的 OPC、DPC、SIO 或 MTP3-用户的特定字段,例如 ISUP 的 CIC 等。M3UA 协议中使用的选路关键字有:

- DPC
- SIO+DPC
- SIO+DPC+OPC
- SIO+DPC+OPC+CIC

选路关键字必须惟一,即接收到的一个 No.7 信令消息,只能匹配到一个选路关键字或不能匹配出选路关键字。

选路上下文参数是四字节值(整数),它以 1∶1 关系与选路关键字关联,因此选路上下文可以看做是用来指向选路关键字条目的指针。在 ASP 中,选路上下文参数惟一地识别与每个 AS 有关的信令业务范围。

在 SGP 中,有两种方式设置选路关键字,第一种方式是通过管理接口配置选路关键字及选路关键字与选路上下文参数之间的关系;第二种方式是使用 M3UA 动态注册/注销程序配置选路关键字,通过在信令网关和应用服务器之间发送的 M3UA 消息来配置选路关键字及选路关键字与选路上下文参数之间的关系。

当从 No.7 信令网收到的消息要选路到适当的 IP 目的地时,SGP 必须通过入局 No.7 信令消息的信息单元的相关字段和选路关键字的比较,确定信令消息路由,并将消息发送到完成特定应用和特定业务范围的应用服务器。当接收到的信令消息没有选路关键字匹配时,就丢弃该消息并通告管理功能。

ASP 必须为消息选择适当的 SGP,这可通过分析消息的 DPC 和 SLS 来确定,并将消息发送给选定的 SGP。

4. M3UA 的网络管理功能

M3UA 的网络管理功能支持对 No.7 信令和 IP 域的信令应用的无缝操作。

当 SG 确定 ASP 的状态发生改变时,可以通过 No.7 信令网管理消息告知信令网中的节点。例如,当 SG 确定 ASP 的状态由"可用"变为"不可用"时,向相邻的 No.7 信令节点发送禁止传递消息(TFP)。当 SG 确定 ASP 的状态由"不可用"变为"可用"时,向相邻的 No.7 信令节点发送允许传递消息(TFA)。

相反地,当 SG 接收到 No.7 信令网管理消息(例如 TFP 或 TFA)时,SG 终结这些消息并产生适当的 M3UA 信令网管理消息,从而使 ASP 的 MTP3 用户能象 No.7 信令节点一样接收到 No.7 信令点可用性、No.7 信令网络拥塞和用户部分可用性的指示。

M3UA 的信令网管理消息主要用来在 SGP 和 ASP 之间交换 No.7 信令目的地信令点的可用状态和 No.7 信令网拥塞状态。

- 目的地不可用消息(DUNA):SGP 向所有相关的 ASP 发送 DUNA 消息,用来指示 SG 已经确定了一个或多个 No.7 信令目的地不可达。SGP 也可以用该消息响应 DAUD 消息。收到 DUNA 消息后,ASP 的 MTP3 用户应当停止向 DUNA 消息中被影响的目的地发送业务。
- 目的地可用消息(DAVA):SGP 向所有相关的 ASP 发送 DAVA 消息,用来指示 SG 已经确定了一个或多个 No.7 目的地信令点目前可到达,或用来响应 DAUD 消息。收到该消息后,ASP 的 MTP3-用户应当恢复到 DAVA 消息中指定的目的地信令点的业务。
- 目的地状态查询消息(DAUD):ASP 向 SGP 发送 DAUD 消息来查询一个或多个被影响目的地的 No.7 信令路由的可用性/拥塞状态。
- No.7 信令网拥塞消息(SCON):SGP 向所有相关的 ASP 发送 SCON 消息,用来指示到 No.7 信令网的一个或多个目的地信令点拥塞,或发送 SCON 消息到 ASP

响应 DATA 或 DAUD 消息。也可以从 ASP 的 M3UA 向 M3UA 对等层发送
SCON 消息,指示 M3UA 或 ASP 拥塞。

- 目的地用户部分不可用消息(DUPU):SGP 向 ASP 发送 DUPU 消息,通知 No.7
信令网节点上的远端对等 MTP3-用户部分不可用。

图 9.2.18 说明的是 M3UA 提供与 MTP3 管理功能互通的流程之一。

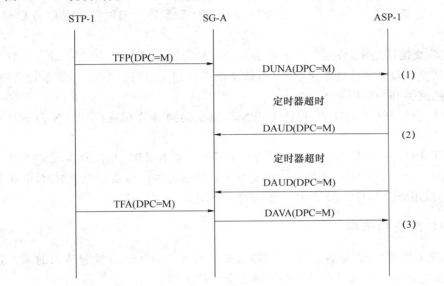

图 9.2.18　M3UA 提供与 MTP3 管理功能互通的流程

(1) SG-A 从 No.7 信令网的 STP-1 接收到禁止传递消息 TFP,TFP 消息中说明目
的信令点编码为 M 的信令点不可经 STP-1 到达。SG-A 判断没有其他路由到达目的地
点 M,则向 ASP-1 发送 DUNA 消息,告知不能通过 SG-A 转发去往目的地 M 的消息。

(2) ASP-1 收到 DUNA 消息后,停止向 SG-A 发送去往目的地 M 的消息,并启动定
时器。定时器超时后,ASP-1 周期性向 SG-A 发送 DAUD 消息查询去往 M 的路由是否
可用,直到收到 DAVA 消息。DAUD 发送周期的取值范围建议为 60 s。

(3) SG-A 从 No.7 信令网的 STP-1 接收到允许传递消息 TFA,TFA 消息中说明目
的信令点编码为 M 的信令点可经 STP-1 到达。SG-A 向 ASP-1 发送 DAVA 消息,告知
去往 M 的路由重新可用。ASP-1 收到 DAVA 消息后,停止发送 DAUD 消息,并且可以
重新向 SG-A 发送去往目的地 M 的消息。

9.3　会话初始化协议

会话初始化协议(SIP,Session Initiation Protocol)是由 Internet 工程任务组(IETF,
Internet Engineering Task Force)于 1999 年提出的,是一个在基于 IP 网络中实现实时通

信应用的一种信令协议。会话(Session)指的用户之间的实时数据交换。每一个会话可以是各种不同的数据,既可以是普通的文本数据,也可以是经过数字化处理的音频、视频数据。作为应用层的控制协议,SIP 主要完成会话的建立、修改以及终止,具体实现上,它需要与 RSVP、SDP、ISUP 等一系列协议联合使用。

SIP 协议的应用包括以下 3 个方面:

(1) 在 SIP 系统中,应用于 SIP 智能终端与 SIP 服务器之间以及 SIP 服务器与 SIP 服务器之间;

(2) 在软交换网络中,应用于 SIP 智能终端与软交换设备之间、软交换设备和软交换设备之间、软交换设备和应用服务器之间、软交换设备和应用网关之间、软交换设备/应用服务器/应用网关和媒体服务器之间;

(3) 应用于与 ISUP 的互通,包括 PSTN 与软交换网络的互通和 PSTN 与 SIP 系统的互通。

IETF 于 1999 年完成 RFC2543,用以介绍 SIP 的基本框架,并在同年成立 SIP 工作组。目前,RFC3261 已经取代 RFC2543,成为 SIP 的核心协议标准。由于 RFC3261 主要介绍了 SIP 通用概念和基本操作,因此也被称为 SIP 的基本协议。

9.3.1 SIP 系统的结构

SIP 系统采用客户机/服务器(C/S)结构,如图 9.3.1 所示。将发起请求的一方定义为客户机,接受请求并完成各种功能的实体定义为服务器。

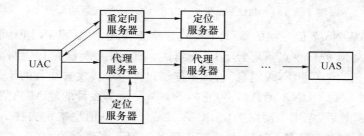

图 9.3.1 SIP 系统的网络结构

SIP 系统中的组件主要包括用户代理、代理服务器、重定向服务器和注册服务器:

- 用户代理是直接和用户发生交互作用的功能实体,包括客户机程序(用户代理客户机 UAC)和服务器程序(用户代理服务器 UAS)。在用户发起呼叫时,由客户机程序处理,在用户为被叫时,由服务器程序处理。

- 代理服务器是代表其他客户机发起请求,既充当服务器又充当客户机的中间程序。客户请求被代理服务器处理并翻译之后,再传送给其他代理服务器(使用下一跳路由原理)。

- 重定向服务器接收请求,把请求中原被叫地址映射成零个或多个新地址,并返回给请求方,之后退出对此次呼叫的控制。

- 注册服务器接受客户机的注册请求,完成用户地址的注册。

定位服务器相当于一个全局数据库,能把各注册服务器的内容汇总起来,提供类似域名服务器(DNS)的服务,但定位服务器不属于 SIP 系统的组件。

9.3.2　SIP 的消息格式

SIP 消息是 SIP 客户机和服务器之间通信的基本信息单元,客户机通过和服务器之间的请求和应答来完成呼叫和控制。SIP 消息基于文本,采用 UTF-8 字符集进行编码,以空格为间隔符,以回车换行符 CRLF 为行结束符。

SIP 消息有请求消息和状态消息(也称应答消息)两大类,请求消息从客户端发送到服务器,而状态消息从服务器发送到客户端。每个消息,不管是请求消息还是状态消息都由一个起始行、零个或多个头部和任选的消息体这几部分组成。其一般格式如下:

Message = start-line

＊message-header

CRLF

［message-body］

其中,起始行根据消息类型的不同,又可分为请求行和状态行两种格式:请求行规定了所提交请求的类型,而状态行则指出某个请求是成功还是失败。消息头部提供了关于请求或应答的参数。消息体通常描述将要建立的会话的类型以及所交换的媒体的信息。但是,SIP 并不定义消息体的结构或内容。其结构和内容使用另一个不同的协议来描述,最常见的协议是会话描述协议 SDP。

1. SIP 请求行的格式

一个 SIP 请求消息由请求行开始,请求行由一个方法符号(Method)、一个 Request-URL 和一个 SIP 的版本指示(SIP-Version)组成。请求行的 3 个组成部分通过空格符分隔,通过 CRLF 符号表示行的结束。请求行的格式如下:

Method Request-URL SIP-Version CRLF

(1) 方法符号(即方法)用来说明客户机请求服务器执行的操作的类型。常用的方法有:邀请(INVITE)、证实(ACK)、询问(OPTIONS)、再见(BYE)、取消(CANCEL)和登记(REGISTER),不同的方法对应着不同的请求消息:

- 邀请(INVITE):主叫方使用该方法来邀请用户参加一个会话;
- 证实(ACK):当接收到 INVITE 消息的最终应答时,发送这个 INVITE 消息的客户端将发送一个 ACK 消息,以表明它已经接收到最终应答,ACK 消息类似于 3 次握手中的确认消息;
- 询问(OPTION):用于一个用户代理向另一个用户代理或代理服务器查询对方的能力,包括支持的方法、内容类型、扩展名以及编解码方法等;

- 再见(BYE):用来终止一个会话;
- 取消(CANCEL):用来终止一个等待处理或正在处理的请求;
- 登记(REGISTER):用户代理客户端使用该方法来登录并且把它的地址注册到SIP 服务器上。

（2）Request-URL 是 SIP 请求消息的逻辑接收者、用户或资源的地址,该地址可以是注册地址或者当前地址。

SIP 协议使用通用资源定位器(URL)来标识用户,并根据该 URL 进行寻址。SIP 的通用资源定位器采用 user@host 格式。用户部分(user)是用户名字或电话号码;主机部分(host)可以是 DNS 域名、CNAME、A 记录或 IP 地址。例如:

SIP:watson@bell-telephone.com

SIP:root@193.175.132.42

SIP:82051234@ bell-telephone.com

（3）SIP 版本号现设定为 SIP/2.0。

2. SIP 状态行的格式

当服务器收到一个 SIP 请求消息并执行后,服务器根据对请求的执行情况要返回一个或多个 SIP 应答消息。SIP 应答消息的起始行是状态行,状态行的格式定义如下:

SIP-Version Status-Code Reason-Phrase CRLF

状态行由 SIP Version 开始,接着是一个表示应答结果的 3 位十进制数字的状态码。起始行还可能包含一个原因说明,用文本形式对结果进行描述,然后由一个 CRLF 行结束符结束状态行。

状态代码的值在 $100\sim699$ 之间:

- 1XX:临时响应,表示请求消息正在被处理。例如 181 表示这个呼叫正在转移。
- 2XX:成功响应,表示请求已被成功接收并执行。这里仅定义了 200 这个代码,表示请求被识别并执行完成。在 INVITE 情况下,200 用来指出被叫方已接受这个呼叫。
- 3XX:重定向响应,表示需采取进一步操作以完成该请求。例如 302 表示在请求中的被叫方地址不可用,应该使用应答中包含的新地址来重新提交请求。
- 4XX:客户机错误,表示请求消息中包含语法错误,或者服务器无法完成客户机请求。例如 486 表示服务器侧遇忙。
- 5XX:服务器错误,表示服务器无法完成合法请求。例如 505 表示不支持请求中的 SIP 版本。
- 6XX:全局性错误,表示任何服务器无法完成该请求。例如 604 表示被叫方用户不存在。

1XX 应答是临时的,不需要被确认。除此之外,所有的应答都被认为是最终的。表 9.3.1 给出了状态代码的列表以及提议的原因说明。

表 9.3.1　状态码和提议的原因说明

级别	状态代码	原因说明	级别	状态代码	原因说明
通知	100	正在尝试		416	不支持的 URL 方案
	180	正在振铃		420	错误的扩充
	181	呼叫正在前转		421	扩展要求
	182	已排队		423	间隔太短
	183	会话进行		481	呼叫事务不存在
成功	200	Ok		482	检测到循环
重定向	300	多重选择		483	跳数太多
	301	永久移出		484	地址不完整
	302	临时移出		485	模糊
	305	使用代理		486	忙
	380	可选服务		487	请求被终止
请求失败	400	错误的请求		488	此处不接受
	401	未授权		493	无法解密
	402	要求付费	服务器错误	500	服务器内部错误
	403	禁止		501	未实现
	404	没有找到		502	错误网关
	405	方法不允许		503	服务不可用
	406	不能接受		504	网关超时
	407	代理需要认证		505	SIP 版本不支持
	408	请求超时		513	消息过大
	410	离去	全局性错误	600	忙
	413	请求实体太大		603	拒绝
	414	请求 URL 太长		604	用户不存在
	415	不支持的媒体类型		606	不能接受

3．头部字段

SIP 消息的头部格式遵循 RFC 822（Internet 文本消息格式标准）中的头部格式规范。每个头部都是一个"句子"，由头部的名字和头部的值两部分组成，中间以"："相隔，最后以回车换行符 CRLF 结束。以下是 SIP 消息中常用的头部字段：

（1）From

该字段用来指明请求消息的发送者的地址。该字段的一般格式为：

From：显示名(SIP-URL)；tag = xxxx

其中，显示名为用户界面上显示的字符，为任选子字段；tag 为标签，为 16 进制数字串,中间可带连字符"-"。当两个共享同一 SIP 地址的用户实例用相同的 Call-ID 发起呼叫邀请时,就需用此标签予以区分。标签值必须全局惟一。

(2) To

该字段用来指明请求消息的接收者的地址。该字段的一般格式为:

To:显示名(SIP-URL);tag = xxxx

字段中的标签可用于区分由同一 SIP-URL 标识的不同的用户实例。

(3) Call-ID

该字段用以惟一标识一个特定的邀请或标识某一客户的所有登记。Call-ID 的一般格式为:

Call-ID:本地标识@主机

其中,主机应为全局定义域名或全局可选路 IP 地址,而本地标识由在"主机"范围内惟一的标识字符组成。

在 SIP 中,Call-ID、To 和 From 三个头部共同标识一个呼叫分支,用户在整个呼叫期间应保持相同的 Call-ID 和标签值。

(4) Cseq

每个请求都有一个命令序号 Cseq,由无符号的序号和方法名组成。序号初值一般为一个随机数,对于同一个呼叫中的一方,每个新的请求消息中的序号应加 1。ACK 请求消息和 CANCEL 请求消息的 Cseq 值和对应的 INVITE 请求相同,BYE 请求的 Cseq 序号应大于 INVITE 请求。

(5) Max-Forwards

该字段限定一个请求消息在到达目的地之前,允许经过的代理服务器和网关的最大跳数。它包含一个数值,每经过一跳,这个数值就被减 1。如果在请求消息到达目的地之前该值变为 0,请求将被拒绝并返回一个 483(跳数过多)响应消息。

(6) Via

Via 字段用以指示请求消息历经的路径。请求消息的发起者必须将自身的主机名或网络地址插入请求的 Via 字段,如果未采用默认的端口号 5060,还需插入端口号。在请求消息传递过程中,每个代理服务器必须将自身地址作为一个新的 Via 字段加在已有的 Via 字段之前。如果代理服务器收到一个请求,发现自身地址位于 Via 头部中,则必须回送 482(检测到环路)响应消息。因此 Via 字段可以防止请求消息传送产生环路,并确保应答和请求消息选择同样的路径,以保证通过防火墙或满足其他特定的选路要求。

(7) Contact

该字段用于 INVITE、ACK 和 REGISTER 请求以及成功应答、呼叫进展应答和重定向应答消息,其作用是给出其后和用户直接通信的地址。

(8) Expires

该字段给出了消息的有效时间。该字段的值是一个介于 $0 \sim (2^{32}-1)$ 之间的十进制整数,单位为 s。但是 INVITE 消息的有效时间不影响它所引起的会话的实际持续时间。

（9）实体头部

实体头部字段由 Content-Type（内容类型）、Content-Length（内容长度）组成。

Content-Type 头部字段指出消息体的类型，例如，如果消息体使用的是会话描述协议 SDP，则该字段的值应为"application/SDP"；如果消息体内封装了 ISUP 消息，则该字段的值应为"application/ISUP；version＝CHN"，CHN 表示封的 ISUP 信令遵循我国规范《国内 No.7 信令方式技术规范综合业务数字网用户部分(ISUP)》（YDN 038—1997）及后续版本所规定的内容，网间主叫用户线识别遵循规范《网间主叫号码的传送》（YD/T 1157—2001）。

Content-Length 头部字段指出消息体以字节为单位的长度。

以上头字段中，From、To、CSeq、Call-ID、Max-Forwards 和 Via 共同提供了大部分的关键的路由信息，包括消息的寻址信息、响应路由、消息传播距离、消息排序以及事务交互的惟一性标识等，因此在所有 SIP 请求消息中都是必选头字段。

9.3.3 会话描述协议

在 SIP 消息的消息体中，包含了与所交换的媒体有关的信息，比如 RTP 负载类型、地址和端口。消息体大多数使用会话描述协议（SDP，Session Description Protocol）来描述。SDP 协议在 RFC2327 中规定。

1. SDP 的结构

由于一个会话可以由一个或多个媒体流组成，所以会话描述既要包括与会话整体相关的通用信息，也要包括一个或多个媒体流相关的信息。图 9.3.2 说明了 SDP 的基本结构。SDP 中包含了会话级参数和媒体级参数，而且会话级参数必须放在前面，然后才是媒体级参数。

图 9.3.2 SDP 的基本结构

因为 SDP 并没有提供一种把会话和可能的参与者联系起来的方法,所以必须把 SDP 与其他协议(如 SIP、H.248)联系起来使用。

SDP 是基于文本的协议,应用 UTF-8 中的 ISO10646 字符集编码。由于 SDP 中的 ASCII 编码与二进制编码相比对带宽占用较多,因而,SDP 采用了一种紧凑格式来提高带宽利用率。如:使用单个字符来代替一个英文单词表示字段名称,例如,v=version,s= sessionname,b=bandwidth,等等。

2. SDP 语法

SDP 通过多个文本行来传递会话信息,每一行使用"字段名=字段值"的格式。这里"字段名"只用一个字符表示(大小写敏感),"字段值"与相应的"字段名"对应。当"字段值"由多个不同的信息块组合而成时,信息块之间用空格分开。

SDP 的一般格式为:

v=(协议版本)

o=(会话源)

s=(会话名称)

i=*(会话信息)

u=*(会话描述的 URL)

e=*(E-mail 地址)

p=*(电话号码)

c=*(连接信息:如果已包含在所有媒体中,则该行不需要)

b=*(带宽信息)

一个或多个时间描述:

z=*(时区调整)

k=*(加密密钥)

a=*(零个或多个会话属性行)

零个或多个媒体描述,每个媒体描述参数的格式为:

m=(媒体名和传送地址)

i=*(媒体称呼)

c=*(连接信息:如果会话级描述已包含连接信息,则为任选项)

b=*(带宽信息)

k=*(加密密钥)

a=*(零个或多个媒体属性行)

以上字段中凡带"*"号的文本行均为任选项。

各字段必须严格按上述次序排列,以便简化语法分析和检错。会话级参数和媒体级参数之间的界限就是第一个媒体描述字段(m=)的出现,之后的每一个媒体描述字段的出现标志着这个会话中又一个媒体流参数的开始。

3. SDP 的常用字段

（1）会话源

格式：

o=（用户名）（会话标识）（版本）（网络类型）（地址类型）（地址）

用户名是会话起始者在某个主机上的登录标识，如果没有应用登录标识则用"-"表示。会话标识是这个会话的惟一 ID 号，大多数是由会话起始者的主机生成的，为了保证这个 ID 号的唯一性，RFC 2327 建议 ID 号使用网络时间协议（NTP，Network Time Protocol)时间戳。

版本子字段表示这个特定会话的版本号，使用这个字段可以区分修订后的会话版本和较早的会话版本。

网络类型子字段是表示网络类型的文本字符串，字符串"IN"表示"Internet"。

地址类型子字段表示使用的网络地址的版本，SDP 定义了 IP4 和 IP6，分别表示 IP协议版本 4 和版本 6。

地址是生成会话的机器的网络地址，既可以是完整的域名也可以是实际的 IP 地址。

（2）连接信息

格式：

c=（网络类型）（地址类型）（连接地址）

连接数据有 3 个子字段：网络类型、地址类型和连接地址。尽管这些子字段的名称有些与在会话源中定义的子字段名称相同，但二者的含义是不同的，前者表示需要接收媒体数据的网络和地址，而不是生成会话的网络和地址。

网络类型指出将使用的网络的类型，当前仅定义了"IN"这个值。

地址类型指出地址的版本，其中 IP4 表示版本 4，IP6 表示版本 6。

连接地址是接收数据的地址，尽管这个地址可以是点分十进制数值表示的 IP 地址，但最好采用完整域名，因为完整域名更灵活且模糊性小。

每个媒体描述必须包含一个"c="字段，或者在会话级描述中包含一个公共的"c="字段。

（3）媒体级描述

媒体级描述包含媒体描述(m)、媒体信息(i)(可选)、连接信息(c)(如果在会话级进行了规定，则这里是可选的)、带宽信息(b)(可选)、加密密钥(k)(可选)、属性(a)(可选)这几个字段，连接信息(c)字段在上面已介绍了，下面主要介绍媒体描述(m)字段。

媒体描述(m)字段格式：

m=（媒体）（端口）（传输协议）（格式列表）

媒体信息(m)有 4 个子字段：媒体类型、端口、传输协议、格式。

媒体类型可以是音频、视频、应用程序、数据或控制。如果是语音，媒体类型就是音频。

端口指明接收媒体的端口号,端口号与所用的连接类型和传输协议有关。

传输协议的值和"c＝"行中的地址类型有关。对于 IP4 来说,大多数媒体流都在 RTP/UDP 上传送,已定义如下两类协议:

- RTP/AVP:IETF RTP 协议,音频/视频应用文档,在 UDP 上传送。
- UDP:UDP 协议。

格式子字段列出了所支持的不同类型的媒体格式。例如某个用户可以支持能采用不同方式编码的语音,那么它将列出它支持的每一个编码,并且优先使用的编码靠前。通常,格式可能是与某种负载类型有关的 RTP 负载类型。在这种情况下,仅需规定媒体是 RTP audio/video 类型,并指明负载类型。

(4) 属性

SDP 的属性字段可用来包括额外的信息,它可应用于会话级、媒体级或者两者兼有。此外,对于一个会话整体和某给定的媒体类型,可以规定多个属性字段。因此,在一个会话描述中可能出现多个属性字段,它们的含义和重要性根据它们在会话描述中的位置不同而不同。如果某个属性列在第一个媒体信息字段前面,这个属性就是会话级属性;如果某个属性列在某给定媒体信息字段(m)之后,那么它将应用于这个媒体类型。

属性有两种形式,第一种是特征属性,它用来指明会话或媒体类型具有某种特征;第二种是值属性,它用来指明会话或媒体类型具有某个特定特征的特定值。SDP 描述了多个建议的属性。例如,"sendonly"和"recvonly"是在 SDP 中描述的两个特征属性,第一个表明会话描述的发送者只希望发送数据而不打算接收数据,在这种情况下,它的端口号没有任何意义并且可以设置为 0。而第二个则表明这个会话描述的发送者只想接收数据而不打算发送数据。

4. SIP 消息示例

"邀请"是 SIP 协议的核心机制,SIP 是通过"邀请"的方法来建立会话的,SIP 请求消息中最重要的一个消息就是"邀请"(INVITE)消息。下面是一次直接呼叫中用到的一个最简单的 INVITE 请求消息:

INVITE Sip:watson@boston.bell-tel.com SIP/2.0

Via:SIP/2.0/UDP Kton.bell-tel.com

From:A.Bell(Sip:a.g.bell@bell-tel.com)

To:T.Watson(Sip:watson@bell-tel.com)

Call-ID:3298420296@Kton.bell-tel.com

CSeq:1 INVITE

Max-Forwards:128

Subiect:Mr.Watson,Come here

Contact:a.g.bell@Kton.bell-tel.com

Content-Type:application/sdp

```
Content-Length:...
v = 0
o = bell 53655765 2353687637 IN IP4 128.3.4.5
s = Mr.Watson,come here
c = IN IP4 Kton.bell-tel.com
m = audio 3456 RTP/AVP 0 4
```

在本消息中,From 字段指示主叫用户的注册地址 a. g. bell@ bell-tel. com；To 字段指示被叫用户的注册地址 watson@ bell-tel. com。起始行中的 Request-URL 一般应和 To 字段的地址值相同,但此例中包含的是被叫的当前地址 watson@ boston. bell-tel. com。消息中只有一个 Via 字段,包含的是主叫用户自身的网络地址 Kton. bell-tel. com,使用默认的 UDP 端口。Call-ID 字段值为 3298420296@kton. bell-tel. com,一般由主叫主机分配,是标识呼叫的全局唯一的标识符,据此识别若干请求消息是否属于同一呼叫。Cseq 用于标识同一呼叫控制序列中的不同命令,在该消息中的值为 1 INVITE,即命令的序列号为 1,方法为 INVITE。此消息在到达目的地之前允许最多经过 128 个代理服务器和网关。Contact 头字段中说明主叫的当前地址是 a. g. bell @Kton. bell-tel. com。该消息的实体类型字段为 Content-Type:application/sdp,说明消息体使用的是会话描述协议 SDP。Content-Length 字段以下部分是消息体的内容,即会话描述协议 SDP 的内容。

消息体中说明主叫用户能够接收的 RTP 音频编码的类型为:0(PCMμ 律)和 4(G.723),接收媒体信息的 RTP 端口号为 3456。

9.3.4 SIP 协议的扩展

由于 SIP 协议本身处在不断的发展中,各种组织对 SIP 提出了扩展,以增强 SIP 的功能。IETF 对 SIP 提出了多个新的方法,用于支持新业务。两个标准体系 IETF 的 SIP-T 协议族和 ITU-T 的 SIP-I 协议族解决了 SIP 对 ISUP 消息的翻译和封装问题。3GPP 还针对移动应用的特定需求对 SIP 进行了扩展。SIP 扩展由一系列文档组成,主要包括 RFC 3262、RFC 3311、RFC 3323、RFC 3325、RFC 3455 等 20 多个文稿。

1. 方法的扩展

RFC 3261 以后,IETF 对 SIP 提出了多个新的方法,用于支持新业务。这些新方法主要包括：

(1) UPDATE 方法

在初始化 INVITE 消息没有得到正确的响应时,呼叫双方可以使用 UPDATE 消息来完成会话的更改。该消息可以由对话中的某一方发送,在不影响对话状态的情况下更改会话参数。

（2）INFO 方法

INFO 方法被用于沿着呼叫信令通道进行会话中信令消息的通信，例如，传送 SIP 会话中生成的 DTMF 数字。该方法在不改变 SIP 呼叫的状态和 SIP 会话的初始化状态参数前提下，提供增加的选项信息来进一步加强 SIP 的应用程序功能。会话中的信息可以在 INFO 消息头部或作为 INFO 消息体的一部分来进行传送。

（3）REFER 方法

REFER 方法用于实现将消息接收者转移到另外的资源上去。转移位置由消息中的头字段指定。使用 REFER 方法可以完成许多应用，例如呼叫转移。

（4）MESSAGE 方法

MESSAGE 方法用于发送即时消息。MESSAGE 消息可以支持类型为 text/plain 和 message/cpim 的消息体，因而可以携带媒体数据。

（5）SUBSCRIBE 方法

SUBSCRIBE 方法用于请求远端实体的当前状态和状态更新，从而实现一个或者一组事件的异步通知。SUBSCRIBE 方法在实现自动回叫业务、朋友列表等实体之间需要互操作的业务时非常有用。

（6）NOTIFY 方法

NOTIFY 方法用于通知 SIP 实体先前由 SUBSCRIBE 请求的事件已经发生。该方法也可以提供与该事件有关的进一步的详细信息。

（7）PRACK 方法

在 SIP 的基本协议中，临时响应无须确认，也不保证可靠传送。但是在 SIP 系统与 PSTN 互通等情况下，需要可靠地传递临时响应。PRACK 消息是临时响应的接收方对临时响应产生的确认消息。临时响应的发送方接收到 PRACK 消息后停止对临时响应的重传，从而保证临时响应的可靠性。

2. SIP 与 ISUP 互通扩展

软交换网络要与 PSTN 的融合，为了使得原有 PSTN 用户的业务属性不丢失，需要考虑原有 No.7 信令如何通过 SIP 消息进行传送。由于现有 PSTN 网络中，语音业务主要通过 ISUP 消息进行控制，SIP 主要考虑对 ISUP 消息的翻译和封装。SIP 与 ISUP 的互通问题目前有两个标准体系：IETF 的 SIP-T 协议族和 ITU-T 的 SIP-I 协议族。

SIP-T（SIP for Telephones）由 IETF 定义，整个协议族包括 RFC3372、RFC2976、RFC3204、RFC3398 等。其中 RFC3372 主要对 SIP-T 的框架结构做出规定，RFC3398 则主要对 SIP-T 中涉及到的 SIP 与 ISUP 的映射作出规定。但 SIP-T 只关注于基本呼叫的互通，对补充业务则基本上没有涉及。

SIP-I（SIP with Encapsulated ISUP）由 ITU-T 定义，协议族包括 TRQ. 2815 和 Q. 1912.5。前者定义了 SIP 与 ISUP 互通时的技术需求，包括互通接口模型、互通单元 IWU 所应支持的协议能力集、互通接口的安全模型等；后者详细定义了各种条件下的互通方案。SIP-I 的内容不仅涵盖了基本呼叫的互通,还包括了 ISUP 补充业务的互通。

目前在 PSTN 与软交换网络互通时,软交换设备之间应用较多的是 SIP-T 和 SIP-I。

3. 3GPP SIP

3GPP 的核心控制协议也采用 SIP。3GPP SIP 尽可能地顺从 IETF SIP,但针对移动应用的特定需求,如漫游、安全、计费等,3GPP 对 SIP 进行了扩展,详情请参考 RFC3113。

3GPP 对于 SIP 网络中的各种功能实体叫法也有所不同。在 3G 网络中,作为控制层的 SIP 服务器叫做 CSCF(Calland Session Concol Function),根据完成功能的不同可分为 P-CSCF(Proxy CSCF)、I-CSCF(Interrogating CSCF)和 S-CSCF(Serving CSCF)。P-CSCF 主要完成用户呼叫的代理;I-CSCF 接收到 P-CSCF 转发的呼叫请求后,通过查询 HSS(HSS 负责完成数据的存储),然后选择一个合适的 S-CSCF;S-CSCF 主要存储用户的业务属性,实现业务控制。

9.3.5　典型的信令流程

下面说明 SIP 的应用中,主要的信令流程。

1. SIP 系统中直接呼叫的流程

当主叫知道被叫的当前位置时,可以通过 INVITE 消息直接向被叫发出呼叫请求。直接呼叫最为简单。图 9.3.3 是采用直接呼叫方式的信令流程。

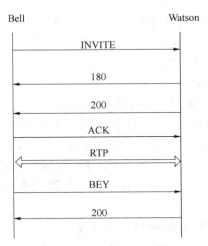

图 9.3.3　采用直接呼叫方式的信令流程

(1) 主叫向被叫发出 INVITE 请求

设 Bell(Bell 的注册地址是 Sip:a. g. bell@bell-tel. com)呼叫 Watson(Watson 的注册地址是 Sip:watson@bell-tel. com),Bell 当前位于主机 Kton. bell-tel. com 上,并知道 Watson 当前的地址是 watson@boston. bell-tel. com。当 Bell 要发起呼叫时,首先创建一

个 INVITE 的请求:在 To 头域中填上被叫的注册地址 Sip:watson@bell-tel.com;在请求行的 Request-URL 中包含被叫的当前地址 watson@boston.bell-tel.com;在 From 头域中填上主叫注册地址 Sip:a.g.bell@bell-tel.com;在 Contact 头域中说明主叫的当前地址 a.g.bell @Kton.bell-tel.com;并在消息体(SDP 协议的内容)中说明 Bell 能够接收的 RTP 音频编码的类型:0(PCMμ 律)和 4(G.723)以及接收媒体信息的 RTP 端口号3456。INVITE 消息的格式如下:

```
C→S:INVITE Sip:watson@boston.bell-tel.com SIP/2.0
    Via:SIP/2.0/UDP Kton.bell-tel.com
    From:A.Bell(Sip:a.g.bell@bell-tel.com)
    To:T.Watson(Sip:watson@bell-tel.com)
    Call-ID:3298420296@Kton.bell-tel.com
    Contact:a.g.bell@Kton.bell-tel.com
    CSeq:1 INVITE
    Max-Forwards:128
    Subiect:Mr.Watson,Come here
    Content-Type:application/sdp
    Content-Length:...
    v = 0
    o = bell 53655765 2353687637 IN IP4 128.3.4.5
    s = Mr.Watson,come here
    c = IN IP4 Kton.bell-tel.com
    m = audio 3456 RTP/AVP 0 4
```

(2) 邀请抵达被叫端后,被叫返回呼叫进展应答

当被叫收到主叫的请求后,被叫可以接受、重定向(如果被叫端支持该功能)或拒绝该呼叫,但不管怎样都必须返回应答消息。应答从对应的 INVITE 请求中复制 To、From、Call-ID 和 CSeq 等头域的域值,并根据各种具体情况返回适当的应答码。在该例中被叫根据呼叫的进展情况返回了 1 条临时应答消息 180,说明正在向被叫振铃:

```
S→C:SIP/2.0 180 Ringing
    Via:SIP /2.0/UDP Kton.bell-tel.com
    From:A.Bell(Sip:a.g.bell@bell-tel.com)
    To: T.Watson(Sip:watson@bell-tel.com);tag = 37462311
    Call-ID:3298420296@Kton.bell-tel.com
    CSeq:1 INVITE
    Max-Forwards:128
    Content-Length:0
```

（3）建立成功后，返回 200 应答

当呼叫成功后，被叫端返回 200 应答，在该应答消息中，被叫在 Contact 字段说明被叫当前所在的地址为：Sip：watson@boston. bell-tel. com，并在该消息的消息体（SDP 协议的内容）中说明被叫能够接收的 RTP 音频编码的类型：0（PCM μ 律）和接收媒体信息的 RTP 端口号 5004。Watson 将把音频数据发往地址 kton. bell-tel. com 的端口 3456。该消息格式为：

```
S→C：SIP/2.0 200 OK
        Via：SIP /2.0/UDP Kton. bell-tel. com
        From：A. Bell(Sip：a. g. bell@bell-tel. com)
        To： T. Watson(Sip：watson@bell-tel. com)；tag = 37462311
        Call-ID：3298420296@Kton. bell-tel. com
        CSeq：1 INVITE
        Max-Forwards：128
        Contact：Sip：watson@boston. bell-tel. com
        Content-Length：...
        v = 0
        o = Watson 4858949 4858949 IN IP4 192.1.2.3
        s = I'm On my way
        c = IN IP4 boston. bell-tel. com
        m = audio 5004 RTP/AVP 0
```

（4）主叫收到最终应答后发送 ACK 请求

主叫收到被叫的最终应答后向被叫发送 ACK 请求。由于在返回的应答中含有 Contact 头域，则 ACK 请求发往该 Contact 头域中的地址。被叫收到主叫发出的 ACK 请求，标志着一个呼叫一个完整的 SIP 邀请结束：呼叫已成功建立。可以看出，SIP 呼叫是一个三次握手的过程。ACK 消息的格式为：

```
C→S：ACK Sip：watson@boston. bell-tel. com SIP/2.0
        Via：SIP/2.0/UDP Kton. bell-tel. com
        From：A. Bell(Sip：a. g. bell@bell-tel. com)
        To：T. Watson(Sip：watson@bell-tel. com)；tag = 37462311
        Call-ID：3298420296@Kton. bell-tel. com
        CSeq：1 INVITE
        Max-Forwards：128
```

（5）呼叫终结

主叫或被叫都能发送 BYE 请求以终结呼叫。在该例中，由主叫发送 BYE 请求释放呼叫，消息格式为：

C→S:BYE Sip:watson@boston.bell-tel.com SIP/2.0

  Via:SIP/2.0/UDP Kton.bell-tel.com

  From:A.Bell(Sip:a.g.bell@bell-tel.com)

  To:T.Watson(Sip:watson@bell-tel.com);tag = 37462311

  Call-ID:3298420296@Kton.bell-tel.com

  CSeq:2 BYE

  Max-Forwards:128

（6）释放呼叫

被叫端收到 BYE 请求后,同意释放呼叫,回送 200 应答。该消息的格式为:

S→C:SIP/2.0 200 OK

  Via:SIP /2.0/UDP Kton.bell-tel.com

  From:A.Bell(Sip:a.g.bell@bell-tel.com)

  To: T.Watson(Sip:watson@bell-tel.com);tag = 37462311

  Call-ID:3298420296@Kton.bell-tel.com

  CSeq:2 BYE

  Max-Forwards:128

2. SIP 与 ISUP 互通的信令流程

  图 9.3.4 是软交换网络与 PSTN 的融合的示例之一,由软交换设备和媒体网关完成目前 PSTN 网络中的长途局或者汇接局的功能。电路交换网络中,端局使用的信令为 ISUP,呼叫信令经 No.7 信令网关进入软交换设备,由软交换设备完成呼叫的控制;中继媒体网关通过中继电路与电路交换网中的端局相连,中继媒体网关在软交换设备的控制下完成呼叫的建立和释放。中继媒体网关与软交换设备之间使用 H.248 协议,两个软交换设备之间采用 SIP-T/SIP-I 协议。

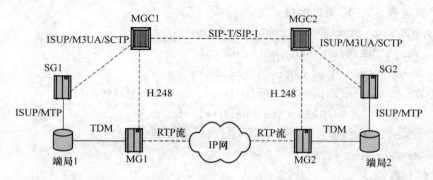

图 9.3.4 软交换网络与 PSTN 融合的示例

  假设 MG1 属软交换设备 MGC1 管辖区域,MG2 属软交换设备 MGC2 管辖区域,则端局1的用户呼叫端局2的用户时,成功呼叫的信令流程如图9.3.5所示。

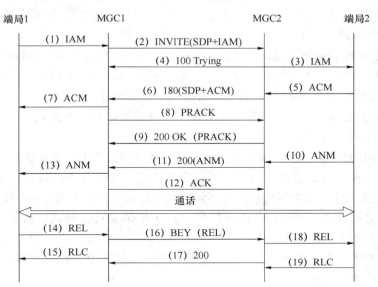

图9.3.5　示例中成功呼叫的信令流程

(1) 主叫用户摘机拨号后,端局1向软交换设备1发送ISUP初始地址消息IAM。

(2) 软交换设备1接收到IAM消息后判断被叫用户为非SIP用户,于是使用INVITE消息对IAM消息进行翻译和封装。首先根据IAM消息中的主、被叫号码生成INVITE消息中各类头消息,例如From头字段和To头字段以及Request-URL等,将ContentType头字段设为"ContentType:application/ISUP;version＝CHN",然后将IAM消息中消息类型编码以后的部分封装进INVITE的消息体,并利用SDP对主叫侧媒体网关MG1为这次呼叫接收媒体信息所使用的IP地址、RTP端口及媒体编码格式进行描述。需要注意的是,消息体中IAM为二进制编码方式,SDP则仍然为文本方式。INVITE消息生成后,软交换设备1向软交换设备2发起呼叫,请求建立会话连接。

(3) 软交换设备2接收到INVITE消息后,分析到被叫用户为PSTN用户,将INVITE消息中的IAM消息提取出,根据本地路由策略(例如主叫号码可能加上长途信息,被叫号码去掉长途信息等),再加上OPC、DPC、CIC等参数,形成完整的IAM消息,发送到端局2。

(4) 软交换设备2向软交换设备1回送100临时响应,表示正在处理INVITE请求。

(5) 如果被叫空闲,端局2向被叫用户振铃,并向软交换设备2发送ISUP地址全消息ACM。

(6) 软交换设备2向软交换设备1发送180应答,说明正在向被叫振铃。180消息中不仅封装了ACM消息,还利用SDP携带了被叫侧媒体网关MG2为这次呼叫接收媒体信息所使用的 IP 地址、RTP 端口及媒体编码格式。

（7）软交换设备 1 从 180 应答消息中取出 ACM 消息并结合本地策略,生成新的 ACM 消息,发送到端局 1。

（8）由于回铃音由被叫端局 2 提供,为了保证 180 应答消息的可靠传送,软交换设备 1 需要响应 180 消息。因此软交换设备 1 在向端局 1 发送 ACM 消息的同时向软交换设备 2 发送临时确认消息 PRACK,表明已收到 180 应答消息。

（9）软交换设备 2 用 200 应答对 PRACK 消息进行确认。至此,主、被叫之间的双向媒体通道建立,端局 2 向主叫播放回铃音。

（10）被叫用户摘机应答,端局 2 向软交换设备 2 发送 ISUP 应答消息 ANM。

（11）软交换设备 2 接收到 ANM 消息后,由于主、被叫双方已建立的媒体通道不需要修改,因此发送的 200 应答消息只需要封装 ANM 消息而不需要带有 SDP 信息。

（12）软交换设备 1 接收到 200 应答后,用 ACK 消息进行确认。软交换设备 1 与软交换设备 2 之间的会话成功建立。

（13）软交换设备 1 提取出 200 应答中携带的 ANM 消息并结合本地策略,发送到端局 1。主、被叫通话开始。

（14）通话结束后,如果主叫用户先挂机,端局 1 向软交换设备 1 发送 ISUP 释放消息 REL。

（15）软交换设备 1 接收到 REL 消息后,向端局 1 回送 ISUP 释放完成消息 RLC,完成主叫侧电路的释放。

（16）软交换设备 1 将 REL 消息封装在 BYE 消息中,发送至软交换设备 2,要求结束会话。

（17）软交换设备 2 向软交换设备 1 发送 200 应答消息,会话结束。

（18）软交换设备 2 向端局 2 发送 REL 消息。

（19）端局 2 向软交换设备 2 回送 RLC 消息,被叫侧电路的释放。

被叫用户先挂机的呼叫释放过程与主叫用户先挂机的释放过程相同。

9.4 媒体网关控制协议 H.248

9.4.1 H.248 的功能

H.248 协议是软交换设备(MGC)与媒体网关(MG)之间的一种媒体网关控制协议。H.248 在 MGCP 协议(RFC2705)的基础上结合其他媒体网关控制协议特点发展而成,提供了控制媒体的建立、修改和释放机制,同时也可携带某些随路呼叫信令,支持传统网络终端的呼叫。H.248 协议的第二版本已于 2001 年 6 月发布,目前共有 15 个正式附件和 1 个非正规附录。

9.4.2　H.248 连接模型

H.248 协议的目的是对媒体网关的承载连接行为进行控制和监视,因此,一个首要的问题是如何对媒体网关内部对象进行抽象和描述。为此,H.248 提出了网关的连接模型概念,模型的基本构件有两个:终端(Termination)和关联域(Context)。

1. 终端

终端是 MG 上的一个逻辑实体,它可以发送和/或接收一个或者多个数据流。在一个多媒体会议中,一个终端可以发送或者接收多个媒体流。

终端分为半永久性终端和临时性终端两种。半永久性终端代表物理实体,例如,中继媒体网关所连接的一个 PCM 中继上的一个时隙,只要媒体网关中连接有该中继群,这个终端就存在。临时性终端代表临时性的信息流,例如 RTP 媒体流,只有当媒体网关使用这些信息流时,这个终端才存在。临时性终端可由 Add 命令来创建,由 Subtract 命令来删除。而半永久性终端则不同,当使用 Add 命令向一个关联添加物理终端时,这个物理终端来自空关联,当使用 Subtract 命令从一个关联去除物理终端时,这个物理终端将转移到空关联中。

每个终端有一个终端标识,在创建时由网关分配,在网关内全局惟一。终端标识可以采用结构形式,例如可为(中继群、中继线),指示是某一中继群中的某一电路。协议还定义了两类通配终端标识:ALL 和 CHOOSE。ALL 表示符合指定条件的所有终端,使一个命令可以同时控制多个终端。CHOOSE(用符号 $ 表示)指示网关在指定范围任意选取一个终端,例如在某个中继群中选取一个中继电路。

还有一类特殊的终端称为根(Root)终端,它代表整个网关,可用于整个网关的公共特性修改、公共事件报告、特性监视和服务状态报告等。

2. 关联域

关联域代表一组终端之间的相互关系,实际上对应为呼叫,在同一个关联域中的终端之间可相互通信。有一类特殊的关联称为空关联域,它包含所有尚未和其他任何终端关联的终端。例如,在中继网关中,所有空闲的中继线就是空关联域中的终端。

关联域表示多个终端间的相互关系,包括终端间的拓扑连接关系以及媒体混合和交换参数。如无特殊规定,同一关联域中每个终端发送的数据能被所有其他终端接收。

关联的属性包括:

- 关联标识符(Context ID):一个关联域的标识符在该关联域被创建时,由媒体网关分配,关联标识符在媒体网关范围内全局惟一。
- 拓扑(Topology):用于描述一个关联中终端之间的媒体流方向。
- 关联的优先级(Priority):用于告知媒体网关在处理关联时的先后次序。
- 紧急呼叫的标识符(Indicator For Emergency Call):当使用紧急呼叫标识符时,媒体网关优先处理此类呼叫。

一个关联域能包含的最大终端数是网关的特性。只能提供点到点连接的网关只允许一个关联域最多包含两个终端;支持多点会议的网关允许关联域包含多个终端。一个终端同时只能存在于一个关联域中。

关联域的创建、修改、删除和终端属性的修改均由相应的 H.248 命令完成。

9.4.3 H.248 的命令、描述符与封包

1. H.248 的常用命令

H.248 协议使用命令对关联域和终端特性进行控制。大部分命令由 MGC 作为发起者,MG 作为命令响应者,只有 Notify 和 ServiceChange 命令例外,Notify 命令是由 MG 发送给 MGC 的,而 ServiceChange 既可以由 MG 发起,也可以由 MGC 发起。

(1) Add 命令

Add 命令用来向一个关联中添加终端。当使用 Add 命令向一个关联添加第一个终端时,同时就相当于使用 Add 命令创建了一个关联。

该命令的必选参数是 Termination ID。Termination ID 说明向关联中添加的是哪一个终端。这个终端可以是半永久性终端,也可以是临时性终端。半永久性终端是从空关联中转移来的,其 Termination ID 是已经确定的;而对于临时性终端,应将命令中的 Termination ID 项标明为 CHOOSE。

Media,Modem,Mux,Events,Signals,DigitMap 和 Audit 是该命令的可选参数。

(2) Modify 命令

Modify 命令用来修改终端的特性、事件和信号。

如果修改关联中的单个终端,那么 Termination ID 应当是特定的。同时 Modify 命令仅仅可以对已存在的终端使用。Modify 命令的参数与 Add 相同。

(3) Subtract 命令

Subtract 命令用来解除一个终端与它所处的关联之间的联系,同时返回有关这个终端的统计信息。当使用 Subtract 命令解除一个关联中最后一个终端时,同时就删除了这个关联。默认时,Subtract 命令返回的 Statistics 参数将报告被删除终端的统计信息。

(4) Move 命令

Move 命令用来将一个终端从它当前所在的关联转移到另一个关联。但不能用来将终端从空关联之中移走,也不能用于将终端转移到空关联之中去。

(5) AuditValue 命令

AuditValue 命令返回与终端相关的特性、事件、信号和统计的当前值。

(6) AuditCapabilities 命令

AuditCapabilities 命令用来要求 MG 返回与指定终端有关的特性、事件、信号和统计等可能的值。

（7）Notify 命令

MG 可以使用 Notify 命令向 MGC 报告 MG 内发生的事件，该命令无须回复响应。

（8）ServiceChange 命令

MG 可以用 ServiceChange 命令通知 MGC：终端或终端组将要退出业务或返回业务。MGC 也可以用该命令指示 MG 应退出业务或返回业务的终端，终端的能力已经发生改变；或者通知 MG：已将对 MG 的控制转移给另一个 MGC。

2. H.248 的描述符与封包

在 H.248 协议中，命令的参数定义为描述符。描述符由名称和一些参数值组成。H.248 协议中定义的描述符共有 19 个，各描述符的含义如表 9.4.1 所示。

表 9.4.1　H.248 协议中描述符的含义

描述符名称	功能描述
Modem	标识 modem 的类型和特性
Mux	描述多媒体终结点和形成输入 mux 的终结点的复用类型
Media	媒体流的列表
TerminationState	与特定媒体流无关的终结点的特征
Stream	对应于单个媒体流的 remote/local/localControl 描述符和列表
Local	包含对媒体网关从远端实体接收到的媒体流进行说明的一些特性
Remote	包含对媒体网关发送给远端实体的媒体流进行说明的一些特性
LocalControl	包含与媒体网关和媒体网关控制器有关的一些特性
Events	描述由媒体网关监测的事件，以及当事件被临测时如何作出反应
EventBuffer	描述当事件缓存处于激活状态时，由媒体网关监测的事件
Signals	描述适用于终结点的信号和/或动作（如忙音）
Audit	可作为 Auditvalue 和 Auditcapability 命令的输入参数，定义需要审计的信息
Packages	可作为 Auditvalue 命令的输出参数，返回由终结点实现的包的列表
DigitMap	在媒体网关处接收 DTMF 音频的拨号方案
ServiceChange	可作为 ServiceChange 命令的输入参数，描述何种业务发生改变以及业务发生改变的原因
ObservedEvents	可作为 Notify 或者 Auditvalue 命令的输出参数，用于报告监测到的事件
Statistics	可作为 Subtract、Auditvalue 和 Auditcapability 的输出参数，报告与终结点有关的统计数据
Topology	描述关联中终结点之间的媒体流流向
Error	定义了错误代码和错误文本描述，该描述符可作为 Notify 请求命令和命令响应 Reply 的输入参数

（1）媒体（Media）描述符

媒体描述符用于说明终端的媒体流参数。媒体参数由终端状态描述符（Termination State Descriptor）和若干个流描述符（Stream Descriptor）来表征。其中，终端状态描述符说明终端的特性,Stream 描述符描述媒体流。在 Stream 描述符中包含一个流标识(Stream ID),其值由 MGC 分配。在 H.248 协议中,流标识指示连接关系,在同一个关联域中具有相同流标识的媒体流是互相连接的。Stream 描述符又包括本地控制描述符(Local Control)、本地描述符(local)和远端描述符(Remote)。它们之间具有如下关系:

$$
媒体描述符
\begin{cases}
终端状态描述符 \\
媒体流描述符
\begin{cases}
本地控制描述符 \\
本地描述符 \\
远端描述符
\end{cases}
\end{cases}
$$

① 终端状态(Termination State Descriptor)描述符

终端状态描述符包括业务状态(Service States)特性、事件缓存控制(Event Buffer Control)特性以及在包中定义的与特定流无关的终端特性。其中,业务状态特性描述了终端的 3 种状态:被监测状态(test)、退出服务状态(out of service)和服务状态(in service),默认值为"in service"。事件缓存控制特性表明了对监测到的由事件描述符规定的事件的处理方式:立即对事件进行处理,或者先缓存然后对事件进行处理。

② 流(Stream)描述符

流描述符用于描述双向流参数。对于流而言,共有本地控制描述符、本地描述符和远端描述符 3 个描述符对其进行说明。

• 本地控制(Local Control)描述符

本地控制描述符包含模式属性(Mode)、预留组属性(Reserve Group)、预留值属性(Reserve Value)和包中定义的某些流特有的终端属性。其中模式属性给定媒体流的模式:只发(send-only)、只收(receive-only)、收/发(send/receive)、未激活(inactive)和环路(loop-back)。预留(Reserve)属性决定了 MG 在收到本地和/或远端描述符后的处理动作。

• 本地(Local)描述符

本地描述符描述网关自远端实体接收的媒体流的特性。在文本行形式中采用 SDP 描述格式;在 ASN.1 形式中采用 TLV 格式。

• 远端(Remote)描述符

远端描述符描述网关向远端实体发送的媒体流特性,如所发送的媒体的格式及 RTP 端口号等。

利用 Local 和 Remote 描述符,MGC 可以预留和承接用于指定流和终端的媒体编解码所需的 MG 资源,MG 则在 Reply 响应中列出它实际准备支持的资源。

(2)事件(Event)描述符

事件描述符包括一个请求标识和一列请求网关检测和报告的事件。请求标识用于关联事件请求和事件报告。请求的事件可为:传真音、导通测试结果、挂机和摘机等。事件应由定义该事件的封包名和事件标识构成。

（3）事件缓存(Event Buffer)描述符

一般说来,检测到某匹配事件后,后续事件将停止检测。例如,收到完整的被叫号码后,后续接收的数字被认为是无意义的。但是,在某些情况下,后续事件可能仍然是有意义的,有待 MGC 进一步发送命令检测。为了防止在新的命令到来前已检测到的事件丢失,这些事件应予缓存。事件缓存描述符就是指示哪些事件应予缓存。

（4）信号(Signals)描述符

信号(Signals)描述符包含请求网关向终端发送的一组信号。信号具体描述由封包定义,在描述符中用"封包名＋信号标识"予以引用。

（5）数字映像(Digit Map)描述符

数字映像描述符规定了在 MG 中的拨号方案,用于检测和报告在终端处接收到的数字。数字映像描述符由数字映像名称和一组数字字符串组成。数字映像可以预先装载于 MG 中,也可以参照事件描述符中的数字映像名称动态定义。数字映像是一类特殊的事件,它指定的检测事件是一个或几个按一定规律排列的数字串,每一个数字串相当于是一个事件序列而不是单个事件。当检测到的数字串和其中某一个指定的数字串相匹配时,就向 MGC 发送通知。

数字映像的一般格式可用数字字符串严格表示。数字字符串允许包含的字符有:数字 0~9、字母 A~K、字母 x、字符"."、选择符"|"、范围表达式、定时器 T/L/S 和时间间隔 Z。其中,字母 A~K 的意义因具体的信令系统而异,由相应的封包规定,如在 DTMF 中,字母 E 表示按键"*",字母 F 表示按键"#";字母 x 为通配符,表示可为"0"~"9"之间的任意一个数字;字符"."表示紧随其前的字符可出现任意多个(包括零个);范围表达式用来指示数字的取值范围,如[1~7];选择符"|"用来分隔多个有效的数字字符串。

（6）包(Package)

不同类型的网关可以不同支持类型的终端。H.248 协议通过允许终端具有可选的特性、事件、信号和统计来实现不同类型的终端。为了实现 MG 和 MGC 之间的互操作,H.248 协议将这些可选项组合成包(Package)。MGC 可以通过审计终端来确定 MG 实现了哪一种类型的包。

包的定义由特性(Property)、事件(Event)、信号(Signal)和统计(Statistic)组成,这些项分别由标识符(ID)进行标识。MG 为了实现某种类型的包,必须支持此包中所有的特性、事件、信号、统计以及信号和事件的所有参数类型。

目前,H.248 协议定义了 32 种类型的包。

9.4.4　H.248 的消息格式

H.248 协议提供文本编码和二进制编码两种格式。文本编码遵循增强型巴科斯范式(ABNF)的语法规则。二进制编码遵循抽象语法记 1(ASN.1)的规范。一般要求媒体网关控制器 MGC 支持两种编码。媒体 MG 可以只支持其中的一种编码。在本书中的例子里采用的是 ABNF 形式,因为它比 ASN.1 的可读性更好。

在文本格式时,一个消息以 Megaco 带一斜线开头,随后是一个协议版本号、一个消息 ID、一个消息体。消息 ID 一般是发送信息的实体的域名或 IP 地址及端口号。

为了提高协议的传送效率,一个 H.248 消息的消息体中可包含多个事务,每个事务可包含多个关联域,在每个关联域中包含多个命令,每个命令可带多个参数(描述符)。事务、关联域和命令的关系如图 9.4.1 所示。

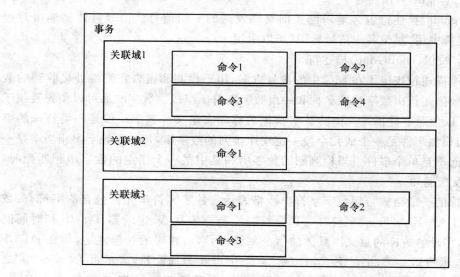

图 9.4.1　一个 H.248 消息中事务、关联域和命令的关系

对同一事务请求中的所有命令应按发送顺序逐个处理,如果一个命令处理出错,其后命令将停止执行。另外协议允许将命令标记为"任选"命令,如果任选命令处理出错,其后命令仍然继续执行。一个消息里的多个事务可以被分别处理。消息接收者不必一定按事务在消息里的顺序进行处理。

H.248 协议一般采用 TCP 或者 UDP 作为传输层协议,也可采用 SCTP 作为传输层协议。MGC 应当同时支持 TCP 和 UDP/ALF,而 MG 可以只实现 TCP 或者 UDP/ALF,也可以同时支持 TCP 和 UDP/ALF。

下面是一个消息的文本格式的例子:

```
MEGACO/1[111.111.222.222]:34567
Transaction = 12345 {
                    Context = 1111{
                             Add = A5555,
                             Add = A6666
                                }
                    Context = $ { Add = 7777 }
                }
```

在这个例子中,MGC 从地址 111.111.222.222 和端口 34567 发送了一个消息。消息中包括一个事务,其事务 ID=12345。在这个事务包含两个关联域:与关联域=1111 有关的有两个 Add 命令,分别把终端 A5555 和 A6666 加进关联域 1111 中;与关联域＝$ 有关的命令 Add 是要求 MG 创建一个新的关联域,并将终端 A7777 加入到由该关联域中。这个命令的处理结果是 MG 将为此创建一个新的关联域,并返回新关联域的 ID。

9.4.5　呼叫信令流程

1. 软交换控制接入媒体网关完成呼叫建立和释放的 H.248 流程

现以 RGW-RGW 呼叫为例说明利用 H.248 协议建立呼叫的过程,网络结构如图 9.4.2所示,RGWl 和 RGW2 分别为用户 1(主叫用户)和用户 2(被叫用户)相连的 RGW,其 IP 地址分别是 124.124.124.222 和 125.125.125.111,用户 1 对应的终端标识为 A4444,用户 2 对应终结点标识为 A5555。假设 RGW1 和 RGW2 受同一 MGC 控制,MGC 的 IP 地址是 123.123.123.4。RGW 和 MGC 的 H.248 协议控制端口为 55555。RGW1 和 RGW2 与 IP 网络直接相连。

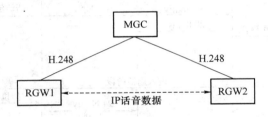

图 9.4.2　示例中的网络结构

图 9.4.3 详细给出呼叫的建立和释放过程。所有命令和响应均用文本行形式描述,媒体流的本地和远端描述符采用 SDP 描述。

(1) MGC 要求 RGW1 监视空闲终端的摘机事件。

MGC→RGW1:

```
MEGACO/1 [123.123.123.4]:55555
Transaction = 10000{
        Context = -{
          Modify = A4444{
            Exents = 2222{ al/of},
                    }
                }
            }
```

MGC 在端口 55555 上向媒体网关 RGW1 发送事务标识为 Transaction ＝ 10000 的事务请求,在该事务请求中包括的关联域为空(Context＝-),对位于空关联域中的半永久终端 A4444 的特性作出了修改，要求 RGW1 监视终端 A4444 的摘机事件，事件号为 2222。这一事件定义在模拟线路监测包里，用 al/of 来标识。

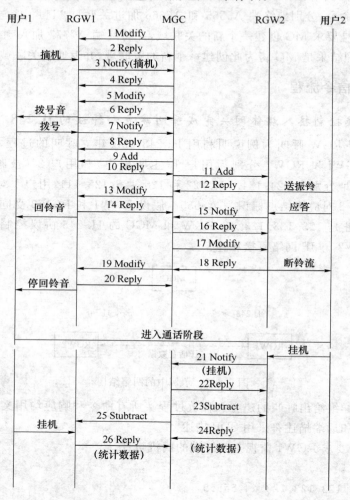

图 9.4.3　软交换控制接入网关完成呼叫的建立和释放过程

（2）RGW1 对修改命令作出肯定回应。

RGW1→MGC：

MEGACO/1 [124.124.124.222]:55555

Reply = 10000{

Context = − { Modify = A4444 }

}

RGW1 对修改的命令作出肯定回应，回应中的事务 ID 与上一条消息中的请求 ID

相同。

（3）RGW1 检测到用户 1 摘机并上报 MGC。

RGW1 to MGC：

MEGACO/1 [124.124.124.222]:55555

Transaction = 10001{

Context = - {

　　Notify = A4444{ObservedEvents = 2222{

　　　　19990729T22000000:al/of}

　　　　　　}

　　　　}

RGW1 用 Notify 命令向 MGC 报告已检测到终端 A4444 摘机,观察到的事件号为 2222,与原来 MGC 命令其检测的事件号相匹配。

（4）MGC 回复已收到通知。

MGC to RGW1：

MEGACO/1 [123.123.123.4]:55555

Reply = 10001{

Context = - { Notify = A4444}

　　　　}

（5）MGC 命令向终端 A4444 放拨号音,根据号码表 Dialplan0 检测被叫号码,并监视挂机事件。

MGC to RGW1：

MEGACO/1 [123.123.123.4]:55555

Transaction = 10002{

Context = - {

　Modify = A4444{

　　　Events = 2223{

　　　　al/on,dd/ce{DigitMap = Dialplan0}

　　　　　}

　　　Signals{cg/dt},

　　　DigitMap = Dialplan0{(0|00|[1-7]xxx|8xxxxxxx|Fxxxxxxx|Exx|91xxxxxxxxxx|

9011x.)}}

　　　　　}

　　　　}

　　　}

MGC 收到摘机报告后,由于需要发送新的信号和检测新的事件,MGC 用 Modify 命令向 RGW1 发出新的指示。要求检测两个事件:一个是挂机事件(al/on);另一个是检测 DTMF 封包定义的数字映像完成事件,即 dd/ce,该数字映像参数在本命令中定义为 Dialplan0,另外要求向终端发送拨号音,拨号音由呼叫进展音生成封包(cg/dt)定义。

(6) RGW1 回复响应。

RGW1 to MGC:

MEGACO/1 [124.124.124.222]:55555

Reply = 10002{

    Context =- { Modify = A4444}

          }

(7) RGW1 向 MGC 报告接收到的号码。

RGW1 to MGC:

MEGACO/1 [124.124.124.222]:55555

Transaction = 10003{

    Context =- {

    Notify = A4444{ObservedEvents = 2223{

        19990729T22010001:dd/ce{ds = "916135551212",Meth = FM }}}

           }

        }

RGW1 收到第一位号码后停止拨号音并启动号码匹配。当发现接收到与 Dialplan0 中定义的数字字符串所匹配的号码(916135551212)后,以 Notify 命令上报 MGC。检测事件结果为完全匹配(FM)。

(8)MGC 回复收到通知。

MGC to RGW1:

MEGACO/1 [123.123.123.4]:55555

Reply = 10003{

    Context =- { Notify = A4444}

        }

(9)MGC 要求 RGW1 创建关联域并加入终端。

MGC to RGW1:

MEGACO/1 [123.123.123.4]:55555

Transaction = 10004{

    Context = $ {

        Add = A4444{ Media{ Stream = 1}},

        Add = $ {

            Media{

```
                    Stream = 1{
                        LocalControl{
                            Mode = ReceiveOnly,
                            nt/jit = 40;in ms },
                        Local{
                            v = 0
                            c = IN IP4 $
                            m = audio $ RTP/AVP 4
                            v = 0
                            c = IN IP4 $
                            m = audio $ RTP/AVP 0
                        }
                    }
                }
            }
        }
    }
```

　　MGC 分析被叫号码后得到了被叫用户所在网关及其对应终端,同时也确定 RGW1
的终端 A4444 要求建立连接,于是命令 RGW1 创建一个新的关联域,并将物理终端
A4444 以及一个 IP 侧的 RTP 终端加入到该关联域中,该关联域 ID 和 RTP 终端标识均
为 $(即任选),待 RGW1 分配。MGC 指定 RTP 终端可接收两种媒体格式,第一优先级
是静态类型为 4 的 RTP 音频流,即 G.723.1 编码;第二优先级是静态类型为 0 的 RTP
音频流,即 PCM μ 律编码。由于目前发送媒体的格式尚不能确定(取决于对方的接收能
力),RTP 终端的本地控制模式为"只收";接收 RTP 媒体流的地址和端口号都为 $,待
RGW1 分配;引用网络封包规定其最大抖动缓存器容量为 40ms(nt/jit=40)。RTP 终端
的媒体流标识值为 1,与终端 A4444 的媒体流标识值相同,表示这两个终端相互连接。

　　(10) RGW1 创建关联。

RGW1 to MGC:

MEGACO/1 [124.124.124.222]:55555

```
Reply = 10004{
Context = 2000{
    Add = A4444,
    Add = A4445{
        Media{
            Stream = 1{
```

```
                    Local{
                        v = 0
                        c = IN IP4 124.124.124.222
                        m = audio 2222 RTP/AVP 4
                        a = ptime:30
                        a = recvonly
                            }
                        }
                    }
                }
            }
```

RGW1 收到 MGC 的命令后,创建关联域,关联域标识号为 2000。为 RTP 终端分配终端标识 A4445。选定接收媒体编码格式为 G.723.1,并填入接收媒体流的 RTP 终端的 IP 地址＝124.124.124.222 和端口号＝2222。

(11)MGC 命令 RGW2 创建关联域,并加入被叫所对应的物理终端 A5555 和 IP 侧的 RTP 终端。

```
MGC to RGW2:
MEGACO/1 [123.123.123.4]:55555
Transaction = 50003{
    Context = $ {
        Add = A5555 {Media{
            Stream = 1{
                LocalControl{ Mode = SendReceive }}},
                Events = 1234{al/of},
                Signals{al/ri}
                },
        Add = $ {Media{
            Stream = 1{
                LocalControl{
                    Mode = SendReceive,
                    nt/jit = 40;in ms },
                Local{
                    v = 0
                    c = IN IP4 $
```

```
                    m = audio  $  RTP/AVP 4
                    a = ptime:30 },
            Remote{
                    v = 0
                    c = IN IP4 124.124.124.222
                    m = audio 2222 RTP/AVP 4
                    a = ptime:30
                    }
                }
            }
        }
    }
```

MGC 向 RGW2 发送 Add 命令,要求其建立一个关联域,其关联域标识为"任选(用符号 $ 表示)",表示由 RGW2 分配,并在该关联域中加入物理终端 A5555 和一个 RTP 终端,同时,向 A5555(被叫电话)送振铃(al/ri),并检测摘机事件(al/of)。对于加入的 RTP 终端,因为其发送特性和接收特性都要规定,所以模式定为"收发"型。其中,发送(Remote)媒体格式及其目的地址和端口号与 RGW1 中 RTP 终端的接收媒体格式及其目的地址和端口号一样(由 RGW1 中 Local 特性确定)。接收(Local)媒体格式要求为 G. 723.1 编码,接收地址和端口号由 RGW2 确定。

(12) RGW2 回复响应。

```
RGW2 to MGC:
MEGACO/1 [125.125.125.111]:55555
Reply = 50003{
    Context = 5000{
            Add = A5555,
            Add = A5556{
                Media{
                    Stream = 1{
                        Local{
                            v = 0
                            c = IN IP4 125.125.125.111
                            m = audio 1112 RTP/AVP 4
                        }
```

```
                    }
                  }
                }
              }
            }
```

RGW2 接收到 Add 命令后,建立关联域,为该关联域确定标识号 5000。RGW2 赋予 RTP 终端标识为 A5556,将 A5555 和 A5556 加入关联域 5000,确定接收 RTP 流的 IP 地址为 125.125.125.111、RTP 端口号为 1112 、接收媒体格式(G.723.1),并将上述信息在响应消息中报告 MGC。同时,向被叫终端 A5556 振铃。

(13) MGC 将以上 IP 地址和端口号送给 RGW1,命令 RGW1 对主叫用户送回铃音。

```
MGC to RGW1：
MEGACO/1 [123.123.123.4]:55555
Transaction = 10005{
    Context = 2000{
        Modify = A4444{
            Signals{cg/rt},}
        Modify = A4445{
            Media{
            Stream = 1{
            Remote{
                v = 0
                c = IN IP4 125.125.125.111
                m = audio 1112 RTP/AVP 4
                  }
                }
              }
            }
          }
        }
```

MGC 接收 RGW2 的响应后,向 RGW1 发送修改命令,要求 RGW1 向终端 A4444 发送回铃音{cg/rt},并且确定 RTP 终端的发送特性 Remote,其值与 RGW2 的 RTP 终端的 Local 特性相同。

(14) RGW1 回复响应。

```
RGW1 to MGC：
MEGACO/1 [124.124.124.222]:55555
```

```
Reply = 10005{
    Context = 2000{Modify = A4444,Modify = A4445}
}
```

这时主叫用户已听到回铃音,RGW2 等待被叫用户摘机。至此,RGW2 与 RGW1 之间的后向通道已建立,前向通道已保留但尚未建立(因为 RTP 终端 A4445 还处于"只收"模式)。

(15) RGW2 向 MGC 报告被叫摘机事件。

```
RGW2 to MGC:
MEGACO/1 [125.125.125.111]:55555
Transaction = 50004{
    Context = 5000{
            Notify = A5555{ObservedEvents = 1234{
                19990729T22020002:al/of}}
                }
        }
```

(16) MGC 回复响应。

```
MGC to RGW2:
MEGACO/1 [123.123.123.4]:55555
Reply = 50004{
    Context = 5000{Notify = A5555}}
```

(17) MGC 指示 RGW2 停止向被叫用户振铃并检测挂机事件。

```
MGC to RGW2:
MEGACO/1 [123.123.123.4]:55555
Transaction = 50005{
Context = 5000{
    Modify = A5555 {
        Events = 1235{al/on},
        Signals{ }
            }
        }
    }
```

(18) RGW2 回复响应。

```
RGW2 to MGC:
MEGACO/1 [125.125.125.111]:55555
Reply = 50005{
    Context = 5000{ Modify = A5555}
    }
```

(19) MGC 指示 RGW1 将 RTP 终端的收发模式改为 SendReceive 并停放回铃音。

MGC to RGW1：

MEGACO/1 [123.123.123.4]:55555

Transaction = 10006{

Context = 2000{

      Modify = A4445 {Media{

        Stream = 1{

          LocalControl{ Mode = SendReceive }}}},

      Modify = A4444 {

      Signals{ }

      }

    }

}

(20) RGW1 回复响应，用户 1 和用户 2 建立呼叫。

RGW1 to MGC：

MEGACO/1 [124.124.124.222]:55555

Reply = 10006{

    Context = 2000{Modify = A4444,Modify = A4445}}

由于 RTP 终端 A4445 的特性已改为收发型，RGW1 到 RGW2 的双向通道已建立，呼叫进入通话阶段。

(21) 设被叫用户先挂机，RGW2 向 MGC 报告挂机事件。

RGW2→MGC：

MEGACO/1 [125.125.125.111]:55555

Transaction = 50006{

    Context = 5000{

      Notify = A5555{ObservedEvents = 1235{

        19990729T22024002:al/on}

        }

    }

}

(22) MGC 回复响应。

MGC→RGW2：

MEGACO/1 [123.123.123.4]:55555

Reply = 50006{

Context = 5000{ Notify = A5555}

}

(23)MGC 命令 RGW2 删除终端。

MGC→RGW2：

MEGACO/1[123.123.123.4]:55555

Transaction = 50007{

Context = 5000{

    Subtract = A5555{Audit{Statistics}},

    Subtract = A5556{Audit{Statistics}},

      }

   }

MGC 向 RGW2 发送删除命令,要求将关联域 5000 中的两个终端 A5555 和 A5556 删除,并上报有关统计数据。

(24)RGW2 回复响应,并上报统计数据。

RGW2→MGC：

MEGACO/1 [125.125.125.111]:55555

Reply = 50007{

Context = 5000{

    Subtract = A5555{

        Statistics{

          nt/os = 45123,

          nt/dur = 1320

          }

        } ,

    Subtract = A5556{

      Statistics{

         ap/ps = 1245,

         nt/os = 62345,

         rtp/pr = 780,

         nt/or = 45123,

         rtp/pl = 10,

         rtp/jit = 27,

         rtp/delay = 48

        }

      }

    }

 }

RGW2 收到删除命令后,将终端 A5555 和 A5556 从关联域 5000 中删除。由于所有终端均已经从关联域 5000 中删除,该关联域也删除,即呼叫释放。同时 RGW2 将终端 A5555 和 A5556 的统计数据报告 MGC。A5555 的统计数据为:发送的字节数＝45 123, 终端在关联域中时间为 1 320 s。A5556 的统计数据为:发送的分组数＝1 245、发送的字节数＝62 345、接收的分组数＝780、接收的字节数＝45 123、接收的分组丢失率＝10%、抖动当前值＝27 ms、平均时延为 48 ms。

（25）RGW1 侧的呼叫释放过程与 RGW2 侧相同。

2. 软交换控制中继媒体网关完成呼叫建立和释放的 H.248 流程

在图 9.4.4 所示软交换网络与 PSTN 融合的示例中,软交换设备和媒体网关完成 PSTN 网络中的长途局或者汇接局的功能。其中电路交换网络中端局使用 ISUP 信令, 呼叫信令通过 No.7 信令网关进入软交换设备,由软交换设备完成呼叫的控制;中继媒体 网关通过中继电路与电路交换网中的端局相连,在软交换设备的控制下完成呼叫的建立 和释放。中继媒体网关与软交换设备之间使用 H.248 协议。

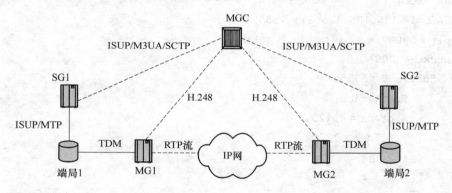

图 9.4.4　软交换网络与 PSTN 融合的网络结构

假设主叫用户位于端局 1,被叫用户位于端局 2;MG1 与 MG2 属同一个软交换设备 MGC 的管辖区域,则成功呼叫的信令流程如图 9.4.5 所示。

（1）主叫用户摘机拨号,端局 1 向软交换设备 MGC 发送 ISUP 初始地址消息 IAM。

（2）MGC 收到 IAM 消息后,向 MG1 发送 Add 命令,指示其创建一个新的 Context, 在该 Context 中加入语音网络侧的半永久终端（即中继电路）和 IP 侧临时终端（即 RTP 媒体流）,并将临时终端的 LocalControl 模式设置为 ReceiveOnly。

（3）MG1 向 MGC 发送 Reply 命令确认,并向 MGC 报告本地媒体信息,如 IP 地址、 RTP 端口、语音编码算法等。

（4）MGC 分析 IAM 中的被叫号码,找到与被叫端局相连的媒体网关 MG2,向 MG2 发送 Add 命令,指示其创建一个新的 Context,在该 Context 中,加入语音网络侧的半永久终端（即中继电路）和 IP 侧临时终端（即 RTP 媒体流）,并将临时终端的 LocalControl 模式设置为 SendReceive。同时,MGC 向 MG2 通告 MG1 的媒体信息,如 IP 地址、RTP

端口、语音编码算法。

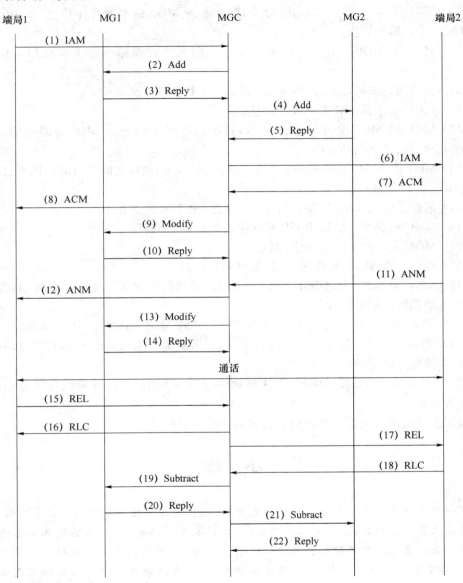

图 9.4.5　软交换控制中继媒体网关完成呼叫建立和释放的流程

（5）MG2 向 MGC 发送 Reply 命令确认，并向 MGC 报告本地媒体信息，如 IP 地址、RTP 端口、语音编码算法等。

（6）MGC 向端局 2 转发 IAM 消息。

（7）如果被叫空闲，端局 2 向被叫振铃，同时向 MGC 回送 ISUP 地址全消息 ACM。

（8）MGC 向端局 1 转发 ACM 消息，提示端局 1 准备接收回铃音。

（9）MGC 向 MG1 发送 Modify 命令，向其通告 MG2 的本地媒体信息，如 IP 地址、RTP 端口、语音编码算法。

（10）MG1 向 MGC 发送 Reply 命令确认。端局 2 在媒体通道上向端局 1 播放回铃音。

（11）被叫用户摘机，端局 2 向 MGC 发送 ISUP 应答消息 ANM。

（12）MGC 向端局 1 转发 ANM 消息。

（13）MGC 向 MG1 发送 Modify 命令，指示其将当前 Context 中临时终端的 Local-Control 模式设置为 SendReceive。

（14）MG1 向 MGC 发送 Reply 命令确认。至此，主、被叫之间的双向媒体通道建立，呼叫进入通话阶段。

（15）假设主叫先挂机，端局 1 向 MGC 发送 ISUP 释放消息 REL。

（16）MGC 向端局 1 回送 ISUP 释放完成消息 RLC，拆除主叫端电路。

（17）MGC 向端局 2 转发 REL 消息。

（18）端局 2 向 MGC 回送 RLC，拆除被叫端电路。

（19）MGC 向 MG1 发送 Subtract 命令，指示其删除半永久终端与临时终端，并要求 MG1 报告被删除终端的统计信息。

（20）MG1 向 MGC 发送应答，确认删除终端并向 MGC 报告呼叫统计信息。

（21）MGC 向 MG2 发送 Subtract 命令，指示其删除半永久终端与临时终端，并要求 MG2 报告被删除终端的统计信息。

（22）MG2 向 MGC 发送应答，确认删除终端并向 MGC 报告呼叫统计信息。至此，呼叫释放完成。

被叫先挂机的释放流程与主叫先挂机的释放流程相同。

小 结

下一代网络内涵十分丰富。从广义来讲，下一代网络泛指一个不同于现有网络，大量采用当前业界公认的新技术，可以提供语音、数据及多媒体业务，能够实现各网络终端用户之间的业务互通及共享的融合网络。从狭义来讲，下一代网络特指以软交换设备为控制核心，能够实现业务与控制、接入与承载彼此分离，各功能部件之间采用标准的协议进行互通，兼容了各业务网技术，提供丰富的用户接入手段，支持标准的业务开发接口，采用统一的分组网络进行传送，能够实现语音、数据和多媒体业务的开放的分层体系架构。

下一代网络是可以提供包括话音，数据和多媒体等各种业务的综合开放的网络构架，在功能上可分为媒体/接入层、运输层、控制层和业务/应用层 4 层。其中接入层利用各种接入设备实现不同用户的接入，并实现不同信息格式之间的转换。传输层主要完成数据流（媒体流和信令流）的传送。控制层是下一代网络的控制核心，该层设备一般被称为软交换设备或媒体网关控制器。业务/应用层在呼叫建立的基础上提供额外的服务。

信令网关使用 SIGTRAN 协议来完成电路交换网信令与 IP 网信令的承载层相互转换。SIGTRAN 的构架包括 3 个部分：用户适配层、信令传输层和 IP 协议层。用户适配层提供各种适配协议；信令传输层支持信令传送所需的一组通用的可靠传送功能，主要指 SCTP 协议；IP 协议层实现标准的 IP 传送协议。

流控制传输协议 SCTP 是一个面向连接的传输层协议，它在对等的 SCTP 用户之间提供可靠的面向用户消息的传输服务。SCTP 主要能完成以下功能：在确认方式下无差错、无重复地传送用户数据；根据通道的 MTU 的限制进行用户数据的分段；在多个流上保证用户消息的顺序递交；将多个用户的消息复用到一个 SCTP 的数据块中；利用 SCTP 偶联的机制在偶联的一端或两端提供多归属的机制来提供网络级的保证；SCTP 的设计中还包含了避免拥塞的功能和避免遭受泛播和匿名的攻击。

SCTP 偶联是在两个 SCTP 端点间的一个对应关系，它包括了两个 SCTP 端点以及包括验证标签和传送顺序号码等信息在内的协议状态信息。偶联的概念要比 TCP 的连接具有更广泛的概念，一个 SCTP 偶联可以包含多个可能的起源/目的地地址的组合，这些组合包含在每个端点的传送地址列表中。

在 SCTP 偶联的两个端点的对等层之间，通过发送 SCTP 分组来传送 SCTP 高层的信息及 SCTP 端点之间的控制信息。SCTP 分组封装在 IP 数据包的数据区中传送。SCTP 分组由公共的分组头和若干数据块组成。每个数据块中既可以包含控制信息，也可以包含用户数据。SCTP 偶联的建立采用的是四次握手过程。

目前主要使用 M3UA 完成 IP 网中传送 No.7 信令高层信息的适配功能。M3UA 用来模拟 No.7 信令网中消息传递部分 MTP 第三层的功能：支持传送 MTP3-用户消息，具有本地管理功能，能与 MTP3 网络管理功能的互通，支持 SGP 和 ASP 间 SCTP 偶联的管理，支持到多个 SGP 连接的管理。在 M3UA 对等层之间通过传送 M3UA 消息来相互通信，M3UA 消息封装在 SCTP 分组的 DATA 数据块的用户数据字段中传送。

会话初始化协议 SIP 是一个在基于 IP 网络中实现实时通信应用的信令协议，主要完成会话的建立、修改以及终止。SIP 系统采用客户机/服务器结构。

SIP 消息是 SIP 客户机和服务器之间通信的基本信息单元。SIP 消息基于文本，以空格为间隔符，以回车换行符 CRLF 为行结束符。SIP 消息有请求消息和状态消息（也称应答消息）两大类，请求消息从客户端发送到服务器，而状态消息从服务器发送到客户端。每个消息由一个起始行、零个或多个头部和任选的消息体组成。

SIP 并不定义消息体的结构或内容，而是使用另一个不同的协议来描述，最常见的协议是会话描述协议 SDP。SDP 提供了对会话的描述，既包含会话级参数又包括媒体级参数。

SDP 通过使用许多文本行来传递会话信息，每一行使用"字段名＝字段值"的格式。这里"字段名"只用一个字符表示（大小写敏感），"字段值"与相应的"字段名"对应。

由于 SIP 协议本身处在不断的发展中，各种组织对 SIP 提出了扩展，以增强 SIP 的功能。IETF 对 SIP 提出了多个新的方法,用于支持新业务。两个标准体系 IETF 的 SIP-T 协议族和 ITU-T 的 SIP-I 协议族解决了 SIP 对 ISUP 消息的翻译和封装问题。3GPP 还针对移动应用的特定需求对 SIP 进行了扩展。

H.248 协议是软交换设备与媒体网关之间的一种媒体网关控制协议,它提供控制媒体的建立、修改和释放机制,同时也可携带某些随路呼叫信令,支持传统网络终端的呼叫。

H.248 协议的目的是对媒体网关的承载连接行为进行控制和监视,为此,H.248 提出了网关的连接模型概念,模型的基本构件有两个:终端和关联域。终端是 MG 上的一个逻辑实体,它可以发送和/或接收一个或者多个数据流。关联域代表一组终端之间的相互关系,实际上对应为呼叫,在同一个关联域中的终端之间可相互通信。

MGC 与 MG 之间通过 H.248 消息交互。一个 H.248 协议消息中可包含多个事务,每个事务可包含多个关联域,在每个关联域中包含多个命令,每个命令可带多个参数(描述符)。一个 H.248 消息以 Megaco 带一斜线开头,随后是一个协议版本号、一个消息 ID、一个消息体。

本章还介绍了以上协议的常用命令和基本的呼叫信令流程。读者通过阅读这些例子,可以建立整体概念。

思考题和习题

1. 简述下一代网络的定义。
2. 画出以软交换为核心的下一代网络的结构,并说明每个层次的作用。
3. 下一代网络的部件之间采用的标准协议有哪些?
4. 画出 SIGTRAN 协议的结构并简述其功能。
5. 简述 SCTP 协议的功能。
6. 什么是偶联? 画出 SCTP 偶联建立及数据传送的流程图。
7. 简述 M3UA 的功能。
8. SIP 消息有哪两大类? 分别说明这两类消息的发送方向。
9. 简述 SIP 消息的一般格式。
10. 简述 SDP 的功能。
11. 说明网关的连接模型中终端和关联域的概念。
12. 说明 H.248 消息中消息、事务、关联域和命令的关系。
13. 分析下面 SIP 消息并回答问题。

Invite sip:bob@shanghai.com SIP/2.0

Via:SIP/2.0/UDP 218.19.98.1:5060

To:sip:bob@shanghai.com

From:sip:tom@guangzhou.com;tag = 2089095865

Call-ID:1039412186@218.19.98.1

CSeq:1 Invite

Accept:application/sdp

Expires:90

Content-Type:application/sdp

Content-Length:271

Contact:<sip:tom@218.19.98.1:5060;transport = udp>

v = 0

o = tom 139081552097459262 139081552097459262 IN IP4 218.19.98.1

c = IN IP4 218.19.98.1

m = audio 50000 RTP/AVP 8

a = rtpmap:8 PCMA/8000

a = ptime:10

(1) 该 SIP 请求消息的发送者和接受者的注册地址分别是什么？

(2) 该消息的消息体结构使用什么协议？

(3) 消息发送者当前的地址是什么？

(4) 消息发送者在本次会话中接收哪种编码的音频信号？

14. 分析下面 H.248 消息并回答问题。

RGW2 to MGC:

MEGACO/1 [124.124.124.222]:55555

Reply = 50003{

  Context = 5000{

    Add = A5555,

    Add = A5556{

      Media{

       Stream = 1{

        Local{

         v = 0

         c = IN IP4 125.125.125.111

         m = audio 1112 RTP/AVP 4

         a = ptime:30

        }

   }   }   }   }   }

(1) RGW2 为该呼叫分配的关联标识号是什么？

(2) RGW2 包含的终结点的个数。

(3) RGW2 在本次通话中接收媒体流的 IP 地址、RTP 端口号分别是什么？

参 考 文 献

[1] 桂海源. 现代交换原理. 第 3 版. 北京：人民邮电出版社，2007.

[2] 桂海源. IP 电话技术与软交换. 北京：北京邮电大学出版社，2004.

[3] 赵学军，等. 软交换技术与应用. 北京：人民邮电出版社，2004.

[4] 桂海源，骆亚国. No. 7 信令系统. 北京：北京邮电大学出版社，1999.

[5] 张威，等. GSM 交换网络维护与优化. 北京：人民邮电出版社，2005.

[6] 廖建新，等. 移动通信新业务——技术与应用. 北京：人民邮电出版社，2007.

[7] 信息产业部. No. 7 信令网技术体制. (1998 修订版). YDN 089——1998.

[8] 邮电部. 国内 No. 7 信令方式技术规范信令连接控制部分（SCCP）（暂行规定）. GF010－95. 1995.

[9] 邮电部. 国内 No. 7 信令方式技术规范事务处理能力（TC）（暂行规定）. GF011－95. 1995.

[10] 邮电部. 国内 No. 7 信令方式技术规范综合业务数字网用户部分（ISUP）（暂行规定）. 1997.

[11] 邮电部. 智能网应用规程（INAP）（暂行规定）. GF017－95. 1995.

[12] 信息产业部. YD/T1037—2000 900/1800 MHz TDMA 数字蜂窝移动通信网 CAMEL 应用部分（CAP）技术规范.

[13] 信息产业部. YD/T1038—2000 900/1800 MHz TDMA 数字蜂窝移动通信网移动应用部分（phase2＋）技术规范.

[14] 信息产业部. YD/T1039—2000 900/1800 MHz TDMA 数字蜂窝移动通信网短消息设备规范第一分册 点对点短消息业务.

[15] 信息产业部 855. 21—1996 900 MHz TDMA 数字蜂窝移动通信网 无线接口信令部分.

[16] 信息产业部. YD/T 910. 21—1998 900/1800MHz TDMA 数字蜂窝移动通信网无线接口第二阶段信令部分.

[17] 信息产业部. YD/T 910. 3—1997 900/1800MHz TDMA 数字蜂窝移动通信网移动业务交换中心与基站子系统间接口第二阶段技术规范.

[18] 信息产业部. GF 001—9001 中国国内电话网 No. 7 信令技术规范.

[19] 信息产业部. YDN 020—1996 本地数字交换机和接入网之间的 V5.1 接口技术规范.

[20] 信息产业部. YDN 021—1996 本地数字交换机和接入网之间的 V5.2 接口技术规范.

[21] 信息产业部. YDN 066—1997 国内 No. 7 信令方式技术规范——运行维护和

管理部分（OMAP）（暂行规定）.

[22] 信息产业部. YDN 089—1998　No. 7 信令网技术体制（1998 修订版）.

[23] 信息产业部. YD/T 1125—2001　国内 No. 7 信令方式技术规范——2 Mbitps 高速信令链路.

[24] 信息产业部. YD/T 1192—2002　No. 7 信令与 IP 互通适配层技术规范——消息传递部分（MTP）第三级用户适配层（M3UA）.

[25] 信息产业部. YD/T 1194—2002　流控制传送协议（SCTP）.

[26] 信息产业部. YD/T 1243.1—2002　媒体网关设备技术要求——IP 中继媒体网关技术要求.

[27] 信息产业部. YD/T 1518—2006　IP 电话接入设备互通技术要求和测试方法——H248.

[28] 信息产业部. YD/T 1522.1—2006　SIP 技术要求 第 1 部分 基本的会话初始协议.

[29] 信息产业部. YD/T 1522.2—2006　SIP 技术要求 第 2 部分 呼叫控制的应用.

[30] 信息产业部. YD/T 5094—2005　No. 7 信令网工程设计规范.

[31] 信息产业部. ITU-T Q. 701-Q. 704　Specifications of Signalling System No. 7 - Message transfer part.